罗霄山脉生物多样性考察与保护研究

罗霄山脉大型真菌编目与图鉴

张　明　邓旺秋　李泰辉　陈春泉　廖文波　主编

科学出版社
北　京

内 容 简 介

本书是对罗霄山脉大型真菌资源系统调查研究的成果。作者和研究团队针对罗霄山脉及其所包含的5条中型山脉（幕阜山脉、武功山脉、万洋山脉、九岭山脉和诸广山脉）进行了5年的野外资源调查，累计采集大型真菌标本5000余号，经鉴定和整理，编写了本书。全书分为四章：第1章简要介绍了罗霄山脉的自然地理概况、大型真菌资源研究概况、大型真菌生态分布及组成；第2章介绍了本次考察与采集情况；第3章为大型真菌编目，共记录670种，隶属于2门7纲20目81科235属；第4章为大型真菌图鉴，精选了具有区域代表性且较为常见的大型真菌64科160属300种，记述了物种的形态特征、生境特点、引证标本、用途与讨论等，每个物种均配有彩色生态照片。文后附有中文名和拉丁名索引，以便读者检索查阅。

本书可供真菌学、菌物资源学、生物学、生态学等领域的科研人员和高等院校师生参考，也可供从事生物资源与生物多样性保护工作的政府工作人员和企业管理人员、技术人员，以及科普工作者、蘑菇爱好者、生态旅游爱好者参考。

图书在版编目（CIP）数据

罗霄山脉大型真菌编目与图鉴 / 张明等主编. —北京：科学出版社，2023.3
（罗霄山脉生物多样性考察与保护研究）
ISBN 978-7-03-073852-3

Ⅰ. ①罗… Ⅱ. ①张… Ⅲ. ①大型真菌-调查研究-中国-图集 Ⅳ. ①Q949.320.8-64

中国版本图书馆CIP数据核字(2022)第220753号

责任编辑：王　静　王　好／责任校对：周思梦
责任印制：肖　兴／书籍设计：北京美光设计制版有限公司

科学出版社 出版
北京东黄城根北街16号
邮政编码：100717
http://www.sciencep.com

北京华联印刷有限公司 印刷
科学出版社发行　各地新华书店经销

*

2023年3月第 一 版　　开本：889×1194　1/16
2023年3月第一次印刷　　印张：19
字数：615 000

定价：368.00元
（如有印装质量问题，我社负责调换）

罗霄山脉生物多样性考察与保护研究编委会

组织机构	吉安市林业局　中山大学　吉安市林业科学研究所
主　　任	胡世忠
常务副主任	王少玄
副 主 任	杨　丹　王大胜　李克坚　刘　洪　焦学军
委　　员	洪海波　王福钦　张智萍　肖　兵　贺利华
	傅正华　陈春泉　肖凌秋　孙劲涛　王　玮

主　　编	廖文波　陈春泉
编　　委	陈春泉　廖文波　王英永　李泰辉　王　蕾
	陈功锡　詹选怀　欧阳珊　贾凤龙　刘克明
	李利珍　童晓立　叶华谷　吴　华　吴　毅
	张　力　刘蔚秋　刘　阳　邓学建　苏志尧
	张　珂　崔大方　张丹丹　庞　虹　单纪红
	饶文娟　李茂军　余泽平　邓旺秋　凡　强
	彭焱松　刘忠成　赵万义

《罗霄山脉大型真菌编目与图鉴》编委会

主　编　　张　明　　邓旺秋　　李泰辉　　陈春泉　　廖文波

副主编　　徐隽彦　　宋宗平　　王超群　　饶文娟　　李茂军　　肖正端

编　委　　陈春泉　　邓旺秋　　黄晓晴　　李　挺　　李茂军　　李泰辉
　　　　　　廖文波　　饶文娟　　宋宗平　　王超群　　肖正端　　徐隽彦
　　　　　　张　明

其他参编人员

广东省科学院微生物研究所

陈香女　　贺　勇　　黄　虹　　李骥鹏　　梁锡燊　　宋　斌
夏业伟　　徐　江　　钟祥荣　　周世浩　　邹俊平

中山大学

凡　强　　刘忠成　　赵万义

吉安市林业局

陈　蔚　　陈善文　　丁晓君　　丁新军　　段晓毛　　高金福
龚　伟　　顾育铭　　郭志文　　何桂强　　胡振华　　黄初升
黄逢龙　　黄素坊　　简宗升　　蒋　勇　　蒋志茵　　李燕山
李毅生　　梁　校　　廖红兵　　刘　钊　　刘大椿　　刘小亮
刘中元　　龙　纬　　罗　翔　　罗燕春　　罗忠生　　聂林海
欧阳明　　彭春娟　　彭诗涛　　彭永平　　彭招兰　　单纪红
石祥刚　　张　忠　　张源原

拍摄者　　张　明　　黄　浩　　钟祥荣　　李　挺　　宋宗平　　徐隽彦
　　　　　　王超群　　徐　江

序 一

建设生态文明关系人民福祉，关乎民族未来。党的十八大以来，以习近平同志为核心的党中央从坚持和发展中国特色社会主义事业、统筹推进"五位一体"总体布局的高度，对生态文明建设提出了一系列新思想、新理念、新观点，升华并拓展了我们对生态文明建设的理解和认识，为建设美丽中国、实现中华民族永续发展指明了前进方向、注入了强大动力。

习近平总书记高度重视江西生态文明建设，2016年2月和2019年5月两次考察江西时都对生态建设提出明确要求，指出绿色生态是江西最大财富、最大优势、最大品牌，要求我们做好治山理水、显山露水的文章，走出一条经济发展和生态文明水平提高相辅相成、相得益彰的路子；强调要加快构建生态文明体系，繁荣绿色文化，壮大绿色经济，创新绿色制度，筑牢绿色屏障，打造美丽中国"江西样板"，为决胜全面建成小康社会、加快绿色崛起提供科学指南和根本遵循。

罗霄山脉大部分在江西省吉安境内，包含5条中型山脉及其中的南风面、井冈山、七溪岭、武功山等自然保护区、森林公园和自然山体，保存有全球同纬度最完整的中亚热带常绿阔叶林，蕴含着丰富的生物多样性，以及丰富的自然资源库、基因库和蓄水库，对改善生态环境、维护生态平衡起着重要作用。党中央、国务院和江西省委省政府高度重视罗霄山脉片区生态保护工作，早在1982年就启动了首次井冈山科学考察；2009～2013年吉安市与中山大学联合开展了第二次井冈山综合科学考察。在此基础上，2013～2018年科技部立项了"罗霄山脉地区生物多样性综合科学考察"项目，旨在对罗霄山脉进行更深入、更广泛的科学研究。此次考察系统全面，共采集动物、植物、真菌标本超过21万号、30万份，拍摄有效生物照片10万多张，发表或发现生物新种118种，撰写专著13部，发表SCI论文140篇、中文核心期刊论文102篇。

"罗霄山脉生物多样性考察与保护研究"丛书从地质地貌，土壤，水文，气候，植被与植物区系，大型真菌，昆虫区系，脊椎动物区系和生物资源与生态可持续利用评价等7个方面，以丰富的资料、翔实的数据、科学的分析，向世人揭开了罗霄山脉的"神秘面纱"。进一步印证了大陆东部是中国被子植物区系的"博物馆"，也是裸子植物区系集中分布的区域，为两栖类、爬行类等各类生物提供了重要的栖息地。这一系列成果的出版，不仅填补了吉安在生物多样性科学考察领域的空白，更为进一步认识罗霄山脉潜在的科学、文化、生态和自然遗产价值，以及开展生物资源保护和生态可持续利用提供了重要的科学依据。成果来之不易，饱含着全体科考和编写人员的辛勤汗水与巨大付出。在第三次科考的5年里，各专题组成员不惧高山险阻，不畏酷暑严寒，走遍了罗霄山脉的山山水水，这种严谨细致的态度、求真务实的精神、吃苦奉献的作风，是井冈山精神在新时代科研工作者身上的具体体现，令人钦佩，值得学习。

罗霄山脉是吉安生物资源、生态环境建设的一个缩影。近年来，我们深入学习贯彻习近平生态文明思想，努力在打造美丽中国"江西样板"上走在前列，全面落实"河长制""湖长制"，全域推开"林长制"，着力推进生态建养、山体修复，加大环保治理力度，坚决打好"蓝天、碧水、净土"保卫战，努力打造空气清新、河水清澈、大地清洁的美好家园。全市地表水优良率达100%，空气质量常年保持在国家二级标准以上。

当前，吉安正在深入学习贯彻习近平总书记考察江西时的重要讲话精神，以更高标准推进打造美丽中国"江西样板"。我们将牢记习近平总书记的殷切嘱托，不忘初心、牢记使命，积极融入江西省国家生态文明试验区建设的大局，深入推进生态保护与建设，厚植生态优势，发展绿色经济，做活山水文章，繁荣绿色文化，筑牢生态屏障，努力谱写好建设美丽中国、走向生态文明新时代的吉安篇章。

是为序。

胡世忠
江西省人大常委会副主任、吉安市委书记
2019年5月30日

序 二

罗霄山脉地区是一个多少被科学界忽略的区域,在《中国地理图集》上也较少被作为一个亚地理区标明其独特的自然地理特征、生物区系特征。虽然1982年开始了井冈山自然保护区科学考察,但在后来的20多年里该地区并没有受到足够的关注。胡秀英女士于1980年发表了水杉植物区系研究一文,把华中至华东地区均看作第三纪生物避难所,但东部被关注的重点主要是武夷山脉、南岭山脉以及台湾山脉。罗霄山脉多少被选择性地遗忘了,只是到了最近20多年,研究人员才又陆续进行了关于群落生态学、生物分类学、自然保护管理等专题的研究,建立了多个自然保护区。自2010年起,在江西省林业局、吉安市林业局、井冈山管理局的大力支持下,在2013~2018年国家科技基础性工作专项的资助下,项目组开始了罗霄山脉地区生物多样性的研究。

作为中国大陆东部季风区一座呈南北走向的大型山脉,罗霄山脉在地质构造上处于江南板块与华南板块的结合部,是由褶皱造山与断块隆升形成的复杂山脉,出露有寒武纪、奥陶纪、志留纪、泥盆纪等时期以来发育的各类完整而古老的地层,记录了华南板块6亿年以来的地质史。罗霄山脉自北至南又由5条东北—西南走向的中型山脉组成,包括幕阜山脉、九岭山脉、武功山脉、万洋山脉、诸广山脉。罗霄山脉是湘江流域、赣江流域的分水岭,是中国两大淡水湖泊——鄱阳湖、洞庭湖的上游水源地。整体上,罗霄山脉南部与南岭垂直相连,向北延伸。据统计,罗霄山脉全境包括67处国家级、省级、市县级自然保护区,34处国家森林公园、风景名胜区、地质公园,以及其他数十处建立保护地的独立自然山体等。

罗霄山脉地区生物多样性综合科学考察较全面地总结了多年来的调查数据,取得了丰硕成果,共发表SCI论文140篇、中文核心期刊论文102篇,发表或发现生物新种118个,撰写专著13部,全面地展示了中国大陆东部生物多样性的科学价值、自然遗产价值。

其一,明确了在地质构造上罗霄山脉南北部属于不同的地质构造单元,北部为扬子板块,南部为加里东褶皱带,具备不同的岩性、不同的演化历史,目前绝大部分已进入地貌发展的壮年期,6亿年以来亦从未被海水全部淹没,从而使得生物区系得以繁衍和发展。

其二,罗霄山脉是中国大陆东部的核心区域、生物博物馆,具有极高的生物多样性。罗霄山脉高等植物共有325科1511属5720种,是亚洲大陆东部冰期物种自北向南迁移的生物避难所,也是间冰期物种自南向北重新扩张等历史演化过程的策源地;具有全球集中分布的裸子植物区系,包括银杉属、银杏属、穗花杉属、白豆杉属等21属(隶属于6科,包括32种),以及较典型的针叶树垂直带谱,如穗花杉、南方铁杉、资源冷杉、白豆杉、银杉、宽叶粗榧等均形成优势群落。罗霄山脉是原始被子植物——金缕梅科(含蕈树科)的分布中心,共有12属20种,包括牛鼻栓属、金缕梅属、双花木属、马蹄荷属、枫香属、蕈树属、半枫荷属、檵木属、秀柱花属、蚊母树属、蜡瓣花属、水丝梨属；也是亚洲大陆东部杜鹃花科植物的次生演化中心，共有9属64种，约占华东五省一市杜鹃花科种数（81种）的79.0%。同时，与邻近植物区系的比较研究表明，罗霄山脉北段的九岭山脉、幕阜山脉与长江以北的大别山脉更为相似，在区划上组成华东亚省，中南段的武功山脉、万洋山脉、诸广山脉与南岭山脉相似，在区划上组成华南亚省。

其三，罗霄山脉脊椎动物（鱼类、两栖类、爬行类、鸟类、哺乳类）非常丰富，共记录有132科660种，两栖类、爬行类尤其典型，存在大量隐性分化的新种，此次科考发现两栖类新种13个。罗霄山脉是亚洲大陆东部哺乳类的原始中心、冰期避难所。动物区系分析表明，两栖类在罗霄山脉中段武功山脉的过渡性质明显，中南段的武功山脉、万洋山脉、诸广山脉属于同一地理单元，北段幕阜山脉、九岭山脉属于另一个地理单元，与地理上将南部作为狭义罗霄山脉的定义相吻合。

其四，针对5条中型山脉，完成植被样地调查788片，总面积约58.8万m^2，较完整地构建了罗霄山脉植被分类系统，天然林可划分为12个植被型86个群系172个群丛组。指出了罗霄山脉地区典型的超地带性群落——沟谷季风常绿阔叶林为典型南亚热带侵入的顶极群落，有时又称为季雨林（monsoon rainforest）或亚热带雨林[①]，以大果马蹄荷群落、鹿角锥-观光木群落、乐昌含笑-钩锥群落、鹿角锥-甜槠群落、蕈树类群落、小果山龙眼群落等为代表。

毫无疑问，罗霄山脉地区是亚洲大陆东部最为重要的物种栖息地之一。罗霄山脉、武夷山脉、南岭山脉构成了东部三角弧，与横断山脉、峨眉山、神农架所构成的西部三角弧相对应，均为生物多样性的热点区域，而东部三角弧似乎更加古老和原始。

秉系列专著付梓之际，乐为之序。

王伯荪
2019年6月25日

---

① Wang B S. 1987. Discussion of the level regionalization of monsoon forests. Acta Phytoecologica et Geobotanica Sinica, 11(2): 154-158.

前 言

《罗霄山脉大型真菌编目与图鉴》是对罗霄山脉地区大型真菌资源调查、采集、分类鉴定和生态环境考察研究的成果。书中"大型真菌"是指一类能产生肉眼可见的具较大型子实体的真菌总称，它们与需要借助显微镜等才能观察的"小型真菌"相对应。大型真菌在生物分类系统上主要包括真菌界中子囊菌门和担子菌门的部分种类，如各类蘑菇就是最常见的大型真菌。大型真菌具有重要的经济和生态价值，如羊肚菌、蛹虫草、木耳、银耳、鸡油菌、香菇、美味牛肝菌等为著名的食用菌；冬虫夏草、蝉花、灵芝、云芝、桑黄等为著名的药用菌；还有一些有毒物种，如可致命的裂皮鹅膏，具神经毒素的斑褶菇等。大型真菌对维持生态系统平衡发挥着重要作用，如各类多孔菌、革菌等一些木腐菌类能分解死亡植物的木质素和纤维素，促进腐朽植物的快速降解，在生态系统碳氮循环过程中起到非常重要的作用，再如牛肝菌、红菇、鹅膏菌等外生菌根菌与宿主植物形成共生关系，可提高宿主植物抗病害、吸收水分和无机营养的能力，以及提高育苗成活率等。

自2013年以来，在科技部基础调查专项的支持下，作者及项目团队成员对罗霄山脉的大型真菌资源进行了调查与标本采集，调查区域涵盖5条中型山脉，即罗霄山脉北段的幕阜山脉和九岭山脉，包括幕阜山、九宫山、官山、九岭山、大围山等地；中段的武功山脉和万洋山脉，包括武功山、羊狮幕、井冈山、桃源洞、南风面等地；南段的诸广山脉，包括齐云山、八面山、九龙江等地。采集地点包括各类自然保护区、自然遗产地、地质公园、风景名胜区、森林公园、其他自然山地、山村荒地及山间连接带等。累计采集标本5000余号，初步整理鉴定出大型真菌670种，隶属于2门7纲20目81科235属；其中幕阜山脉179种，九岭山脉139种，武功山脉63种，万洋山脉269种，诸广山脉334种，含罗霄山脉地区新记录属37个、新记录种514种；此外，在物种鉴定过程中，尚有大量标本不能确定到种，存在一些未被描述或未被认识的物种有待进一步研究。

《罗霄山脉大型真菌编目与图鉴》主要内容分为4章。前2章简要介绍了罗霄山脉的自然概况、大型真菌资源研究概要、本次资源考察情况以及大型真菌生态分布特点等；第3章对研究结果进行了汇总与编目，依据门、纲、目、科、属、种的分类等级，列出每个物种的分类学位置和物种学名，以及所在的具体山脉、所属县（市）、详细采集点和凭证标本号；第4章为图鉴部分，精选了具有区域代表性且较为常见的大型真菌64科160属300种，分项简要地记述了各物种的形态特征、生境特点、采集地点、引证标本和用途与讨论等，每物种均配有可反映其形态特征的彩色生态照片。本书编目部分的物种概念和分类地位，主要依据"Index Fungorum"（真菌索引）网站中最新的分类系统和《中国大型菌物资源图鉴》，并参考了最新的研究文献。本书的图鉴部分，首先根据物种的分类学位置，将300种大型真菌划分为子囊菌类和担子菌类两部分；之后，依据形态特征，又将担子菌类分为胶质菌、珊瑚菌、多孔菌、鸡油菌、伞菌、牛肝菌和腹菌七大类。文后附有中文名和拉丁名称索引，以便读者检索和查阅。

在这里需要特别提醒，由于野生菌种类繁多，有些食用菌和有毒菌在外观形态上非常相似，极易混淆，望读者不要随意采食野生菌，或者所采食的野生菌应经专业人员或者当地有经验者进行指导，更不可仅凭本书作为辨别和食用野生菌的依据！若因此误食毒菌中毒，作者及出版社对读者误食野生菌及其造成的一切后果不承担任何法律责任。

在野外资源调查和标本采集过程中，中山大学、吉安市林业局、井冈山国家级自然保护区管理局、桃源洞国家级自然保护区管理局、中国科学院庐山植物园、九龙江国家森林公园管理处、阳岭国家森林公园管理处等相关单位给予了大力支持和帮助。本书的出版得到了国家科技基础性工作专项（2013FY111500）、国家自然科学基金项目（32070020、32170010）和吉安市林业局生态文明建设专项经费的资助。作者在此对上述给予帮助的所有单位和个人表示衷心感谢！

罗霄山脉覆盖范围广，野外资源考察工作量大，后期标本整理鉴定耗时耗力，尚有部分标本未能完成鉴定。本书的收集尚不完整，实属遗憾，加之作者水平有限，不足之处在所难免，望广大读者提出宝贵意见，以便日后修订。

编　者
2022年11月25日

目 录

第 1 章 总论

1.1 罗霄山脉自然地理概况·············2
1.2 罗霄山脉大型真菌资源研究概况·············2
1.3 罗霄山脉大型真菌生态分布·············2
1.4 罗霄山脉大型真菌组成·············7

第 2 章 罗霄山脉考察与采集情况

第 3 章 罗霄山脉大型真菌编目

3.1 子囊菌门Ascomycota

地舌菌纲Geoglossomycetes·············16
 地舌菌目Geoglossales·············16
  地舌菌科Geoglossaceae·············16
盘菌纲Pezizomycetes·············16
 盘菌目Pezizales·············16
  马鞍菌科Helvellaceae·············16
  火丝菌科Pyronemataceae·············16
  肉杯菌科Sarcoscyphaceae·············16
粪壳菌纲Sordariomycetes·············17
 肉座菌目Hypocreales·············17
  麦角菌科Clavicipitaceae·············17
  虫草科Cordycipitaceae·············17
  肉座菌科Hypocreaceae·············18
  线虫草科Ophiocordycipitaceae·············18
 炭角菌目Xylariales·············18
  胶炭团科Hypoxylaceae·············18
  炭角菌科Xylariaceae·············18
锤舌菌纲Leotiomycetes·············19
 柔膜菌目Helotiales·············19
  耳盘菌科Cordieritidaceae·············19
  地锤菌科Cudoniaceae·············19
  皮盘菌科Dermateaceae·············19
  胶盘菌科Gelatinodiscaceae·············19
  柔膜菌科Helotiaceae·············19
  锤舌菌科Leotiaceae·············20

3.2 担子菌门Basidiomycota

蘑菇纲Agaricomycetes·············20
 蘑菇目Agaricales·············20
  蘑菇科Agaricaceae·············20
  鹅膏科Amanitaceae·············23
  粪伞科Bolbitiaceae·············25
  珊瑚菌科Clavariaceae·············25
  丝膜菌科Cortinariaceae·············25
  粉褶蕈科Entolomataceae·············25
  牛舌菌科Fistulinaceae·············27
  轴腹菌科Hydnangiaceae·············27
  蜡伞科Hygrophoraceae·············28
  层腹菌科Hymenogastraceae·············29
  丝盖伞科Inocybaceae·············29
  离褶伞科Lyophyllaceae·············30
  小皮伞科Marasmiaceae·············30
  小菇科Mycenaceae·············32
  类脐菇科Omphalotaceae·············33

泡头菌科 Physalacriaceae ········· 35
侧耳科 Pleurotaceae ··············· 36
光柄菇科 Pluteaceae ··············· 36
小脆柄菇科 Psathyrellaceae ······ 37
裂褶菌科 Schizophyllaceae ······· 38
球盖菇科 Strophariaceae ·········· 38
口蘑科 Tricholomataceae ·········· 39
科地位未定类群 Incertae sedis ··· 39
木耳目 Auriculariales ················· 39
木耳科 Auriculariaceae ············ 39
牛肝菌目 Boletales ····················· 40
牛肝菌科 Boletaceae ··············· 40
丽口菌科 Calostomataceae ······· 43
双囊菌科 Diplocystidiaceae ······ 44
铆钉菇科 Gomphidiaceae ········· 44
圆孔牛肝菌科 Gyroporaceae ····· 44
桩菇科 Paxillaceae ·················· 44
须腹菌科 Rhizopogonaceae ······ 44
硬皮马勃科 Sclerodermataceae ·· 44
干腐菌科 Serpulaceae ·············· 45
乳牛肝菌科 Suillaceae ············· 45
塔氏菌科 Tapinellaceae ············ 45
鸡油菌目 Cantharellales ············· 45
锁瑚菌科 Clavulinaceae ··········· 45
齿菌科 Hydnaceae ··················· 45
地星目 Geastrales ······················ 46
地星科 Geastraceae ················· 46
褐褶菌目 Gloeophyllales ············ 46
褐褶菌科 Gloeophyllaceae ······· 46
钉菇目 Gomphales ····················· 46
钉菇科 Gomphaceae ················ 46
锈革孔菌目 Hymenochaetales ···· 47
锈革菌科 Hymenochaetaceae ···· 47
瘦脐菇科 Rickenellaceae ·········· 49
裂孔菌科 Schizoporaceae ········· 49

科地位未定类群 Incertae sedis ··· 49
鬼笔目 Phallales ························· 49
鬼笔科 Phallaceae ··················· 49
多孔菌目 Polyporales ················· 49
齿毛菌科 Cerrenaceae ·············· 49
泪孔菌科 Dacryobolaceae ········· 50
纤维孔菌科 Fibroporiaceae ······· 50
拟层孔菌科 Fomitopsidaceae ···· 50
灵芝科 Ganodermataceae ········ 50
皮孔菌科 Incrustoporiaceae ······ 50
耙齿菌科 Irpicaceae ················· 51
炮孔菌科 Laetiporaceae ··········· 51
皱孔菌科 Meruliaceae ·············· 51
革耳科 Panaceae ····················· 52
平革菌科 Phanerochaetaceae ··· 52
多孔菌科 Polyporaceae ············ 52
齿耳菌科 Steccherinaceae ········ 55
科地位未定类群 Incertae sedis ··· 56
红菇目 Russulales ······················ 56
耳匙菌科 Auriscalpiaceae ········· 56
瘤孢孔菌科 Bondarzewiaceae ··· 56
红菇科 Russulaceae ················· 56
韧革菌科 Stereaceae ················ 58
拟韧革菌目 Stereopsidales ········· 59
拟韧革菌科 Stereopsidaceae ···· 59
革菌目 Thelephorales ················· 59
革菌科 Thelephoraceae ············ 59
花耳纲 Dacrymycetes ················· 59
花耳目 Dacrymycetales ·············· 59
花耳科 Dacrymycetaceae ········· 59
银耳纲 Tremellomycetes ············ 60
银耳目 Tremellales ····················· 60
金耳科 Naemateliaceae ··········· 60
银耳科 Tremellaceae ··············· 60

第4章 罗霄山脉大型真菌图鉴

4.1 子囊菌类

橙黄网孢盘菌 *Aleuria aurantia* (Pers.) Fuckel ··· 64
紫色囊盘菌 *Ascocoryne cylichnium* (Tul.) Korf ··· 65
橘色小双孢盘菌 *Bisporella citrina* (Batsch) Korf & S.E. Carp. ··· 65
大孢毛杯菌 *Cookeina insititia* (Berk. & M.A. Curtis) Kuntze ··· 66
叶状耳盘菌 *Cordierites frondosus* (Kobayasi) Korf ··· 66
蝉花 *Cordyceps chanhua* Z.Z. Li, F.G. Luan, N.L. Hywel-Jones, C.R. Li & S.L. Zhang ··· 67
柱形虫草 *Cordyceps cylindrica* Petch ··· 68
粉末虫草 *Cordyceps farinosa* (Holmsk.) Kepler, B. Shrestha & Spatafora ··· 69
台湾虫草 *Cordyceps formosana* Kobayasi & Shimizu ··· 69
蛹虫草 *Cordyceps militaris* (L.) Fr. ··· 70
粉被虫草 *Cordyceps pruinosa* Petch ··· 71
黑轮层炭壳 *Daldinia concentrica* (Bolton) Ces. & De Not. ··· 71
橙红二头孢盘菌 *Dicephalospora rufocornea* (Berk. & Broome) Spooner ··· 72
液状胶球炭壳菌 *Entonaema liquescens* Möller ··· 72
棱柄马鞍菌 *Helvella lacunosa* Afzel. ··· 73
黄柄锤舌菌 *Leotia aurantipes* (S. Imai) F.L. Tai ··· 74
戴氏绿僵虫草 *Metacordyceps taii* (Z.Q. Liang & A.Y. Liu) G.H. Sung, J.M. Sung, Hywel-Jones & Spatafora ··· 74
蚂蚁线虫草 *Ophiocordyceps myrmecophila* (Ces.) G.H. Sung, J.M. Sung, Hywel-Jones & Spatafora ··· 75
下垂线虫草 *Ophiocordyceps nutans* (Pat.) G.H. Sung, J.M. Sung, Hywel-Jones & Spatafora ··· 76
尖头线虫草 *Ophiocordyceps oxycephala* (Penz. & Sacc.) G.H. Sung, J.M. Sung, Hywel-Jones & Spatafora ··· 77
中华歪盘菌 *Phillipsia chinensis* W.Y. Zhuang ··· 77
红角肉棒菌 *Podostroma cornu-damae* (Pat.) Boedijn ··· 78
西方肉杯菌 *Sarcoscypha occidentalis* (Schwein.) Sacc. ··· 78
窄孢胶陀盘菌 *Trichaleurina tenuispora* M. Carbone, Yei Z. Wang & Cheng L. Huang ··· 79
枫香果生炭角菌 *Xylaria liquidambaris* J.D. Rogers, Y.M. Ju & F. San Martín ··· 79
黑柄炭角菌 *Xylaria nigripes* (Klotzsch) Cooke ··· 80
多型炭角菌 *Xylaria polymorpha* (Pers.) Grev. ··· 81
斯氏炭角菌 *Xylaria schweinitzii* Berk. & M.A. Curtis ··· 82

4.2 胶质菌类

毛木耳 *Auricularia cornea* Ehrenb. ··· 83

皱木耳 *Auricularia delicata* (Mont. ex Fr.) Henn. ·········· 84

黑木耳 *Auricularia heimuer* F. Wu, B.K. Cui & Y.C. Dai ·········· 85

中国胶角耳 *Calocera sinensis* McNabb ·········· 85

黏胶角耳 *Calocera viscosa* (Pers.) Fr. ·········· 86

掌状花耳 *Dacrymyces palmatus* Bres. ·········· 87

桂花耳 *Dacryopinax spathularia* (Schwein.) G.W. Martin ·········· 87

褐色暗银耳 *Phaeotremella fimbriata* (Pers.) Spirin & V. Malysheva ·········· 88

茶色暗银耳 *Phaeotremella foliacea* (Pers.) Wedin, J.C. Zamora & Millanes ·········· 89

褐盖刺银耳 *Pseudohydnum brunneiceps* Y.L. Chen, M.S. Su & L.P. Zhang ·········· 89

银耳 *Tremella fuciformis* Berk. ·········· 90

4.3 多孔菌类

刺丝盘革菌 *Aleurodiscus mirabilis* (Berk. & M.A. Curtis) Höhn. ·········· 91

耳匙菌 *Auriscalpium vulgare* Gray ·········· 92

烟管菌 *Bjerkandera adusta* (Willd.) P. Karst. ·········· 93

高山瘤孢孔菌 *Bondarzewia montana* (Quél.) Singer ·········· 93

环带齿毛菌 *Cerrena zonata* (Berk.) H.S. Yuan ·········· 94

肉桂集毛孔菌 *Coltricia cinnamomea* (Jacq.) Murrill ·········· 94

铁色集毛孔菌 *Coltricia sideroides* (Lév.) Teng ·········· 95

刺柄集毛孔菌 *Coltricia strigosipes* Corner ·········· 96

灰蓝孔菌 *Cyanosporus caesius* (Schrad.) McGinty ·········· 96

优雅波边革菌 *Cymatoderma elegans* Jungh. ·········· 97

三色拟迷孔菌 *Daedaleopsis tricolor* (Bull.) Bondartsev & Singer ·········· 98

红贝俄氏孔菌 *Earliella scabrosa* (Pers.) Gilb. & Ryvarden ·········· 99

根状纤维孔菌 *Fibroporia radiculosa* (Peck) Parmasto ·········· 99

马尾松拟层孔菌 *Fomitopsis massoniana* B.K. Cui, M.L. Han & Shun Liu ·········· 100

南方灵芝 *Ganoderma australe* (Fr.) Pat. ·········· 100

弯柄灵芝 *Ganoderma flexipes* Pat. ·········· 101

灵芝 *Ganoderma lingzhi* Sheng H. Wu, Y. Cao & Y.C. Dai ·········· 101

紫芝 *Ganoderma sinense* J.D. Zhao, L.W. Hsu & X.Q. Zhang ·········· 102

大革裥菌 *Lenzites vespacea* (Pers.) Pat. ·········· 103

近缘小孔菌 *Microporus affinis* (Blume & T. Nees) Kuntze ·········· 104

黄褐小孔菌 *Microporus xanthopus* (Fr.) Kuntze ·········· 105

胶质射脉革菌 *Phlebia tremellosa* (Schrad.) Nakasone & Burds. ·········· 106

条盖多孔菌 *Polyporus grammocephalus* Berk. ·········· 106

变形多孔菌 *Polyporus varius* (Pers.) Fr. ·········· 107

血红密孔菌 *Pycnoporus sanguineus* (L.) Murrill ·········· 107

血芝 *Sanguinoderma rugosum* (Blume & T. Nees) Y.F. Sun, D.H. Costa & B.K. Cui ················108

扁韧革菌 *Stereum ostrea* (Blume & T. Nees) Fr. ················109

蓝伏革菌 *Terana coerulea* (Lam.) Kuntze ················110

华南干巴菌 *Thelephora austrosinensis* T.H. Li & T. Li ················110

雅致栓孔菌 *Trametes elegans* (Spreng.) Fr. ················111

迷宫栓孔菌 *Trametes gibbosa* (Pers.) Fr. ················112

毛栓孔菌 *Trametes hirsuta* (Wulfen) Lloyd ················113

谦逊栓孔菌 *Trametes modesta* (Kunze ex Fr.) Ryvarden ················113

云芝栓孔菌 *Trametes versicolor* (L.) Lloyd ················114

冷杉附毛孔菌 *Trichaptum abietinum* (Pers. ex J.F. Gmel.) Ryvarden ················115

碎片木革菌 *Xylobolus frustulatus* (Pers.) P. Karst. ················116

金丝木革菌 *Xylobolus spectabilis* (Klotzsch) Boidin ················116

4.4 珊瑚菌类

杯冠瑚菌 *Artomyces pyxidatus* (Pers.) Jülich ················117

脆珊瑚菌 *Clavaria fragilis* Holmsk. ················118

堇紫珊瑚菌 *Clavaria zollingeri* Lév. ················118

金赤拟锁瑚菌 *Clavulinopsis aurantiocinnabarina* (Schwein.) Corner ················119

梭形拟锁瑚菌 *Clavulinopsis fusiformis* (Sowerby) Corner ················119

4.5 鸡油菌类

华南鸡油菌 *Cantharellus austrosinensis* Ming Zhang, C.Q. Wang & T.H. Li ················120

淡蜡黄鸡油菌 *Cantharellus cerinoalbus* Eyssart. & Walleyn ················121

菊黄鸡油菌 *Cantharellus chrysanthus* Ming Zhang, C.Q. Wang & T.H. Li ················122

凸盖鸡油菌 *Cantharellus convexus* Ming Zhang & T.H. Li ················122

鞘状鸡油菌 *Cantharellus vaginatus* S.C. Shao, X.F. Tian & P.G. Liu ················123

黄喇叭菌 *Craterellus luteus* T.H. Li & X.R. Zhong ················123

管形喇叭菌（参照种）*Craterellus* cf. *tubaeformis* (Fr.) Quél. ················124

4.6 伞菌类

四孢蘑菇 *Agaricus campestris* L. ················125

鳞柄蘑菇 *Agaricus flocculosipes* R.L. Zhao, Desjardin, Guinb. & K.D. Hyde ················126

拟淡白蘑菇 *Agaricus pseudopallens* M.Q. He & R.L. Zhao ················127

缠足鹅膏 *Amanita cinctipes* Corner & Bas ················127

小托柄鹅膏 *Amanita farinosa* Schwein. ················128

格纹鹅膏 *Amanita fritillaria* (Sacc.) Sacc. ················129

灰花纹鹅膏 *Amanita fuliginea* Hongo ················129

赤脚鹅膏 *Amanita gymnopus* Corner & Bas ········130
异味鹅膏 *Amanita kotohiraensis* Nagas. & Mitani ········130
拟卵盖鹅膏 *Amanita neoovoidea* Hongo ········131
欧氏鹅膏 *Amanita oberwinklerana* Zhu L. Yang & Yoshim. Doi ········132
黄褐鹅膏（参照种）*Amanita* cf. *ochracea* (Zhu L. Yang) Y.Y. Cui, Q. Cai & Zhu L. Yang ········133
红褐鹅膏 *Amanita orsonii* Ash. Kumar & T.N. Lakh. ········134
卵孢鹅膏 *Amanita ovalispora* Boedijn ········135
假隐花青鹅膏 *Amanita pseudomanginiana* Q. Cai, Y.Y. Cui & Zhu L. Yang ········135
假褐云斑鹅膏 *Amanita pseudoporphyria* Hongo ········136
裂皮鹅膏 *Amanita rimosa* P. Zhang & Zhu L. Yang ········136
土红鹅膏 *Amanita rufoferruginea* Hongo ········137
刻鳞鹅膏 *Amanita sculpta* Corner & Bas ········138
暗盖淡鳞鹅膏 *Amanita sepiacea* S. Imai ········139
中华鹅膏 *Amanita sinensis* Zhu L. Yang ········140
残托鹅膏有环变型 *Amanita sychnopyramis* f. *subannulata* Hongo ········140
绒毡鹅膏 *Amanita vestita* Corner & Bas ········141
锥鳞白鹅膏 *Amanita virgineoides* Bas ········142
褐红炭褶菌 *Anthracophyllum nigritum* (Lév.) Kalchbr. ········142
蜜环菌 *Armillaria mellea* (Vahl) P. Kumm. ········143
假蜜环菌 *Armillaria tabescens* (Scop.) Emel ········144
皱波斜盖伞 *Clitopilus crispus* Pat. ········144
加马加斜盖伞 *Clitopilus kamaka* J.A. Cooper ········145
近杯伞状斜盖伞 *Clitopilus subscyphoides* W.Q. Deng, T.H. Li & Y.H. Shen ········145
柔弱锥盖伞 *Conocybe tenera* (Schaeff.) Fayod ········146
白小鬼伞 *Coprinellus disseminatus* (Pers.) J.E. Lange ········146
平盖靴耳 *Crepidotus applanatus* (Pers.) P. Kumm. ········147
褐毛靴耳 *Crepidotus badiofloccosus* S. Imai ········147
黏靴耳 *Crepidotus mollis* (Schaeff.) Staude ········148
丛毛毛皮伞 *Crinipellis floccosa* T.H. Li, Y.W. Xia & W.Q. Deng ········148
淡褐盖毛皮伞 *Crinipellis pallidipilus* Antonín, Ryoo & Ka ········149
金黄鳞盖伞 *Cyptotrama asprata* (Berk.) Redhead & Ginns ········149
蓝鳞粉褶蕈 *Entoloma azureosquamulosum* Xiao L. He & T.H. Li ········150
丛生粉褶蕈 *Entoloma caespitosum* W.M. Zhang ········150
肉褐粉褶蕈 *Entoloma carneobrunneum* W.M. Zhang ········151
靴耳状粉褶蕈 *Entoloma crepidotoides* W.Q. Deng & T.H. Li ········151
穆雷粉褶蕈 *Entoloma murrayi* (Berk. & M.A. Curtis) Sacc. ········152
极脆粉褶蕈 *Entoloma praegracile* Xiao L. He & T.H. Li ········153

方孢粉褶蕈 *Entoloma quadratum* (Berk. & M.A. Curtis) E. Horak ··· 153

变绿粉褶蕈 *Entoloma virescens* (Sacc.) E. Horak ex Courtec. ··· 154

冬菇 *Flammulina filiformis* (Z.W. Ge, X.B. Liu & Zhu L. Yang) P.M. Wang, Y.C. Dai, E. Horak & Zhu L. Yang ·· 154

沟条盔孢伞 *Galerina vittiformis* (Fr.) Singer ··· 155

愉悦黏柄伞 *Gliophorus laetus* (Pers.) Herink ··· 156

橙褐裸伞 *Gymnopilus aurantiobrunneus* Z.S. Bi ··· 156

变色龙裸伞 *Gymnopilus dilepis* (Berk. & Broome) Singer ··· 157

赭黄裸伞 *Gymnopilus penetrans* (Fr.) Murrill ·· 157

双型裸脚伞 *Gymnopus biformis* (Peck) Halling ·· 158

芸薹裸脚伞 *Gymnopus brassicolens* (Romagn.) Antonín & Noordel. ··· 158

绒柄裸脚伞 *Gymnopus confluens* (Pers.) Antonín, Halling & Noordel. ······································ 159

栎生裸脚伞 *Gymnopus dryophilus* (Bull.) Murrill ·· 160

枝生裸脚伞 *Gymnopus ramulicola* T.H. Li & S.F. Deng ·· 161

乳菇状黏滑菇 *Hebeloma lactariolens* (Clémençon & Hongo) B.J. Rees & Orlovich ················· 162

华丽海氏菇 *Heinemannomyces splendidissima* Watling ·· 162

皱波半小菇 *Hemimycena crispata* (Kühner) Singer ··· 163

光柄径边菇 *Hodophilus glabripes* Ming Zhang, C.Q. Wang & T.H. Li ····································· 163

肾形亚侧耳 *Hohenbuehelia reniformis* (G. Mey.) Singer ·· 164

马达加斯加湿伞 *Hygrocybe astatogala* (R. Heim) Heinem. ··· 164

浅黄湿伞 *Hygrocybe flavescens* (Kauffman) Singer ·· 165

胶柄湿伞 *Hygrocybe glutinipes* (J.E. Lange) R. Haller Aar. ·· 165

红紫湿伞 *Hygrocybe punicea* (Fr.) P. Kumm. ·· 166

裂盖湿伞 *Hygrocybe rimosa* C.Q. Wang & T.H. Li ·· 166

红尖锥湿伞 *Hygrocybe rubroconica* C.Q. Wang & T.H. Li ·· 167

稀褶湿伞 *Hygrocybe sparifolia* T.H. Li & C.Q. Wang ·· 168

胶黏盖蜡伞 *Hygrophorus glutiniceps* C.Q. Wang & T.H. Li ·· 169

卵孢拟奥德蘑 *Hymenopellis raphanipes* (Berk.) R.H. Petersen ··· 169

簇生垂幕菇 *Hypholoma fasciculare* (Huds.) P. Kumm. ··· 170

砖红垂幕菇 *Hypholoma lateritium* (Schaeff.) P. Kumm. ·· 171

黄鳞丝盖伞 *Inocybe squarrosolutea* (Corner & E. Horak) Garrido ··· 171

毒蝇岐盖伞 *Inosperma muscarium* Y.G. Fan, L.S. Deng, W.J. Yu & N.K. Zeng ······················· 172

红蜡蘑 *Laccaria laccata* (Scop.) Cooke ·· 172

酒红蜡蘑 *Laccaria vinaceoavellanea* Hongo ·· 173

纤细乳菇 *Lactarius gracilis* Hongo ··· 173

近毛脚乳菇 *Lactarius subhirtipes* X.H. Wang ··· 174

亚环纹乳菇 *Lactarius subzonarius* Hongo ·· 174

鲜艳乳菇 *Lactarius vividus* X.H. Wang, Nuytinck & Verbeken ··········175
辣流汁乳菇 *Lactifluus piperatus* (L.) Roussel ··········175
中华流汁乳菇 *Lactifluus sinensis* J.B. Zhang, Y. Song & L.H. Qiu ··········176
多汁流汁乳菇 *Lactifluus volemus* (Fr.) Kuntze ··········176
香菇 *Lentinula edodes* (Berk.) Pegler ··········177
漏斗多孔菌 *Lentinus arcularius* (Batsch) Zmitr. ··········178
翘鳞香菇 *Lentinus squarrosulus* Mont. ··········179
灰褐鳞环柄菇 *Lepiota fusciceps* Hongo ··········179
紫丁香蘑 *Lepista nuda* (Bull.) Cooke ··········180
花脸香蘑 *Lepista sordida* (Schumach.) Singer ··········180
易碎白鬼伞 *Leucocoprinus fragilissimus* (Ravenel ex Berk. & M.A. Curtis) Pat. ··········181
脱皮大环柄菇 *Macrolepiota detersa* Z.W. Ge, Zhu L. Yang & Vellinga ··········181
纯白微皮伞 *Marasmiellus candidus* (Bolton) Singer ··········182
伴索微皮伞 *Marasmiellus rhizomorphogenus* Antonín, Ryoo & H.D. Shin ··········183
美丽小皮伞 *Marasmius bellus* Berk. ··········183
伯特路小皮伞 *Marasmius berteroi* (Lév.) Murrill ··········184
草生小皮伞 *Marasmius graminum* (Lib.) Berk. ··········184
红盖小皮伞 *Marasmius haematocephalus* (Mont.) Fr. ··········185
大盖小皮伞 *Marasmius maximus* Hongo ··········185
苍白小皮伞 *Marasmius pellucidus* Berk. & Broome ··········186
紫条沟小皮伞 *Marasmius purpureostriatus* Hongo ··········187
小型小皮伞 *Marasmius pusilliformis* Chun Y. Deng & T.H. Li ··········187
轮小皮伞 *Marasmius rotalis* Berk. & Broome ··········188
宽褶大金钱菌 *Megacollybia platyphylla* (Pers.) Kotl. & Pouzar ··········189
糠鳞小蘑菇 *Micropsalliota furfuracea* R.L. Zhao, Desjardin, Soytong & K.D. Hyde ··········189
黄鳞小菇 *Mycena auricoma* Har. Takah. ··········190
盔盖小菇 *Mycena galericulata* (Scop.) Gray ··········190
血红小菇 *Mycena haematopus* (Pers.) P. Kumm. ··········191
洁小菇 *Mycena pura* (Pers.) P. Kumm. ··········191
灰黑新湿伞 *Neohygrocybe griseonigra* C.Q. Wang & T.H. Li ··········192
洁丽新香菇 *Neolentinus lepideus* (Fr.) Redhead & Ginns ··········193
亚黏小奥德蘑 *Oudemansiella submucida* Corner ··········193
粪生斑褶菇 *Panaeolus fimicola* (Pers.) Gillet ··········194
网孔扇菇 *Panellus pusillus* (Pers. ex Lév.) Burds. & O.K. Mill. ··········194
鳞皮扇菇 *Panellus stipticus* (Bull.) P. Karst. ··········195
褐绒革耳 *Panus fulvus* (Berk.) Pegler & R.W. Rayner ··········196
新粗毛革耳 *Panus neostrigosus* Drechsler-Santos & Wartchow ··········196

詹尼暗金钱菌 *Phaeocollybia jennyae* (P. Karst.) Romagn. ·······197
多脂鳞伞 *Pholiota adiposa* (Batsch) P. Kumm. ·······197
红顶鳞伞 *Pholiota astragalina* (Fr.) Singer ·······198
小孢鳞伞 *Pholiota microspora* (Berk.) Sacc. ·······199
巨大侧耳 *Pleurotus giganteus* (Berk.) Karun. & K.D. Hyde ·······199
糙皮侧耳 *Pleurotus ostreatus* (Jacq.) P. Kumm. ·······200
硬毛光柄菇 *Pluteus hispidulus* (Fr.) Gillet ·······200
变色光柄菇 *Pluteus variabilicolor* Babos ·······201
黄盖小脆柄菇 *Psathyrella candolleana* (Fr.) Maire ·······201
淡紫假小孢伞 *Pseudobaeospora lilacina* X.D. Yu & S.Y. Wu ·······202
小伏褶菌 *Resupinatus applicatus* (Batsch) Gray ·······202
瘦脐菇 *Rickenella fibula* (Bull.) Raithelh. ·······203
褐岸生小菇 *Ripartitella brunnea* Ming Zhang, T.H. Li & T.Z. Wei ·······203
白龟裂红菇 *Russula alboareolata* Hongo ·······204
姜黄红菇 *Russula flavida* Frost ex Peck ·······204
紫疣红菇 *Russula purpureoverrucosa* Fang Li ·······205
点柄黄红菇 *Russula senecis* S. Imai ·······206
绿桂红菇 *Russula viridicinnamomea* F. Yuan & Y. Song ·······206
红边绿菇 *Russula viridirubrolimbata* J.Z. Ying ·······207
裂褶菌 *Schizophyllum commune* Fr. ·······207
白漏斗辛格杯伞 *Singerocybe alboinfundibuliformis* (Seok, Yang S. Kim, K.M. Park, W.G. Kim, K.H. Yoo & I.C. Park) Zhu L. Yang, J. Qin & Har. Takah. ·······208
绒柄华湿伞 *Sinohygrocybe tomentosipes* C.Q. Wang, Ming Zhang & T.H. Li ·······208
冠囊松果伞（参照种）*Strobilurus* cf. *stephanocystis* (Kühner & Romagn. ex Hora) Singer ·······209
铜绿球盖菇 *Stropharia aeruginosa* (Curtis) Quél. ·······209
间型鸡㙡 *Termitomyces intermedius* Har. Takah. & Taneyama ·······210
黑柄四角孢伞 *Tetrapyrgos nigripes* (Fr.) E. Horak ·······211
油黄口蘑 *Tricholoma equestre* (L.) P. Kumm. ·······211
华苦口蘑 *Tricholoma sinoacerbum* T.H. Li, Hosen & Ting Li ·······212
棕灰口蘑 *Tricholoma terreum* (Schaeff.) P. Kumm. ·······212
蔚蓝黄蘑菇 *Xanthagaricus caeruleus* Iqbal Hosen, T.H. Li & Z.P. Song ·······213
黄丛毛黄蘑菇 *Xanthagaricus flavosquamosus* T.H. Li, Iqbal Hosen & Z.P. Song ·······213
黄干脐菇 *Xeromphalina campanella* (Batsch) Kühner & Maire ·······214
中华干蘑 *Xerula sinopudens* R.H. Petersen & Nagas. ·······214

4.7 牛肝菌类

疣柄拟粉孢牛肝菌 *Abtylopilus scabrosus* Yan C. Li & Zhu L. Yang ·······215

黑紫黑孔牛肝菌 *Anthracoporus nigropurpureus* (Hongo) Y, C. Li & Zhu L. Yang ········216

重孔金牛肝菌 *Aureoboletus duplicatoporus* (M. Zang) G. Wu & Zhu L. Yang ········216

胶黏金牛肝菌 *Aureoboletus glutinosus* Ming Zhang & T.H. Li ········217

长柄金牛肝菌 *Aureoboletus longicollis* (Ces.) N.K. Zeng & Ming Zhang ········217

小橙黄金牛肝菌 *Aureoboletus miniatoaurantiacus* (C.S. Bi & Loh) Ming Zhang, N.K. Zeng & T.H. Li ········218

萝卜味金牛肝菌 *Aureoboletus raphanaceus* Ming Zhang & T.H. Li ········218

红盖金牛肝菌 *Aureoboletus rubellus* J.Y. Fang, G. Wu & K. Zhao ········219

东方褐盖金牛肝菌 *Aureoboletus sinobadius* Ming Zhang & T.H. Li ········219

毛柄金牛肝菌 *Aureoboletus velutipes* Ming Zhang & T.H. Li ········220

纺锤孢南方牛肝菌 *Austroboletus fusisporus* (Kawam. ex Imazeki & Hongo) Wolfe ········220

黄肉条孢牛肝菌 *Boletellus aurocontextus* Hirot. Sato ········221

隐纹条孢牛肝菌 *Boletellus indistinctus* G. Wu, Fang Li & Zhu L. Yang ········221

灰盖牛肝菌 *Boletus griseiceps* B. Feng, Y.Y. Cui, J.P. Xu & Zhu L. Yang ········222

辐射状辣牛肝菌 *Chalciporus radiatus* Ming Zhang & T.H. Li ········222

绿盖裘氏牛肝菌 *Chiua viridula* Y.C. Li & Zhu L. Yang ········223

红褶牛肝菌 *Erythrophylloporus cinnabarinus* Ming Zhang & T.H. Li ········223

绿盖黏小牛肝菌 *Fistulinella olivaceoalba* T.H.G. Pham, Yan C. Li & O.V. Morozova ········224

胶黏铆钉菇 *Gomphidius glutinosus* (Schaeff.) Fr. ········224

长囊体圆孔牛肝菌 *Gyroporus longicystidiatus* Nagas. & Hongo ········225

深褐圆孔牛肝菌 *Gyroporus memnonius* N.K. Zeng, H.J. Xie & M.S. Su ········225

帕拉姆吉特圆孔牛肝菌 *Gyroporus paramjitii* K. Das, D. Chakraborty & Vizzini ········226

血色庭院牛肝菌 *Hortiboletus rubellus* (Krombh.) Simonini, Vizzini & Gelardi ········226

芝麻厚瓤牛肝菌 *Hourangia nigropunctata* (W.F. Chiu) Xue T. Zhu & Zhu L. Yang ········227

柯氏尿囊菌 *Meiorganum curtisii* (Berk.) Singer, J. García & L.D. Gómez ········228

青木氏小绒盖牛肝菌 *Parvixerocomus aokii* (Hongo) G. Wu, N.K. Zeng & Zhu L. Yang ········228

褐糙粉末牛肝菌 *Pulveroboletus brunneoscabrosus* Har. Takah. ········229

疸黄粉末牛肝菌 *Pulveroboletus icterinus* (Pat. & C.F. Baker) Watling ········229

黑网柄牛肝菌 *Retiboletus nigrogriseus* N.K. Zeng, S. Jiang & Zhi Q. Liang ········230

假灰网柄牛肝菌 *Retiboletus pseudogriseus* N.K. Zeng & Zhu L. Yang ········230

中华网柄牛肝菌 *Retiboletus sinensis* N.K. Zeng & Zhu L. Yang ········231

灰盖罗扬牛肝菌 *Royoungia grisea* Y.C. Li & Zhu L. Yang ········231

红褐罗扬牛肝菌 *Royoungia rubina* Y.C. Li & Zhu L. Yang ········232

阔裂松塔牛肝菌 *Strobilomyces latirimosus* J.Z. Ying ········232

黏盖乳牛肝菌 *Suillus bovinus* (Pers.) Roussel ········233

点柄乳牛肝菌 *Suillus granulatus* (L.) Roussel ········233

褐环乳牛肝菌 *Suillus luteus* (L.) Roussel ········234

茶褐异色牛肝菌 *Sutorius brunneissimus* (W.F. Chiu) G. Wu & Zhu L. Yang ········234
假粉孢异色牛肝菌 *Sutorius pseudotylopilus* Vadthanarat, Raspé & Lumyong ········235
黑毛塔氏菌 *Tapinella atrotomentosa* (Batsch) Šutara ········235
土色粉孢牛肝菌 *Tylopilus argillaceus* Hongo ········236
橙黄粉孢牛肝菌 *Tylopilus aurantiacus* Yan C. Li & Zhu L. Yang ········236
红褐粉孢牛肝菌 *Tylopilus brunneirubens* (Corner) Watling & E. Turnbull ········237
暗紫粉孢牛肝菌 *Tylopilus obscureviolaceus* Har. Takah. ········237
大津粉孢牛肝菌 *Tylopilus otsuensis* Hongo ········238

4.8 腹菌类

硬皮地星 *Astraeus hygrometricus* (Pers.) Morgan ········239
日本丽口菌 *Calostoma japonicum* Henn. ········240
中华红丽口菌 *Calostoma sinocinnabarinum* N.K. Zeng, Chang Xu & Zhi Q. Liang ········240
锐棘秃马勃 *Calvatia holothuroides* Rebriev ········241
隆纹黑蛋巢菌 *Cyathus striatus* (Huds.) Willd. ········241
袋型地星 *Geastrum saccatum* Fr. ········242
小林块腹菌 *Kobayasia nipponica* (Kobayasi) S. Imai & A. Kawam. ········243
网纹马勃 *Lycoperdon perlatum* Pers. ········244
黄包红蛋巢菌 *Nidula shingbaensis* K. Das & R.L. Zhao ········244
暗棘托竹荪 *Phallus fuscoechinovolvatus* T.H. Li, B. Song & T. Li ········245
纯黄竹荪 *Phallus luteus* (Liou & L. Hwang) T. Kasuya ········246
硬裙竹荪 *Phallus rigidiindusiatus* T. Li, T.H. Li & W.Q. Deng ········247
纺锤三叉鬼笔 *Pseudocolus fusiformis* (E. Fisch.) Lloyd ········247
变蓝洛腹菌 *Rossbeevera eucyanea* Orihara ········248
马勃状硬皮马勃 *Scleroderma areolatum* Ehrenb. ········248
黄硬皮马勃 *Scleroderma flavidum* Ellis & Everh. ········249
乳汁乳腹菌 *Zelleromyces lactifer* (B.C. Zhang & Y.N. Yu) Trappe, T. Lebel & Castellano ········249

参考文献 ········250
中文名索引 ········254
拉丁名索引 ········264
图版 ········274

第1章 总论

1.1 罗霄山脉自然地理概况

罗霄山脉位于中国大陆东南部，总体呈南北走向，纵跨湖南、湖北、江西三省，涵盖14个地级市55个县（市），区内自北向南包括5条东北—西南走向的中型山脉，依次为幕阜山脉、九岭山脉、武功山脉、万洋山脉和诸广山脉，总面积约6.76万km²，已建立国家级、省级和市县级自然保护区67处，各类森林公园、地质公园、风景名胜区等34处。罗霄山脉最高峰为南风面，位于江西境内，海拔2212 m；第二高峰为酃峰，位于湖南境内，海拔2115.2 m，是湖南省第一高峰；最低海拔82 m，整个山脉落差大，地形地貌和微生境复杂多变。罗霄山脉北依长江，南连南岭，是长江中游鄱阳湖流域与洞庭湖流域的分水岭，南北向罗霄山脉处于鄱阳湖流域盆地与洞庭湖流域盆地之间形成"盆岭"地貌。王春林（1998）研究了罗霄山脉的形成，认为罗霄山脉在中生代时期是古太平洋西岸大陆内部的一条构造隆起带，属于古生代褶皱与岩浆侵入造山、中生代断块褶皱与岩浆侵入隆升、新生代断块差异抬升，又经流水侵蚀等复合地质作用形成的大型山脉，是连接欧亚大陆东南部之南北方向的陆地通道，是中生代以来北半球亚热带东段陆地生物南北向迁徙、扩散的重要通道，也是保存较完好的中亚热带生物多样性极为丰富的绿色廊道，很多特有成分以此为东西界限，成为物种扩散的天然屏障。

罗霄山脉地处中亚热带南缘，属大陆性亚热带湿润季风气候区，冬无严寒，夏无酷暑，温暖湿润，四季分明。在夏季截留来自东南向的海洋暖气流，形成大量降水，在冬季阻挡西北向的南下寒潮，带来丰厚雪水，加之地质地貌复杂，垂直落差较大，导致热能和水分在时空分布上有明显差异，不同区域气候特征差异明显，形成了中亚热带、北亚热带和暖温带3个垂直气候带，是中国大陆东部第三级阶梯最重要的气候区。

1.2 罗霄山脉大型真菌资源研究概况

罗霄山脉区域范围大部分位于湖南省和江西省境内，是两省的自然界线，也是湘江和赣江的分水岭，北部抵长江流域，进入湖北省境内。罗霄山脉北段为幕连九山脉（湘赣交界带北部幕阜山脉、连云山脉、九岭山脉的统称）；中段为武功山脉、万洋山脉；南段（也称南部）为诸广山脉，并向南延伸与南岭山脉垂直相连。罗霄山脉地区植被覆盖率高，生物资源丰富，在此之前尚未进行过综合性科学考察，尤其是大型真菌研究相对较为薄弱，仅见部分报道。例如，林英等（江西省林业厅等，1990）报道了井冈山地区大型真菌187种；李晖和杨海军（2001）报道了桃源洞国家级自然保护区大型真菌72种，包括食用菌类52种，有毒菌类20种；朱鸿等（2004）报道了武功山地区的大型真菌61种，隶属于27科41属，并对其食用、药用和有毒种类进行了整理；李振基等（2009）报道了九岭山地区大型真菌144种，隶属于9目28科73属；刘小明等（2010）报道了齐云山地区大型真菌182种。除以上区域外，罗霄山脉大部分区域的大型真菌本底情况资料缺乏。因此，作者自2013年开始，对罗霄山脉全境开展了全面系统的调查研究，大致掌握了这一地区大型真菌物种多样性及其生态分布特点。

1.3 罗霄山脉大型真菌生态分布

罗霄山脉植被类型丰富，汇集有北半球湿润区的各种植被类型，是亚洲东部亚热带常绿阔叶林最典型的代表，包括：常绿针叶林、针阔叶混交林、常绿阔叶林、常绿落叶针阔叶混交林、落叶阔叶林、竹林、常绿阔叶灌丛、落叶阔叶灌丛、竹丛、疏灌草坡、草本植被和水生植被等。大型真菌物种多样性和分布情况与森林植被类型密切相关。

图1-1 温性针叶林——台湾松林群落（湖南大围山）

图1-2 针阔混交林——福建柏+多脉青冈群落（江西杜鹃山）

（1）常绿针叶林与大型真菌分布

罗霄山脉常绿针叶林类型较为丰富，其中有以暖性针叶树杉木、马尾松组成的优势群系，也有以温性针叶树铁杉、资源冷杉、台湾松、日本柳杉等组成的优势群系（图1-1）。在这些暖性、温性针叶林中，分布着某些与松属、杉木属等树种密切相关的大型真菌物种，常见的大型真菌有褐环乳牛肝菌 *Suillus luteus*、点柄乳牛肝菌 *Suillus granulatus*、棕灰口蘑 *Tricholoma terreum* 等；其中，还发现了一个大型真菌新种——辐射状辣牛肝菌 *Chalciporus radiatus* Ming Zhang & T.H. Li。

（2）针阔叶混交林与大型真菌分布

罗霄山脉组成针阔叶混交林的优势树种非常丰富，其中针叶树主要有福建柏、南方红豆杉、穗花杉、铁杉、台湾松、银杉等，阔叶树主要有甜槠、猴头杜鹃、青冈、多脉青冈、金叶含笑等（图1-2），该类林型中常分布有金牛肝菌属 *Aureoboletus*、裸脚伞属

图1-3 落叶阔叶林——水青冈群落（湖南大围山）

Gymnopus、粉褶蕈属Entoloma、牛肝菌属Boletus、乳菇属Lactarius、鸡油菌属Cantharellus和红菇属Russula等大型真菌物种。

（3）落叶阔叶林与大型真菌分布

落叶阔叶林主要分布在中、高海拔地区，尤其武功山脉、九岭山脉、幕阜山脉等，主要优势种有钟花樱桃、枫杨、香果树、青榨槭、中华槭、锥栗、青钱柳、麻栎、江南桤木、鹅耳枥、水青冈等（图1-3），该类林型中分布有红盖金牛肝菌Aureoboletus rubellus、簇生垂幕菇Hypholoma fasciculare、砖红垂幕菇Hypholoma lateritium、脱皮大环柄菇Macrolepiota deters、绒柄华湿伞Sinohygrocybe tomentosipes、硬皮地星Astraeus hygrometricus等大型真菌物种。

（4）常绿阔叶林与大型真菌分布

常绿阔叶林主要以栲属、青冈属、木荷属、润楠属、木姜子属、含笑属、杜英属、马蹄荷属、核果茶属等树种占优势（图1-4），该类林型中大型真菌资源十分丰富，分布有欧氏鹅膏Amanita oberwinklerana、重孔金牛肝菌Aureoboletus duplicatoporus、长柄金牛肝菌Aureoboletus longicollis、蓝鳞粉褶蕈Entoloma azureosquamulosum，以及一些小菇属Mycena、小皮伞属Marasmius和红菇属Russula等大型真菌物种。

（5）竹林与大型真菌分布

罗霄山脉地区竹林主要以毛竹林占优势，也是一个重要的经济林，尤其是海拔800 m以下的区域，如村边、山脚有大片竹林分布（图1-5）。其中，占优势的竹种还有笔竿竹、玉山竹等。竹林中大型真菌种类相对较少，常见的有蝉花Cordyceps chanhua、硬裙竹荪Phallus rigidiindusiatus、纯黄竹荪Phallus luteus、小皮伞Marasmius spp.、竹生拟口蘑Tricholomopsis bambusina等。

（6）亚高山矮曲林与大型真菌分布

罗霄山脉山脊线纵长，自北至南，如九宫山、九岭山、大围山、武功山、井冈山（五指山）、南风面、齐云山等地区，均在半山腰或山顶分布有面积较大的矮曲林，以杜鹃属、栎属、交让木属、山茶属、柃属等树种占优势（图1-6），该类林型中分布有黑绿锤舌菌Leotia atrovirens、黄柄锤舌菌L. aurantipes、詹尼暗金钱菌Phaeocollybia jennyae，以及一些红菇属Russula和乳菇属Lactarius等大型真菌物种。

图1-4 常绿阔叶林——壳斗类照叶林（江西井冈山）

图1-5 竹林——毛竹林群落（江西井冈山）

图1-6 亚高山矮曲林——白檀群落（湖南大围山）

图1-7 亚高山灌丛——三叶海棠群落（湖南桃源洞）

图1-8 亚高山草灌丛——井冈寒竹灌草丛（江西南风面）

（7）亚高山灌丛与大型真菌分布

在罗霄山脉接近山顶地区，均分布有较大面积的常绿或阔叶灌丛，以马银花、乌药、格药柃、云锦杜鹃、三叶海棠、蜡瓣花、中国绣球、贵州梣木、宽叶粗榧等占优势，尤其是中段、北段，如武功山、大围山、幕阜山等地区（图1-7），林下分布的大型真菌主要有湿伞属*Hygrocybe*、蜡伞属*Hygrophorus*、乳菇属*Lactarius*和红菇属*Russula*等。

（8）亚高山草地与大型真菌分布

在罗霄山脉的中段、北段，如武功山、九岭山、幕阜山等山脊或山顶，均分布有较大面积的成片草地。在亚高山草地（图1-8）分布有蘑菇属*Agaricus*、田头菇属*Agrocybe*、湿伞属*Hygrocybe*、粉褶蕈属*Entoloma*和斑褶菇属*Panaeolus*等物种，部分物种的出现与放牧有关，喜欢生长于动物粪便上。

图1-9　沟谷季雨林——大果马蹄荷+苦梓含笑群落（湖南九曲水）

（9）沟谷季雨林与大型真菌分布

罗霄山脉是一个特殊的生态交错区，在中段、南段沟谷低海拔地区保存有一定面积的、具有热带性质的沟谷雨林、季雨林等植被类型，属于南亚热带飞地，有时也称为超地带性植物群落，主要优势种有：大果马蹄荷、金叶含笑、桂南木莲、观光木、小果石笔木、枫香等（图1-9），在该类植被类型下，大型真菌资源相对较为丰富，分布有柱形虫草 Cordyceps cylindrica、黄喇叭菌 Craterellus luteus、大孢毛杯菌 Cookeina insititia、马达加斯加湿伞 Hygrocybe astatogala、红褐罗扬牛肝菌 Royoungia rubina、间型鸡㙡 Termitomyces intermedius、窄孢胶陀盘菌 Trichaleurina tenuispora，以及一些鸡油菌属 Cantharellus、小皮伞属 Marasmius 和微皮伞属 Marasmiellus 等物种，其中大部分物种属于泛热带分布。

罗霄山脉的植被类型丰富多样，大型真菌所记录的采集地点、生境类型也将为研究大型真菌，以及揭示植被类型与大型真菌分布格局之间的关系提供重要依据。

1.4　罗霄山脉大型真菌组成

通过对罗霄山脉地区大型真菌考察采集标本的鉴定、整理，统计出罗霄山脉地区共有大型真菌2门7纲20目81科235属670种，其中本次考察发现新属2个、新种15个（图1-10），罗霄山脉新记录属37个、新记录种514个。同时，对罗霄山脉所含的5条中型山脉的大型真菌物种多样性进行了统计，自北至南依次为：幕阜山脉179种，九岭山脉139种，武功山脉63种，万洋山脉269种，诸广山脉334种。本次考察丰富了该地区大型真菌物种数据信息。

针对本次罗霄山脉地区大型真菌考察采集到的标本，从物种多样性和资源属性组成进行了大致的分析，结果如下。①在科水平上，以牛肝菌科 Boletaceae 的属、种数量最多，含24属53种，种数占罗霄山脉大型真菌种总数的7.90%，其次是多孔菌科 Polyporaceae 和蘑菇科 Agaricaceae，分别含18属48种和14属46种，分别占种总数的7.15%和6.86%。②在属水平上，以鹅膏属 Amanita 所含种数量最多，含33种，占种总数的4.92%，

图1-10 罗霄山脉地区发现的大型真菌新种

A. 胶黏金牛肝菌*Aureoboletus glutinosus* Ming Zhang & T.H. Li；B. 萝卜味金牛肝菌*A. raphanaceus* Ming Zhang & T.H. Li；C. 东方褐盖金牛肝菌*A. sinobadius* Ming Zhang & T.H. Li；D. 毛柄金牛肝菌*A. velutipes* Ming Zhang & T.H. Li；E. 辐射状辣牛肝菌*Chalciporus radiatus* Ming Zhang & T.H. Li；F. 丛毛毛皮伞*Crinipellis floccosa* T.H. Li, Y.W. Xia & W.Q. Deng；G. 红褶牛肝菌*Erythrophylloporus cinnabarinus* Ming Zhang & T.H. Li；H. 胶黏盖蜡伞*Hygrophorus glutiniceps* C.Q. Wang & T.H. Li；I. 红尖锥湿伞*Hygrocybe rubroconica* C.Q. Wang & T.H. Li；J. 凸盖鸡油菌*Cantharellus convexus* Ming Zhang & T.H. Li；K. 绒柄华湿伞*Sinohygrocybe tomentosipes* C.Q. Wang, Ming Zhang & T.H. Li；L. 褐岸生小菇*Ripartitella brunnea* Ming Zhang, T.H. Li & T.Z. Wei；M. 蔚蓝黄蘑菇*Xanthagaricus caeruleus* Iqbal Hosen, T.H. Li & Z.P. Song；N. 黄丛毛黄蘑菇*X. flavosquamosus* T.H. Li, Iqbal Hosen & Z.P. Song；O. 光柄径边菇*Hodophilus glabripes* Ming Zhang, C.Q. Wang & T.H. Li

其次是粉褶蕈属*Entoloma*和小皮伞属*Marasmius*，分别含28种和25种，占种总数的比例为4.17%和3.73%。③罗霄山脉地区分布有中国特有种，如裂皮鹅膏*Amanita rimosa*、辐射状辣牛肝菌*Chalciporus radiatus*、丛毛毛皮伞*Crinipellis floccose*等。④罗霄山脉地区分布有较为丰富的食用菌、药用菌及毒菌资源。其中，食用菌约133种，如毛木耳*Auricularia cornea*、黄喇叭菌*Craterellus luteus*、花脸香蘑*Lepista sordida*、卵孢拟奥德蘑*Hymenopellis raphanipes*、糙皮侧耳*Pleurotus ostreatus*、银耳*Tremella fuciformis*等，并且部分种类已实现人工栽培驯化，具有很好的食用价值。药用菌约136种，包括具有良好药用价值的蝉花*Cordyceps chanhua*、灵芝*Ganoderma lingzhi*、紫芝*Ganoderma sinense*、血芝*Sanguinoderma rugosum*、云芝栓孔菌*Trametes versicolor*等。毒蘑菇约87种，根据毒性作用性质，可区分为急性肝损害型中毒，如灰花纹鹅膏*Amanita fuliginea*、裂皮鹅膏和长沟盔孢伞*Galerina sulciceps*等，这些均为剧毒种；急性肾衰竭型中毒，如异味鹅膏*Amanita kotohiraensis*、欧氏鹅膏*Amanita oberwinklerana*、假褐云斑鹅膏*Amanita pseudoporphyria*等；神经精神型中毒，如残托鹅膏有环变型*Amanita sychnopyramis* f. *subannulata*、毒蝇岐盖伞*Inosperma muscarium*等；胃肠炎型中毒，如近江粉褶蕈*Entoloma omiense*、疸黄粉末牛肝菌*Pulveroboletus icterinus*和点柄黄红菇*Russula senecis*；光过敏性皮炎型，如叶状耳盘菌*Cordierites frondosa*等。

第 2 章

罗霄山脉考察与采集情况

2013年以来,在国家科技基础性工作专项"罗霄山脉地区生物多样性综合科学考察"(2013FY111500)的支持下,对罗霄山脉全境进行了大型真菌资源调查和标本采集,累计野外考察53人次,共计181天,考察范围涵盖了幕阜山脉、九岭山脉、武功山脉、万洋山脉和诸广山脉5条主要山脉,考察地点主要以各级自然保护区、森林公园、风景名胜区、自然遗产地等为主,兼顾部分生态环境较好的山间连接带或村庄周围的经济林、风水林等,部分重点区域进行了多次重复考察,累计考察样点43处,主要包括:江西井冈山国家级自然保护区、江西官山国家级自然保护区、江西齐云山国家级自然保护区、江西庐山国家级自然保护区、湖南桃源洞国家级自然保护区、湖南八面山国家级自然保护区、湖北九宫山国家级自然保护区、江西齐云山国家森林公园、江西明月山国家森林公园、江西九龙江国家森林公园、江西阳岭国家森林公园、江西武功山国家森林公园、江西五指峰国家森林公园、江西庐山山南国家森林公园、湖南幕阜山国家森林公园、湖南大云山国家森林公园、湖南大围山国家森林公园、湖南云阳山国家森林公园、湖南天鹅山国家森林公园、中国科学院庐山植物园、江西九龙省级森林公园、湖南浏阳石柱峰风景区、湖南武家山森林公园、湖南连云山森林公园、江西五指峰林场、湖南飞水寨景区、江西白水仙风景区等。共采集大型真菌标本5000余号,拍摄生态照片5万余张。所有采集标本均保存在广东省科学院微生物研究所真菌标本馆(标本馆代码GDGM)。

第 3 章

罗霄山脉大型真菌编目

本编目中，物种概念和分类地位主要参考《中国大型菌物资源图鉴》和"Index Fungorum"（真菌索引）（http://www.indexfungorum.org/Names/Names.asp）所列最新分类系统，并结合其他研究文献对部分类群进行了整理、修订，按照门、纲、目、科、属、种等分类等级进行编排。首先，分为子囊菌门和担子菌门两部分；之后，按照不同分类等级首字母顺序排序。在每个物种下依次列出其标本采集地所在的山脉、分布地所属市（县）以及具体分布点，每个物种提供了1至数个引证标本。

3.1 子囊菌门Ascomycota

地舌菌纲Geoglossomycetes

地舌菌目Geoglossales

地舌菌科Geoglossaceae

地舌菌属*Geoglossum* Pers.

黑地舌菌**Geoglossum nigritum** (Fr.) Cooke

诸广山脉：桂东县，八面山国家级自然保护区，标本号GDGM50460。

盘菌纲Pezizomycetes

盘菌目Pezizales

马鞍菌科Helvellaceae

马鞍菌属*Helvella* L.

皱马鞍菌**Helvella crispa** (Scop.) Fr.

万洋山脉：井冈山市，井冈山国家级自然保护区，标本号GDGM50276。

马鞍菌**Helvella elastica** Bull.

诸广山脉：崇义县，阳岭国家森林公园，标本号GDGM53498、GDGM53442。

棱柄马鞍菌**Helvella lacunosa** Afzel.

万洋山脉：井冈山市，井冈山国家级自然保护区，标本号GDGM50292。

粗柄马鞍菌**Helvella macropus** (Pers.) P. Karst.

诸广山脉：桂东县，八面山国家级自然保护区，标本号GDGM50441。

火丝菌科Pyronemataceae

网孢盘菌属*Aleuria* Fuckel

橙黄网孢盘菌**Aleuria aurantia** (Pers.) Fuckel

万洋山脉：井冈山市，井冈山国家级自然保护区，标本号GDGM50027。

缘刺盘菌属*Cheilymenia* Boud.

粪生缘刺盘菌**Cheilymenia fimicola** (Bagl.) Dennis

九岭山脉：宜春市，官山国家级自然保护区，标本号GDGM51366。

炭垫盘菌属*Pulvinula* Boud.

炭垫盘菌**Pulvinula carbonaria** (Fuckel) Boud.

幕阜山脉：平江县，幕阜山国家森林公园，标本号GDGM51489。

胶陀盘菌属*Trichaleurina* Rehm

窄孢胶陀盘菌**Trichaleurina tenuispora** M. Carbone, Yei Z. Wang & Cheng L. Huang

九岭山脉：浏阳市，石柱峰风景区，标本号GDGM51361。

万洋山脉：井冈山市，井冈山国家级自然保护区，标本号GDGM50325。

肉杯菌科Sarcoscyphaceae

毛杯菌属*Cookeina* Kuntze

大孢毛杯菌**Cookeina insititia** (Berk. & M.A. Curtis) Kuntze

诸广山脉：崇义县，阳岭国家森林公园，标本号GDGM51441。

歪盘菌属 *Phillipsia* Berk.

中华歪盘菌 *Phillipsia chinensis* W.Y. Zhuang

万洋山脉：炎陵县，桃源洞国家级自然保护区，标本号GDGM55208、GDGM55400；炎陵县，神农谷国家森林公园，标本号GDGM55082。诸广山脉：汝城县，九龙江国家森林公园，标本号GDGM53509；崇义县，阳岭国家森林公园，标本号GDGM51010、GDGM53112、GDGM53023、GDGM53030、GDGM52615、GDGM53111。

多明各歪盘菌 *Phillipsia domingensis* (Berk.) Berk.

九岭山脉：浏阳市，石柱峰风景区，标本号GDGM51146。
诸广山脉：崇义县，阳岭国家森林公园，标本号GDGM50553。

肉杯菌属 *Sarcoscypha* (Fr.) Boud.

柯氏肉杯菌（参照种）*Sarcoscypha* cf. *korfiana* F.A. Harr.

九岭山脉：浏阳市，石柱峰风景区，标本号GDGM50850。

平盘肉杯菌 *Sarcoscypha mesocyatha* F.A. Harr.

万洋山脉：炎陵县，桃源洞国家级自然保护区，标本号GDGM55390。

西方肉杯菌 *Sarcoscypha occidentalis* (Schwein.) Sacc.

万洋山脉：炎陵县，神农谷国家森林公园，标本号GDGM55010、GDGM55220。

粪壳菌纲 Sordariomycetes

肉座菌目 Hypocreales

麦角菌科 Clavicipitaceae

绿僵虫草属 *Metacordyceps* G.H. Sung, J.M. Sung, Hywel-Jones & Spatafora

戴氏绿僵虫草 *Metacordyceps taii* (Z.Q. Liang & A.Y. Liu) G.H. Sung, J.M. Sung, Hywel-Jones & Spatafora

万洋山脉：井冈山市，井冈山国家级自然保护区，标本号GDGM50372。

虫草科 Cordycipitaceae

白僵菌属 *Beauveria* Vuill.

白僵菌 *Beauveria felina* (DC.) J.W. Carmich.

九岭山脉：浏阳市，大围山国家森林公园，标本号GDGM51689。

虫草属 *Cordyceps* Fr.

蝉花 *Cordyceps chanhua* Z.Z. Li, F.G. Luan, N.L. Hywel-Jones, C.R. Li & S.L. Zhang

万洋山脉：井冈山市，井冈山国家级自然保护区，标本号GDGM50277。

柱形虫草 *Cordyceps cylindrica* Petch

九岭山脉：浏阳市，大围山国家森林公园，标本号GDGM52647。

粉末虫草 *Cordyceps farinosa* (Holmsk.) Kepler, B. Shrestha & Spatafora

万洋山脉：井冈山市，井冈山国家级自然保护区，标本号GDGM50365。诸广山脉：崇义县，阳岭国家森林公园，标本号GDGM50603。

台湾虫草 *Cordyceps formosana* Kobayasi & Shimizu

武功山脉：萍乡市，武功山国家森林公园，标本号GDGM72306。

蛹虫草 *Cordyceps militaris* (L.) Fr.

九岭山脉：浏阳市，石柱峰风景区，标本号GDGM51848。
万洋山脉：井冈山市，井冈山国家级自然保护区，标本号GDGM50413。

鼠尾虫草 *Cordyceps musicaudata* Z.Q. Liang & A.Y. Liu

诸广山脉：汝城县，九龙江国家森林公园，标本号GDGM51512。

似蛹虫草 *Cordyceps ninchukispora* (C.H. Su & H.H. Wang) G.H. Sung, J.M. Sung, Hywel-Jones & Spatafor

九岭山脉：宜春市，官山国家级自然保护区，标本号GDGM50801。

蛾蛹虫草Cordyceps polyarthra Möller

幕阜山脉：平江县，幕阜山国家森林公园，标本号GDGM52785；九江市，庐山山南国家森林公园，标本号GDGM53734。九岭山脉：浏阳市，石柱峰风景区，标本号GDGM51182；浏阳市，大围山国家森林公园，标本号GDGM51779；宜春市，官山国家级自然保护区，标本号GDGM51199。万洋山脉：炎陵县，神农谷国家森林公园，标本号GDGM52191；井冈山市，井冈山国家级自然保护区，标本号GDGM51965；茶陵县，云阳山国家森林公园，标本号GDGM52208。诸广山脉：崇义县，阳岭国家森林公园，标本号GDGM52712、GDGM53120；汝城县，九龙江国家森林公园，标本号GDGM52281；桂东县，八面山国家级自然保护区，标本号GDGM52179。

粉被虫草Cordyceps pruinosa Petch

诸广山脉：汝城县，九龙江国家森林公园，标本号GDGM49442。

肉座菌科Hypocreaceae

肉棒菌属*Podostroma* P. Karst.

红角肉棒菌Podostroma cornu-damae (Pat.) Boedijn

武功山脉：分宜县，石门寨县级自然保护区，标本号GDGM54640。

线虫草科Ophiocordycipitaceae

线虫草属*Ophiocordyceps* Petch

发线虫草Ophiocordyceps crinalis (Ellis ex Lloyd) G.H. Sung, J.M. Sung, Hywel-Jones & Spatafora

诸广山脉：汝城县，九龙江国家森林公园，标本号GDGM51501。

江西虫草Ophiocordyceps jiangxiensis (Z.Q. Liang, A.Y. Liu & Yong C. Jiang) G.H. Sung, J.M. Sung, Hywel-Jones & Spatafora

万洋山脉：井冈山市，井冈山国家级自然保护区，标本号GDGM50372。

蚂蚁线虫草Ophiocordyceps myrmecophila (Ces.) G.H. Sung, J.M. Sung, Hywel-Jones & Spatafora

诸广山脉：汝城县，九龙江国家森林公园，标本号GDGM51943、GDGM52372；崇义县，阳岭国家森林公园，标本号GDGM53362。

下垂线虫草Ophiocordyceps nutans (Pat.) G.H. Sung, J.M. Sung, Hywel-Jones & Spatafora

万洋山脉：井冈山市，井冈山国家级自然保护区，标本号GDGM50695、GDGM56028、GDGM51591；茶陵县，云阳山国家森林公园，标本号GDGM52211。诸广山脉：桂东县，八面山国家级自然保护区，标本号GDGM56070；崇义县，阳岭国家森林公园，标本号GDGM52859。

尖头线虫草Ophiocordyceps oxycephala (Penz. & Sacc.) G.H. Sung, J.M. Sung, Hywel-Jones & Spatafora

万洋山脉：茶陵县，云阳山国家森林公园，标本号GDGM52315；井冈山市，井冈山国家级自然保护区，标本号GDGM52293、GDGM50047、GDGM51623。诸广山脉：崇义县，阳岭国家森林公园，标本号GDGM43419。

蜂头线虫草Ophiocordyceps sphecocephala (Klotzsch ex Berk.) G.H. Sung, J.M. Sung, Hywel-Jones & Spatafora

诸广山脉：崇义县，阳岭国家森林公园，标本号GDGM53354。

炭角菌目Xylariales

胶炭团科Hypoxylaceae

胶球炭壳菌属*Entonaema* Möller

液状胶球炭壳菌Entonaema liquescens Möller

万洋山脉：井冈山市，井冈山国家级自然保护区，标本号GDGM55106。

炭角菌科Xylariaceae

层炭壳属*Daldinia* Ces. & De Not.

黑轮层炭壳Daldinia concentrica (Bolton) Ces. & De Not.

幕阜山脉：平江县，幕阜山国家森林公园，标本号GDGM50696。武功山脉：萍乡市，武功山国家森林公园，标本号GDGM55609。万洋山脉：井冈山市，井冈山国家级自然保护区，标本号GDGM56013；炎陵县，桃源洞国家级自然保护区，标本号GDGM55204。诸广山脉：桂东县，八面山国家级自然保护区，标本号GDGM50427。

炭角菌属*Xylaria* Hill ex Schrank

紫褐炭角菌Xylaria brunneovinosa Y.M. Ju & H.M. Hsieh

诸广山脉：桂东县，八面山国家级自然保护区，标本号

GDGM50466。

果生炭角菌Xylaria carpophila (Pers.) Fr.

幕阜山脉：九江市，庐山山南国家森林公园，标本号GDGM53546。

枫香果生炭角菌Xylaria liquidambaris J.D. Rogers, Y.M. Ju & F. San Martín

万洋山脉：炎陵县，神农谷国家森林公园，标本号GDGM52229。

长柄炭角菌Xylaria longipes Nitschke

诸广山脉：崇义县，阳岭国家森林公园，标本号GDGM50570。

黑柄炭角菌Xylaria nigripes (Klotzsch) Cooke

诸广山脉：桂东县，八面山国家级自然保护区，标本号GDGM50459；崇义县，阳岭国家森林公园，标本号GDGM52713。

多型炭角菌Xylaria polymorpha (Pers.) Grev.

武功山脉：萍乡市，武功山国家森林公园，标本号GDGM72276。万洋山脉：井冈山市，井冈山国家级自然保护区，标本号GDGM51634；炎陵县，神农谷国家森林公园，标本号GDGM55026。诸广山脉：汝城县，九龙江国家森林公园，标本号GDGM54132；汝城县，飞水寨景区，标本号GDGM51040；崇义县，阳岭国家森林公园，标本号GDGM50570、GDGM50561。

斯氏炭角菌Xylaria schweinitzii Berk. & M.A. Curtis

诸广山脉：崇义县，阳岭国家森林公园，标本号GDGM52864。

锤舌菌纲Leotiomycetes

柔膜菌目Helotiales

耳盘菌科Cordieritidaceae

耳盘菌属Cordierites Mont.

叶状耳盘菌Cordierites frondosus (Kobayasi) Korf

万洋山脉：井冈山市，井冈山国家级自然保护区，标本号GDGM51663。

地锤菌科Cudoniaceae

地匙菌属Spathularia Pers.

黄地匙菌Spathularia flavida Pers.

万洋山脉：炎陵县，神农谷国家森林公园，标本号GDGM50167。

皮盘菌科Dermateaceae

软盘菌属Mollisia (Fr.) P. Karst.

灰软盘菌Mollisia cinerea (Batsch) P. Karst.

九岭山脉：浏阳市，大围山国家森林公园，标本号GDGM52548。

胶盘菌科Gelatinodiscaceae

囊盘菌属Ascocoryne J.W. Groves & D.E. Wilson

紫色囊盘菌Ascocoryne cylichnium (Tul.) Korf

幕阜山脉：九江市，庐山山南国家森林公园，标本号GDGM56241、GDGM56291、GDGM56295。诸广山脉：汝城县，飞水寨景区，标本号GDGM56346。

柔膜菌科Helotiaceae

小双孢盘菌属Bisporella Sacc.

橘色小双孢盘菌Bisporella citrina (Batsch) Korf & S.E. Carp.

九岭山脉：浏阳市，石柱峰风景区，标本号GDGM50762；浏阳市，大围山国家森林公园，标本号GDGM55480；宜春市，官山国家级自然保护区，标本号GDGM51140；萍乡市，武功山国家森林公园，标本号GDGM54869。万洋山脉：茶陵县，云阳山国家森林公园，标本号GDGM52237；炎陵县，神农谷国家森林公园，标本号GDGM55049。

硫色小双孢盘菌（参照种）Bisporella cf. sulfurina (Quél.) S.E. Carp.

幕阜山脉：九江市，庐山山南国家森林公园，标本号GDGM53529；平江县，幕阜山国家森林公园，标本号GDGM55240。万洋山脉：炎陵县，神农谷国家森林公园，标本号GDGM55011。诸广山脉：崇义县，阳岭国家森林公园，标本号GDGM52914。

二头孢盘菌属 *Dicephalospora* Spooner

橙红二头孢盘菌 Dicephalospora rufocornea (Berk. & Broome) Spooner

幕阜山脉：九江市，庐山山南国家森林公园，标本号GDGM53205。万洋山脉：炎陵县，桃源洞国家级自然保护区，标本号GDGM55212、GDGM55395；井冈山市，井冈山国家级自然保护区，标本号GDGM52641、GDGM54702；遂川县，白水仙风景区，标本号GDGM50525。诸广山脉：汝城县，九龙江国家森林公园，标本号GDGM51509、GDGM53433；崇义县，阳岭国家森林公园，标本号GDGM52854、GDGM50584。

锤舌菌科 Leotiaceae

锤舌菌属 *Leotia* Pers.

黑绿锤舌菌 Leotia atrovirens Pers.

万洋山脉：井冈山市，井冈山国家级自然保护区，标本号GDGM54765。

黄柄锤舌菌 Leotia aurantipes (S. Imai) F.L. Tai

万洋山脉：井冈山市，井冈山国家级自然保护区，标本号GDGM54762。

3.2 担子菌门 Basidiomycota

蘑菇纲 Agaricomycetes

蘑菇目 Agaricales

蘑菇科 Agaricaceae

蘑菇属 *Agaricus* L.

球基蘑菇 Agaricus abruptibulbus Peck

诸广山脉：桂东县，三台山森林公园，标本号GDGM50915。

四孢蘑菇 Agaricus campestris L.

九岭山脉：宜春市，官山国家级自然保护区，标本号GDGM51170。

甜蘑菇（参照种）Agaricus cf. dulcidulus Schulzer

九岭山脉：浏阳市，沱龙峡生态旅游景区，标本号GDGM50756。

双环蘑菇 Agaricus duplocingulatus Heinem.

幕阜山脉：岳阳县，大云山国家森林公园，标本号GDGM50814。

鳞柄蘑菇 Agaricus flocculosipes R.L. Zhao, Desjardin, Guinb. & K.D. Hyde

九岭山脉：宜春市，官山国家级自然保护区，标本号GDGM51192。

灰鳞蘑菇 Agaricus muelleri Berk.

幕阜山脉：平江县，幕阜山国家森林公园，标本号GDGM55328。

紫肉蘑菇 Agaricus porphyrizon P.D. Orton

幕阜山脉：平江县，幕阜山国家森林公园，标本号GDGM55234。

拟淡白蘑菇 Agaricus pseudopallens M.Q. He & R.L. Zhao

万洋山脉：炎陵县，桃源洞国家级自然保护区，标本号GDGM53246。

紫蘑菇（参照种）Agaricus cf. purpurellus F.H. Møller

九岭山脉：宜春市，明月山国家森林公园，标本号GDGM50906。

秃马勃属 *Calvatia* Fr.

粟粒皮秃马勃 Calvatia boninensis S. Ito & S. Imai

幕阜山脉：平江县，幕阜山国家森林公园，标本号GDGM55238。诸广山脉：汝城县，九龙江国家森林公园，标本号GDGM50485；崇义县，阳岭国家森林公园，标本号GDGM55672；桂东县，八面山国家级自然保护区，标本号GDGM50434。

白秃马勃Calvatia candida (Rostk.) Hollós

武功山脉：萍乡市，武功山国家森林公园，标本号GDGM54146。

头状秃马勃Calvatia craniiformis (Schwein.) Fr.

诸广山脉：资兴市，东江湖水库，标本号GDGM52174。

锐棘秃马勃Calvatia holothuroides Rebriev

幕阜山脉：平江县，幕阜山国家森林公园，标本号GDGM55232。

紫秃马勃Calvatia lilacina (Mont. & Berk.) Henn.

武功山脉：萍乡市，武功山国家森林公园，标本号GDGM54187。

鬼伞属Coprinus Pers.

褶纹鬼伞Coprinus plicatilis (Curtis) Fr.

幕阜山脉：平江县，幕阜山国家森林公园，标本号GDGM50977。

粪鬼伞Coprinus sterquilinus (Fr.) Fr.

万洋山脉：井冈山市，井冈山国家级自然保护区，标本号GDGM50031。

蛋巢菌属Crucibulum Tul. & C. Tul.

白蛋巢菌Crucibulum laeve (Huds.) Kambly

幕阜山脉：九江市，庐山山南国家森林公园，标本号GDGM53576。万洋山脉：茶陵县，云阳山国家森林公园，标本号GDGM52206；炎陵县，桃源洞国家级自然保护区，标本号GDGM55122。

黑蛋巢菌属Cyathus Haller

隆纹黑蛋巢菌Cyathus striatus (Huds.) Willd.

九岭山脉：浏阳市，大围山国家森林公园，标本号GDGM55495。万洋山脉：井冈山市，井冈山国家级自然保护区，标本号GDGM52074。

囊皮伞属Cystoderma Fayod

疣盖囊皮伞Cystoderma granulosum (Batsch) Fayod

九岭山脉：宜春市，官山国家级自然保护区，标本号GDGM51081。

海氏菇属Heinemannomyces Watling

华丽海氏菇Heinemannomyces splendidissima Watling

诸广山脉：崇义县，阳岭国家森林公园，标本号GDGM55682。

环柄菇属Lepiota (Pers.) Gray

黑顶环柄菇（参照种）Lepiota cf. atrodisca Zeller

幕阜山脉：平江县，幕阜山国家森林公园，标本号GDGM55276。九岭山脉：浏阳市，大围山国家森林公园，标本号GDGM51774。万洋山脉：井冈山市，井冈山国家级自然保护区，标本号GDGM50260。

栗色环柄菇Lepiota castanea Quél.

九岭山脉：浏阳市，石柱峰风景区，标本号GDGM50841。

细环柄菇Lepiota clypeolaria (Bull.) P. Kumm.

万洋山脉：井冈山市，井冈山国家级自然保护区，标本号GDGM50333、GDGM52658。

冠状环柄菇Lepiota cristata (Bolton) P. Kumm.

幕阜山脉：平江县，幕阜山国家森林公园，标本号GDGM51238、GDGM55447。万洋山脉：炎陵县，神农谷国家森林公园，标本号GDGM52418。九岭山脉：浏阳市，大围山国家森林公园，标本号GDGM55551。

拟冠状环柄菇Lepiota cristatanea J.F. Liang & Zhu L. Yang

幕阜山脉：岳阳县，大云山国家森林公园，标本号GDGM51098。

灰褐鳞环柄菇Lepiota fusciceps Hongo

幕阜山脉：岳阳县，大云山国家森林公园，标本号GDGM51072。

粒鳞环柄菇Lepiota pseudogranulosa Velen.

九岭山脉：浏阳市，石柱峰风景区，标本号GDGM50732。

红褐环柄菇Lepiota rubrotincta Peck

九岭山脉：宜春市，官山国家级自然保护区，标本号GDGM51226。

白鬼伞属 *Leucocoprinus* Pat.

易碎白鬼伞 Leucocoprinus fragilissimus (Ravenel ex Berk. & M.A. Curtis) Pat.

九岭山脉：浏阳市，石柱峰风景区，标本号GDGM51156。

马勃属 *Lycoperdon* Pers.

钩刺马勃 Lycoperdon echinatum Pers.

万洋山脉：井冈山市，井冈山国家级自然保护区，标本号GDGM50994。

欧石楠马勃 Lycoperdon ericaeum Bonord.

幕阜山脉：平江县，幕阜山国家森林公园，标本号GDGM50929。

变黑马勃（参照种）**Lycoperdon cf. nigrescens** Pers.

万洋山脉：炎陵县，桃源洞国家级自然保护区，标本号GDGM55119。

网纹马勃 Lycoperdon perlatum Pers.

幕阜山脉：平江县，幕阜山国家森林公园，标本号GDGM55237；岳阳县，大云山国家森林公园，标本号GDGM51064。九岭山脉：浏阳市，石柱峰风景区，标本号GDGM52961；浏阳市，大围山国家森林公园，标本号GDGM55344。武功山脉：萍乡市，武功山国家森林公园，标本号GDGM54178。万洋山脉：井冈山市，井冈山国家级自然保护区，标本号GDGM50001；茶陵县，云阳山国家森林公园，标本号GDGM52518。诸广山脉：崇义县，阳岭国家森林公园，标本号GDGM53307、GDGM54065；汝城县，九龙江国家森林公园，标本号GDGM51997；资兴市，东江湖水库，标本号GDGM51558。

小灰包 Lycoperdon pusillum Batsch

幕阜山脉：平江县，幕阜山国家森林公园，标本号GDGM55414。

梨形马勃 Lycoperdon pyriforme Schaeff.

幕阜山脉：平江县，幕阜山国家森林公园，标本号GDGM55324。万洋山脉：炎陵县，神农谷国家森林公园，标本号GDGM50233。

暗褐马勃 Lycoperdon umbrinum Pers.

九岭山脉：浏阳市，石柱峰风景区，标本号GDGM50745。万洋山脉：炎陵县，神农谷国家森林公园，标本号GDGM50196。

大环柄菇属 *Macrolepiota* Singer

小白大环柄菇（参照种）**Macrolepiota cf. albida** Heinem.

诸广山脉：崇义县，阳岭国家森林公园，标本号GDGM50581。

脱皮大环柄菇 Macrolepiota detersa Z.W. Ge, Zhu L. Yang & Vellinga

幕阜山脉：平江县，幕阜山国家森林公园，标本号GDGM55403、GDGM51071。九岭山脉：浏阳市，石柱峰风景区，标本号GDGM51036；浏阳市，大围山国家森林公园，标本号GDGM55488。

近黄褶大环柄菇 Macrolepiota subcitrophylla Z.W. Ge

幕阜山脉：岳阳县，大云山国家森林公园，标本号GDGM51134。

小蘑菇属 *Micropsalliota* Höhn.

白丝光小蘑菇 Micropsalliota albosericea Heinem. & Leelav.

九岭山脉：浏阳市，石柱峰风景区，标本号GDGM50761。

糠鳞小蘑菇 Micropsalliota furfuracea R.L. Zhao, Desjardin, Soytong & K.D. Hyde

九岭山脉：浏阳市，石柱峰风景区，标本号GDGM50943。万洋山脉：井冈山市，井冈山国家级自然保护区，标本号GDGM56192。诸广山脉：汝城县，九龙江国家森林公园，标本号GDGM52215、GDGM55751。

红蛋巢菌属 *Nidula* V.S. White

白绒红蛋巢菌 Nidula niveotomentosa (Henn.) Lloyd

幕阜山脉：九江市，庐山山南国家森林公园，标本号GDGM53884。万洋山脉：井冈山市，井冈山国家级自然保护区，标本号GDGM50026；炎陵县，神农谷国家森林公园，标本号GDGM50227。

黄包红蛋巢菌 Nidula shingbaensis K. Das & R.L. Zhao

九岭山脉：浏阳市，大围山国家森林公园，标本号GDGM55501、GDGM55542。万洋山脉：井冈山市，井冈山国家级自然保护区，标本号GDGM51001、GDGM52391、GDGM54686；茶陵县，云阳山国家森林公园，标本号GDGM52263。诸广山脉：桂东县，八面山国家级自然保护区，标本号GDGM51740；崇义县，阳岭国家森林公园，标本号GDGM55664；资兴市，东江湖水库，标本号GDGM51562。

岸生小菇属Ripartitella Singer

褐岸生小菇Ripartitella brunnea Ming Zhang, T.H. Li & T.Z. Wei

万洋山脉：炎陵县，桃源洞国家级自然保护区，标本号GDGM55115。

黄蘑菇属Xanthagaricus (Heinem.) Little Flower, Hosag. & T.K. Abraham

蔚蓝黄蘑菇Xanthagaricus caeruleus Iqbal Hosen, T.H. Li & Z.P. Song

诸广山脉：汝城县，九龙江国家森林公园，标本号GDGM50651。

黄丛毛黄蘑菇Xanthagaricus flavosquamosus T.H. Li, Iqbal Hosen & Z.P. Song

诸广山脉：汝城县，九龙江国家森林公园，标本号GDGM50924。

鹅膏科Amanitaceae

鹅膏属Amanita Pers.

窄褶鹅膏Amanita angustilamellata (Höhn.) Boedijn

幕阜山脉：九江市，庐山山南国家森林公园，标本号GDGM52611。万洋山脉：茶陵县，云阳山国家森林公园，标本号GDGM52303。诸广山脉：桂东县，八面山国家级自然保护区，标本号GDGM52276。

褐烟色鹅膏Amanita brunneofuliginea Zhu L. Yang

万洋山脉：炎陵县，神农谷国家森林公园，标本号GDGM52010。

缠足鹅膏Amanita cinctipes Corner & Bas

诸广山脉：桂东县，八面山国家级自然保护区，标本号GDGM52269。

杵柄鹅膏灰色变种Amanita citrina var. grisea (Hongo) Hongo

诸广山脉：汝城县，九龙江国家森林公园，标本号GDGM52719。

小托柄鹅膏Amanita farinosa Schwein.

万洋山脉：井冈山市，井冈山国家级自然保护区，标本号GDGM50043。诸广山脉：崇义县，阳岭国家森林公园，标本号GDGM53104。

格纹鹅膏Amanita fritillaria (Sacc.) Sacc.

诸广山脉：桂东县，八面山国家级自然保护区，标本号GDGM52181；崇义县，阳岭国家森林公园，标本号GDGM53158、GDGM53310；汝城县，九龙江国家森林公园，标本号GDGM53326。

灰花纹鹅膏Amanita fuliginea Hongo

诸广山脉：崇义县，阳岭国家森林公园，标本号GDGM53167、GDGM53365。

赤褐鹅膏Amanita fulva Fr.

诸广山脉：桂东县，八面山国家级自然保护区，标本号GDGM50449。

灰褶鹅膏Amanita griseofolia Zhu L. Yang

万洋山脉：井冈山市，井冈山国家级自然保护区，标本号GDGM50138。诸广山脉：桂东县，八面山国家级自然保护区，标本号GDGM50446。

灰盖鹅膏Amanita griseoturcosa T. Oda, C. Tanaka & Tsuda

万洋山脉：井冈山市，井冈山国家级自然保护区，标本号GDGM52638。诸广山脉：崇义县，阳岭国家森林公园，标本号GDGM53318；桂东县，八面山国家级自然保护区，标本号GDGM52297。

灰疣鹅膏Amanita griseoverrucosa Zhu L. Yang

诸广山脉：汝城县，九龙江国家森林公园，标本号GDGM53459。

赤脚鹅膏Amanita gymnopus Corner & Bas

诸广山脉：崇义县，阳岭国家森林公园，标本号GDGM53149；汝城县，九龙江国家森林公园，标本号GDGM53424。

异味鹅膏Amanita kotohiraensis Nagas. & Mitani

诸广山脉：崇义县，阳岭国家森林公园，标本号GDGM53097。

隐花青鹅膏Amanita manginiana Har. & Pat.

诸广山脉：崇义县，阳岭国家森林公园，标本号GDGM53098。

小毒蝇鹅膏Amanita melleiceps Hongo

幕阜山脉：九江市，幕阜山国家森林公园，标本号GDGM55444、GDGM55452。

肉托鹅膏Amanita modesta Corner & Bas

诸广山脉：崇义县，阳岭国家森林公园，标本号GDGM52880。

拟卵盖鹅膏Amanita neoovoidea Hongo

诸广山脉：崇义县，阳岭国家森林公园，标本号GDGM51615。

欧氏鹅膏Amanita oberwinklerana Zhu L. Yang & Yoshim. Doi

武功山脉：萍乡市，武功山国家森林公园，标本号GDGM54638。诸广山脉：崇义县，阳岭国家森林公园，标本号GDGM53301；汝城县，九龙江国家森林公园，标本号GDGM53411。

黄褐鹅膏（参照种）Amanita cf. ochracea (Zhu L. Yang) Y.Y. Cui, Q. Cai & Zhu L. Yang

诸广山脉：汝城县，九龙江国家森林公园，标本号GDGM54235。

红褐鹅膏Amanita orsonii Ash. Kumar & T.N. Lakh.

幕阜山脉：平江县，幕阜山国家森林公园，标本号GDGM51015。

卵孢鹅膏Amanita ovalispora Boedijn

万洋山脉：井冈山市，井冈山国家级自然保护区，标本号GDGM52241。诸广山脉：崇义县，阳岭国家森林公园，标本号GDGM52855。

小豹斑鹅膏Amanita parvipantherina Zhu L. Yang, M. Weiss & Oberw.

万洋山脉：井冈山市，井冈山国家级自然保护区，标本号GDGM54727。诸广山脉：崇义县，阳岭国家森林公园，标本号GDGM53161。

假隐花青鹅膏Amanita pseudomanginiana Q. Cai, Y.Y. Cui & Zhu L. Yang

诸广山脉：崇义县，阳岭国家森林公园，标本号GDGM53363。

假褐云斑鹅膏Amanita pseudoporphyria Hongo

诸广山脉：崇义县，阳岭国家森林公园，标本号GDGM53125、GDGM52926。

裂皮鹅膏Amanita rimosa P. Zhang & Zhu L. Yang

诸广山脉：崇义县，阳岭国家森林公园，标本号GDGM52875、GDGM53333。

土红鹅膏Amanita rufoferruginea Hongo

武功山脉：萍乡市，武功山国家森林公园，标本号GDGM54984。

刻鳞鹅膏Amanita sculpta Corner & Bas

诸广山脉：崇义县，阳岭国家森林公园，标本号GDGM53286。

暗盖淡鳞鹅膏Amanita sepiacea S. Imai

诸广山脉：桂东县，八面山国家级自然保护区，标本号GDGM52455。

中华鹅膏Amanita sinensis Zhu L. Yang

幕阜山脉：平江县，幕阜山国家森林公园，标本号GDGM50950。诸广山脉：崇义县，阳岭国家森林公园，标本号GDGM53163。

残托鹅膏Amanita sychnopyramis Corner & Bas

万洋山脉：井冈山市，井冈山国家级自然保护区，标本号GDGM52049。

残托鹅膏有环变型Amanita sychnopyramis f. subannulata Hongo

万洋山脉：井冈山市，井冈山国家级自然保护区，标本号GDGM51396；茶陵县，云阳山国家森林公园，标本号GDGM51981。诸广山脉：资兴市，天鹅山国家森林公园，标本号GDGM52146；汝城县，九龙江国家森林公园，标本号GDGM53472。

灰鹅膏Amanita vaginata (Bull.) Lam.

武功山脉：安福县，武功山国家森林公园，标本号GDGM54995。诸广山脉：崇义县，阳岭国家森林公园，标本号GDGM55678。

绒毡鹅膏Amanita vestita Corner & Bas

万洋山脉：井冈山市，井冈山国家级自然保护区，标本号GDGM54718。

锥鳞白鹅膏Amanita virgineoides Bas

幕阜山脉：九江市，庐山山南国家森林公园，标本号GDGM

53573。诸广山脉：汝城县，九龙江国家森林公园，标本号GDGM51717。

粪伞科Bolbitiaceae

锥盖伞属*Conocybe* Fayod

柔弱锥盖伞Conocybe tenera (Schaeff.) Fayod

万洋山脉：井冈山市，井冈山国家级自然保护区，标本号GDGM50422。

珊瑚菌科Clavariaceae

珊瑚菌属*Clavaria* Vaill. ex L.

脆珊瑚菌Clavaria fragilis Holmsk.

九岭山脉：浏阳市，大围山国家森林公园，标本号GDGM55470。万洋山脉：炎陵县，神农谷国家森林公园，标本号GDGM52080；茶陵县，云阳山国家森林公园，标本号GDGM52213、GDGM52080；井冈山市，井冈山国家级自然保护区，标本号GDGM51609。诸广山脉：汝城县，九龙江国家森林公园，标本号GDGM51944、GDGM52355。

紫珊瑚菌（参照种）Clavaria cf. purpurea Fr.

诸广山脉：汝城县，九龙江国家森林公园，标本号GDGM51926。

堇紫珊瑚菌Clavaria zollingeri Lév.

诸广山脉：桂东县，三台山森林公园，标本号GDGM50914。

拟锁瑚菌属*Clavulinopsis* Overeem

金赤拟锁瑚菌Clavulinopsis aurantiocinnabarina (Schwein.) Corner

武功山脉：萍乡市，武功山国家森林公园，标本号GDGM54893。万洋山脉：井冈山市，井冈山国家级自然保护区，标本号GDGM51660、GDGM51653。诸广山脉：资兴市，东江湖水库，标本号GDGM52465；崇义县，阳岭国家森林公园，标本号GDGM53032；桂东县，八面山国家级自然保护区，标本号GDGM50445。

梭形拟锁瑚菌Clavulinopsis fusiformis (Sowerby) Corner

九岭山脉：浏阳市，大围山国家森林公园，标本号GDGM55484。武功山脉：萍乡市，石门寨县级自然保护区，标本号GDGM54654。诸广山脉：桂东县，八面山国家级自然保护区，标本号GDGM50445。

微黄拟锁瑚菌Clavulinopsis helvola (Pers.) Corner

万洋山脉：井冈山市，井冈山风景名胜区，标本号GDGM54724。

拟锁瑚菌属未定种Clavulinopsis sp.

九岭山脉：浏阳市，大围山国家森林公园，标本号GDGM55355。诸广山脉：桂东县，三台山森林公园，标本号GDGM50921。

径边菇属*Hodophilus* R. Heim

光柄径边菇 Hodophilus glabripes Ming Zhang, C.Q. Wang & T.H. Li

万洋山脉：井冈山市，井冈山国家级自然保护区，标本号GDGM52374。

丝膜菌科Cortinariaceae

丝膜菌属*Cortinarius* (Pers.) Gray

松氏丝膜菌（参照种）Cortinarius cf. junghuhnii Fr.

诸广山脉：桂东县，八面山国家级自然保护区，标本号GDGM52567。

丝膜菌属未定种Cortinarius sp.

万洋山脉：井冈山市，井冈山国家级自然保护区，标本号GDGM50319、GDGM50327、GDGM50357。

粉褶蕈科Entolomataceae

斜盖伞属*Clitopilus* (Fr. ex Rabenh.) P. Kumm.

皱波斜盖伞Clitopilus crispus Pat.

诸广山脉：桂东县，八面山国家级自然保护区，标本号GDGM50110。

加马加斜盖伞Clitopilus kamaka J.A. Cooper

幕阜山脉：平江县，幕阜山国家森林公园，标本号GDGM50856。

斜盖伞Clitopilus prunulus (Scop.) P. Kumm.

诸广山脉：桂东县，三台山森林公园，标本号GDGM51348。

近杯伞状斜盖伞Clitopilus subscyphoides W.Q. Deng, T.H. Li & Y.H. Shen

诸广山脉：汝城县，九龙江国家森林公园，标本号GDGM55649。

粉褶蕈属Entoloma P. Kumm.

窄孢粉褶蕈（参照种）Entoloma cf. angustispermum Noordel. & O.V. Morozova

九岭山脉：浏阳市，大围山国家森林公园，标本号GDGM55483。

蓝鳞粉褶蕈Entoloma azureosquamulosum Xiao L. He & T.H. Li

诸广山脉：桂东县，八面山国家级自然保护区，标本号GDGM50106；崇义县，阳岭国家森林公园，标本号GDGM52925。

蓝黄粉褶蕈Entoloma caeruleoflavum T.H. Li & Xiao L. He

诸广山脉：崇义县，阳岭国家森林公园，标本号GDGM53386。

淡灰蓝粉褶蕈Entoloma caesiellum Noordel. & Wölfel

万洋山脉：井冈山市，井冈山国家级自然保护区，标本号GDGM50005。

丛生粉褶蕈Entoloma caespitosum W.M. Zhang

诸广山脉：汝城县，九龙江国家森林公园，标本号GDGM55760、GDGM55725、GDGM51507；崇义县，阳岭国家森林公园，标本号GDGM53296。

肉褐粉褶蕈Entoloma carneobrunneum W.M. Zhang

诸广山脉：汝城县，九龙江国家森林公园，标本号GDGM50085。

暗蓝粉褶蕈（参照种）Entoloma cf. chalybeum (Pers.) Noordel.

幕阜山脉：平江县，幕阜山国家森林公园，标本号GDGM55271。

靴耳状粉褶蕈Entoloma crepidotoides W.Q. Deng & T.H. Li

万洋山脉：炎陵县，桃源洞国家级自然保护区，标本号GDGM56036。

类铁刀木粉褶蕈（参照种）Entoloma cf. dysthaloides Noordel.

万洋山脉：井冈山市，井冈山国家级自然保护区，标本号GDGM50393。

美丽粉褶蕈Entoloma formosum (Fr.) Noordel.

九岭山脉：浏阳市，石柱峰风景区，标本号GDGM50642。

易碎粉褶蕈Entoloma fragilipes Corner & E. Horak

幕阜山脉：平江县，幕阜山国家森林公园，标本号GDGM51138。

灰蓝粉褶蕈Entoloma griseocyaneum (Fr.) P. Kumm.

幕阜山脉：平江县，幕阜山国家森林公园，标本号GDGM50833。

辽宁粉褶蕈Entoloma liaoningense Y. Li, L.L. Qi & Xiao L. He

武功山脉：宜春市，官山国家级自然保护区，标本号GDGM51196。

地中海粉褶蕈Entoloma mediterraneense Noordel. & Hauskn.

武功山脉：宜春市，官山国家级自然保护区，标本号GDGM50670。万洋山脉：茶陵县，云阳山国家森林公园，标本号GDGM52473；炎陵县，神农谷国家森林公园，标本号GDGM52142。

穆雷粉褶蕈Entoloma murrayi (Berk. & M.A. Curtis) Sacc. & P. Syd.

幕阜山脉：平江县，幕阜山龙潭湾，标本号GDGM55420、GDGM55247。九岭山脉：浏阳市，大围山国家森林公园，标本号GDGM55478。武功山脉：萍乡市，武功山国家森林公园，标本号GDGM54192。万洋山脉：炎陵县，神农谷国家森林公园，标本号GDGM52002。诸广山脉：汝城县，九龙江国家森林公园，标本号GDGM51537。

光亮粉褶蕈（参照种）Entoloma cf. nitidum Quél.

诸广山脉：汝城县，九龙江国家森林公园，标本号GDGM55171。

近江粉褶蕈Entoloma omiense (Hongo) E. Horak

幕阜山脉：平江县，幕阜山国家森林公园，标本号GDGM51239。九岭山脉：浏阳市，石柱峰风景区，标本号GDGM51145。万洋山脉：茶陵县，云阳山国家森林公园，标号GDGM52394；井冈山市，井冈山风景名胜区，标本号GDGM51602。诸广山脉：崇义县，阳岭国家森林公园，标本号GDGM51451。

佩奇粉褶蕈Entoloma petchii E. Horak

万洋山脉：炎陵县，神农谷国家森林公园，标本号GDGM 52345。

极脆粉褶蕈Entoloma praegracile Xiao L. He & T.H. Li

幕阜山脉：岳阳县，大云山国家森林公园，标本号GDGM 50867。九岭山脉：浏阳市，石柱峰风景区，标本号GDGM 50744。

方孢粉褶蕈Entoloma quadratum (Berk. & M.A. Curtis) E. Horak

万洋山脉：井冈山市，井冈山国家级自然保护区，标本号 GDGM52431、GDGM54778。诸广山脉：崇义县，阳岭国家森林公园，标本号GDGM53128；桂东县，八面山国家级自然保护区，标本号GDGM52073。

臭粉褶蕈Entoloma rhodopolium Berk. & Broome

万洋山脉：井冈山市，井冈山国家级自然保护区，标本号GDGM50132。

粉透明粉褶蕈（参照种）Entoloma cf. roseotransparens Noordel. & Hauskn.

诸广山脉：汝城县，九龙江国家森林公园，标本号GDGM 50483。

鲑色粉褶蕈Entoloma salmoneum (Peck) Sacc.

武功山脉：萍乡市，武功山国家森林公园，标本号GDGM 54868。万洋山脉：井冈山市，井冈山国家级自然保护区，标本号GDGM51644。

绢丝粉褶蕈Entoloma sericeum Quél.

幕阜山脉：平江县，幕阜山国家森林公园，标本号GDGM 50887。

尖顶粉褶蕈Entoloma stylophorum (Berk. & Broome) Sacc.

幕阜山脉：平江县，幕阜山国家森林公园，标本号GDGM 51120。万洋山脉：茶陵县，云阳山国家森林公园，标本号 GDGM52200。诸广山脉：桂东县，八面山国家级自然保护区，标本号GDGM50107。

近薄囊粉褶蕈Entoloma subtenuicystidiatum Xiao L. He & T.H. Li

九岭山脉：浏阳市，石柱峰风景区，标本号GDGM50851。

沟纹粉褶蕈Entoloma sulcatum (T.J. Baroni & Lodge) Noordel. & Co-David

万洋山脉：井冈山市，井冈山国家级自然保护区，标本号 GDGM50021。诸广山脉：崇义县，阳岭国家森林公园，标本号GDGM50065。

全白粉褶蕈（参照种）Entoloma cf. totialbum G.M. Gates & Noordel.

万洋山脉：井冈山市，井冈山国家级自然保护区，标本号 GDGM50421。

变绿粉褶蕈Entoloma virescens (Sacc.) E. Horak ex Courtec.

诸广山脉：崇义县，阳岭国家森林公园，标本号GDGM 53176；汝城县，九龙江国家森林公园，标本号GDGM 53372。

牛舌菌科Fistulinaceae

牛舌菌属Fistulina Bull.

牛舌菌Fistulina hepatica (Schaeff.) With.

诸广山脉：崇义县，阳岭国家森林公园，标本号GDGM 43420。

亚牛舌菌Fistulina subhepatica B.K. Cui & J. Song

诸广山脉：崇义县，阳岭国家森林公园，标本号GDGM 53060。

轴腹菌科Hydnangiaceae

轴腹菌属Hydnangium Wallr.

轴腹菌Hydnangium carneum Wallr.

诸广山脉：资兴市，天鹅山国家森林公园，标本号GDGM 52105。

蜡蘑属Laccaria Berk. & Broome

紫晶蜡蘑Laccaria amethystina Cooke

幕阜山脉：平江县，幕阜山国家森林公园，标本号GDGM 52842。

双色蜡蘑Laccaria bicolor (Maire) P.D. Orton

诸广山脉：崇义县，井冈山国家级自然保护区，标本号 GDGM50014。

红蜡蘑Laccaria laccata (Scop.) Cooke

武功山脉：萍乡市，武功山国家森林公园，标本号GDGM 72323、GDGM54216。万洋山脉：井冈山市，井冈山国家级自然保护区，标本号GDGM50024；炎陵县，神农谷国家森林公园，标本号GDGM50178。诸广山脉：崇义县，阳岭国家森林公园，标本号GDGM50328。

酒红蜡蘑Laccaria vinaceoavellanea Hongo

九岭山脉：宜春市，官山国家级自然保护区，标本号GDGM50782。诸广山脉：崇义县，阳岭国家森林公园，标本号GDGM53019。

蜡伞科Hygrophoraceae

金脐菇属*Chrysomphalina* Clémençon

褐金脐菇Chrysomphalina strombodes (Berk. & Mont.) Clémençon

万洋山脉：炎陵县，神农谷国家森林公园，标本号GDGM52380。诸广山脉：汝城县，九龙江国家森林公园，标本号GDGM52407、GDGM51812。

黏柄伞属*Gliophorus* Herink

愉悦黏柄伞Gliophorus laetus (Pers.) Herink

万洋山脉：炎陵县，桃源洞国家级自然保护区，标本号GDGM50243。

鹦鹉绿黏柄伞（参照种）Gliophorus cf. psittacinus (Schaeff.) Herink

诸广山脉：崇义县，阳岭国家森林公园，标本号GDGM44298。

湿伞属*Hygrocybe* (Fr.) P. Kumm.

马达加斯加湿伞Hygrocybe astatogala (R. Heim) Heinem.

诸广山脉：汝城县，九龙江国家森林公园，标本号GDGM51553、GDGM51541。

黄绿湿伞Hygrocybe citrinovirens (J.E. Lange) Jul. Schäff.

万洋山脉：井冈山市，井冈山国家级自然保护区，标本号GDGM50463。

锥形湿伞Hygrocybe conica (Schaeff.) P. Kumm.

诸广山脉：汝城县，九龙江国家森林公园，标本号GDGM51541；汝城县，飞水寨景区，标本号GDGM56299。

具尖湿伞（参照种）Hygrocybe cf. cuspidata (Peck) Murrill

诸广山脉：崇义县，阳岭国家森林公园，标本号GDGM53053。

浅黄湿伞Hygrocybe flavescens (Kauffman) Singer

万洋山脉：井冈山市，井冈山国家级自然保护区，标本号GDGM50288、GDGM50616。

胶柄湿伞Hygrocybe glutinipes (J.E. Lange) R. Haller Aar.

万洋山脉：井冈山市，井冈山国家级自然保护区，标本号GDGM79187。

丁香紫褶湿伞Hygrocybe lilaceolamellata (G. Stev.) E. Horak

万洋山脉：炎陵县，桃源洞国家级自然保护区，标本号GDGM50237。

小红湿伞Hygrocybe miniata (Fr.) P. Kumm.

武功山脉：宜春市，官山国家级自然保护区，标本号GDGM51168。万洋山脉：炎陵县，桃源洞国家级自然保护区，标本号GDGM50241。

变黑湿伞（参照种）Hygrocybe cf. nigrescens (Quél.) Kühner

万洋山脉：井冈山市，井冈山国家级自然保护区，标本号GDGM50705。

红紫湿伞Hygrocybe punicea (Fr.) P. Kumm.

幕阜山脉：平江县，幕阜山国家森林公园，标本号GDGM55267。万洋山脉：炎陵县，桃源洞国家级自然保护区，标本号GDGM50048。

紫湿伞（参照种）Hygrocybe cf. purpureofolia (H.E. Bigelow) Courtec.

万洋山脉：炎陵县，桃源洞鸡公岩，标本号GDGM50313。

裂盖湿伞Hygrocybe rimosa C.Q. Wang & T.H. Li

诸广山脉：汝城县，九龙江国家森林公园，标本号GDGM53053。

红尖锥湿伞Hygrocybe rubroconica C.Q. Wang & T.H. Li

诸广山脉：汝城县，九龙江国家森林公园，标本号GDGM51527。

稀褶湿伞**Hygrocybe sparifolia** T.H. Li & C.Q. Wang

万洋山脉：井冈山市，井冈山国家级自然保护区，标本号GDGM54882。

蜡伞属*Hygrophorus* Fr.

胶黏盖蜡伞**Hygrophorus glutiniceps** C.Q. Wang & T.H. Li

诸广山脉：崇义县，阳岭国家森林公园，标本号GDGM 53440、GDGM53153。

蜡伞属未定种**Hygrophorus** sp.

幕阜山脉：平江县，幕阜山国家森林公园，标本号GDGM 55306。诸广山脉：汝城县，九龙江国家森林公园，标本号GDGM51527；桂东县，三台山森林公园，标本号GDGM51330；桂东县，八面山国家级自然保护区，标本号GDGM52471。

新湿伞属*Neohygrocybe* Herink

灰黑新湿伞**Neohygrocybe griseonigra** C.Q. Wang & T.H. Li

万洋山脉：井冈山市，井冈山国家级自然保护区，标本号GDGM44492。

华湿伞属*Sinohygrocybe* C.Q. Wang, Ming Zhang & T.H. Li

绒柄华湿伞**Sinohygrocybe tomentosipes** C.Q. Wang, Ming Zhang & T.H. Li

万洋山脉：炎陵县，桃源洞国家级自然保护区，标本号GDGM50149。

层腹菌科Hymenogastraceae

裸伞属*Gymnopilus* P. Karst.

绿褐裸伞**Gymnopilus aeruginosus** (Peck) Singer

幕阜山脉：平江县，幕阜山国家森林公园，标本号GDGM 50966。

橙褐裸伞 **Gymnopilus aurantiobrunneus** Z.S. Bi

诸广山脉：崇义县，阳岭国家森林公园，标本号GDGM 55774。

变色龙裸伞**Gymnopilus dilepis** (Berk. & Broome) Singer

九岭山脉：万载县，九龙原始森林公园，标本号GDGM 50663。

鳞斑裸伞**Gymnopilus lepidotus** Hesler

九岭山脉：万载县，九龙原始森林公园，标本号GDGM 50800。

赭黄裸伞**Gymnopilus penetrans** (Fr.) Murrill

幕阜山脉：平江县，幕阜山国家森林公园，标本号GDGM 50862、GDGM50956。

苦裸伞**Gymnopilus picreus** (Pers.) P. Karst.

诸广山脉：汝城县，九龙江国家森林公园，标本号GDGM 51765。

黏滑菇属*Hebeloma* (Fr.) P. Kumm.

乳菇状黏滑菇**Hebeloma lactariolens** (Clémençon & Hongo) B.J. Rees & Orlovich

诸广山脉：汝城县，九龙江国家森林公园，标本号GDGM 53502。

暗金钱菌属*Phaeocollybia* R. Heim

詹尼暗金钱菌**Phaeocollybia jennyae** (P. Karst.) Romagn.

万洋山脉：井冈山市，井冈山国家级自然保护区，标本号GDGM52235。诸广山脉：汝城县，九龙江国家森林公园，标本号GDGM55711。

丝盖伞科Inocybaceae

靴耳属*Crepidotus* (Fr.) Staude

平盖靴耳**Crepidotus applanatus** (Pers.) P. Kumm.

九岭山脉：万载县，九龙原始森林公园，标本号GDGM 50781。万洋山脉：井冈山市，井冈山国家级自然保护区，标本号GDGM50274。诸广山脉：崇义县，阳岭国家森林公园，标本号GDGM54669。

褐毛靴耳 **Crepidotus badiofloccosus** S. Imai

万洋山脉：井冈山市，井冈山国家级自然保护区，标本号GDGM52329。

黏靴耳**Crepidotus mollis** (Schaeff.) Staude

幕阜山脉：平江县，幕阜山龙潭湾，标本号GDGM55438。九岭山脉：浏阳市，石柱峰风景区，标本号GDGM52001；宜春市，官山国家级自然保护区，标本号GDGM51057。万洋山脉：井冈山市，井冈山国家级自然保护区，标本号

GDGM50019；茶陵县，云阳山国家森林公园，标本号GDGM52290。诸广山脉：崇义县，阳岭国家森林公园，标本号GDGM54093、GDGM53022；汝城县，九龙江国家森林公园，标本号GDGM54241；资兴市，天鹅山国家森林公园，标本号GDGM52108；桂东县，八面山国家级自然保护区，标本号GDGM52311。

硫黄靴耳Crepidotus sulphurinus Imazeki & Toki

幕阜山脉：平江县，幕阜山国家森林公园，标本号GDGM51271。

多变靴耳Crepidotus variabilis (Pers.) P. Kumm.

万洋山脉：遂川县，白水仙风景区，标本号GDGM50535。

丝盖伞属 *Inocybe* (Fr.) Fr.

黄鳞丝盖伞Inocybe squarrosolutea (Corner & E. Horak) Garrido

九岭山脉：浏阳市，石柱峰风景区，标本号GDGM51189。

岐盖伞属 *Inosperma* (Kühner) Matheny & Esteve-Rav

毒蝇岐盖伞Inosperma muscarium Y.G. Fan, L.S. Deng, W.J. Yu & N.K. Zeng

万洋山脉：井冈山市，井冈山国家级自然保护区，标本号GDGM50270。

离褶伞科Lyophyllaceae

离褶伞属 *Lyophyllum* P. Karst.

烟色离褶伞 Lyophyllum fumosum (Pers.) P.D. Orton

九岭山脉：浏阳市，大围山国家森林公园，标本号GDGM55340。

鸡㙡菌属 *Termitomyces* R. Heim

盾尖鸡㙡Termitomyces clypeatus R. Heim

九岭山脉：浏阳市，石柱峰风景区，标本号GDGM50755。

间型鸡㙡Termitomyces intermedius Har. Takah. & Taneyama

武功山脉：萍乡市，武功山国家森林公园，标本号GDGM55000。

小皮伞科Marasmiaceae

毛皮伞属 *Crinipellis* Pat.

丛毛毛皮伞Crinipellis floccosa T.H. Li, Y.W. Xia & W.Q. Deng

诸广山脉：崇义县，阳岭国家森林公园，标本号GDGM50000。

淡褐盖毛皮伞Crinipellis pallidipilus Antonín, Ryoo & Ka.

诸广山脉：汝城县，九龙江国家森林公园，标本号GDGM55758。

毛皮伞Crinipellis scabella (Alb. & Schwein.) Murrill

诸广山脉：汝城县，九龙江国家森林公园，标本号GDGM51531。

老伞属 *Gerronema* Singer

林木老伞Gerronema nemorale Har. Takah.

幕阜山脉：平江县，幕阜山国家森林公园，标本号GDGM50933。九岭山脉：宜春市，官山国家级自然保护区，标本号GDGM50941。诸广山脉：桂东县，八面山国家级自然保护区，标本号GDGM52335。

小皮伞属 *Marasmius* Fr.

美丽小皮伞Marasmius bellus Berk.

幕阜山脉：平江县，幕阜山龙潭湾，标本号GDGM55421。九岭山脉：浏阳市，石柱峰风景区，标本号GDGM50740。

贝科拉小皮伞（参照种）Marasmius cf. bekolacongoli Beeli

万洋山脉：炎陵县，神农谷国家森林公园，标本号GDGM50236；炎陵县，桃源洞国家级自然保护区，标本号GDGM50345。

伯特路小皮伞Marasmius berteroi (Lév.) Murrill

幕阜山脉：岳阳县，大云山国家森林公园，标本号GDGM51095。万洋山脉：井冈山市，井冈山国家级自然保护区，标本号GDGM54781。九岭山脉：宜春市，官山国家级自然保护区，标本号GDGM51203。

融合小皮伞细囊变种Marasmius confertus var. tenuicystidiatus Antonín

九岭山脉：浏阳市，石柱峰风景区，标本号GDGM50734。

青黄小皮伞 Marasmius galbinus T.H. Li & Chun Y. Deng

幕阜山脉：平江县，幕阜山国家森林公园，标本号GDGM55262。

草生小皮伞 Marasmius graminum (Lib.) Berk.

万洋山脉：遂川县，白水仙风景区，标本号GDGM50077。

大帚枝小皮伞（参照种）Marasmius cf. grandisetulosus Singer

万洋山脉：炎陵县，桃源洞国家级自然保护区，标本号GDGM55213。

红盖小皮伞 Marasmius haematocephalus (Mont.) Fr.

诸广山脉：汝城县，九龙江国家森林公园，标本号GDGM51539；崇义县，阳岭国家森林公园，标本号GDGM53302。

膜盖小皮伞 Marasmius hymeniicephalus (Speg.) Singer

诸广山脉：崇义县，阳岭国家森林公园，标本号GDGM54085。

淡黄小皮伞（参照种）Marasmius cf. luteolus Berk. & M.A. Curtis

九岭山脉：浏阳市，石柱峰风景区，标本号GDGM50665。

大盖小皮伞 Marasmius maximus Hongo

幕阜山脉：岳阳县，大云山国家森林公园，标本号GDGM50815。九岭山脉：浏阳市，石柱峰风景区，标本号GDGM50773。武功山脉：分宜县，武功山国家森林公园，标本号GDGM54659。万洋山脉：井冈山市，井冈山国家级自然保护区，标本号GDGM50044。诸广山脉：汝城县，九龙江国家森林公园，标本号GDGM54041、GDGM54027；崇义县，阳岭国家森林公园，标本号GDGM50614。

黑盖小皮伞 Marasmius nigriceps Corner

九岭山脉：浏阳市，石柱峰风景区，标本号GDGM51161。

雪地小皮伞 Marasmius nivicola Har. Takah.

诸广山脉：汝城县，九龙江国家森林公园，标本号GDGM51999。

淡赭色小皮伞（参照种）Marasmius cf. ochroleucus Desjardin & E. Horak

九岭山脉：浏阳市，石柱峰风景区，标本号GDGM50653。

苍白小皮伞 Marasmius pellucidus Berk. & Broome

诸广山脉：汝城县，九龙江国家森林公园，标本号GDGM53465。

紫条沟小皮伞 Marasmius purpureostriatus Hongo

诸广山脉：汝城县，九龙江国家森林公园，标本号GDGM51530。

小型小皮伞 Marasmius pusilliformis Chun Y. Deng & T.H. Li

诸广山脉：汝城县，九龙江国家森林公园，标本号GDGM70372。

轮小皮伞 Marasmius rotalis Berk. & Broome

幕阜山脉：平江县，幕阜山国家森林公园，标本号GDGM55326。九岭山脉：浏阳市，石柱峰风景区，标本号GDGM52185。诸广山脉：崇义县，阳岭国家森林公园，标本号GDGM51621；资兴市，天鹅山国家森林公园，标本号GDGM52100。

盘状小皮伞 Marasmius rotula (Scop.) Fr.

万洋山脉：遂川县，白水仙风景区，标本号GDGM53102。

毛褶小皮伞 Marasmius setulosifolius Singer

万洋山脉：井冈山市，井冈山国家级自然保护区，标本号GDGM50127。

干小皮伞 Marasmius siccus (Schwein.) Fr.

幕阜山脉：岳阳县，大云山国家森林公园，标本号GDGM51065。诸广山脉：汝城县，九龙江国家森林公园，标本号GDGM51498。

松果菇状小皮伞 Marasmius strobiluriformis Antonín, Ryoo & H.D. Shin

九岭山脉：浏阳市，石柱峰风景区，标本号GDGM50844。

拟聚生小皮伞 Marasmius subabundans Chun Y. Deng & T.H. Li

诸广山脉：崇义县，阳岭国家森林公园，标本号GDGM52585。

薄小皮伞 Marasmius tenuissimus (Sacc.) Singer

诸广山脉：崇义县，阳岭国家森林公园，标本号GDGM52483。

小皮伞属未定种 Marasmius sp.

九岭山脉：宜春市，官山国家级自然保护区，标本号GDGM51212。

大金钱菌属*Megacollybia* Kotl. & Pouzar

杯伞状大金钱菌Megacollybia clitocyboidea R.H. Petersen, Takehashi & Nagas.

万洋山脉：井冈山市，井冈山国家级自然保护区，标本号GDGM50036。

宽褶大金钱菌Megacollybia platyphylla (Pers.) Kotl. & Pouzar

幕阜山脉：平江县，幕阜山国家森林公园，标本号GDGM55261。

四角孢伞属*Tetrapyrgos* E. Horak

黑柄四角孢伞Tetrapyrgos nigripes (Fr.) E. Horak

幕阜山脉：平江县，幕阜山国家森林公园，标本号GDGM50946。九岭山脉：浏阳市，石柱峰风景区，标本号GDGM51186；浏阳市，大围山国家森林公园，标本号GDGM55360。武功山脉：分宜县，武功山国家森林公园，标本号GDGM54644。万洋山脉：井冈山市，井冈山国家级自然保护区，标本号GDGM50018；炎陵县，桃源洞国家级自然保护区，标本号GDGM55216。诸广山脉：桂东县，八面山国家级自然保护区，标本号GDGM52688。

小菇科Mycenaceae

胶孔菌属*Favolaschia* (Pat.) Pat.

疱状胶孔菌Favolaschia pustulosa (Jungh.) Kuntze

幕阜山脉：九江市，庐山山南国家森林公园，标本号GDGM52625。

半小菇属*Hemimycena* Singer

皱波半小菇Hemimycena crispata (Kühner) Singer

万洋山脉：炎陵县，神农谷国家森林公园，标本号GDGM55211。

小菇属*Mycena* (Pers.) Roussel

艾布拉姆斯小菇（参照种）Mycena cf. abramsii (Murrill) Murrill

九岭山脉：浏阳市，石柱峰风景区，标本号GDGM50751。

小菇（参照种）Mycena cf. adonis (Bull.) Gray

九岭山脉：浏阳市，大围山国家森林公园，标本号GDGM55494。

褐小菇Mycena alcalina (Fr.) P. Kumm.

幕阜山脉：岳阳县，大云山国家森林公园，标本号GDGM51108。

黄鳞小菇Mycena auricoma Har. Takah.

万洋山脉：炎陵县，神农谷国家森林公园，标本号GDGM52077。

荧光小菇（参照种）Mycena cf. chlorophos (Berk. & M.A. Curtis) Sacc.

万洋山脉：井冈山市，井冈山国家级自然保护区，标本号GDGM52649。

角凸小菇Mycena corynephora Maas Geest.

万洋山脉：井冈山市，井冈山国家级自然保护区，标本号GDGM52669。

黄柄小菇Mycena epipterygia (Scop.) Gray

诸广山脉：汝城县，九龙江国家森林公园，标本号GDGM55755。

盔盖小菇Mycena galericulata (Scop.) Gray

诸广山脉：汝城县，飞水寨景区，标本号GDGM50706。

血红小菇Mycena haematopus (Pers.) P. Kumm.

万洋山脉：炎陵县，桃源洞国家级自然保护区，标本号GDGM58863

铅灰色小菇Mycena leptocephala (Pers.) Gillet

万洋山脉：炎陵县，神农谷国家森林公园，标本号GDGM50224。

铅色小菇Mycena plumbea P. Karst.

九岭山脉：浏阳市，石柱峰风景区，标本号GDGM50848。

早生小菇Mycena praecox Velen.

幕阜山脉：平江县，幕阜山国家森林公园，标本号GDGM51263。幕阜山脉：岳阳县，大云山国家森林公园，标本号GDGM51085。

洁小菇Mycena pura (Pers.) P. Kumm.

幕阜山脉：平江县，幕阜山龙潭湾，标本号GDGM55272。武功山脉：萍乡市，武功山国家森林公园，标本号GDGM72292。万洋山脉：井冈山市，井冈山国家级自然保护区，标本号GDGM50261；炎陵县，神农谷国家森林公园，标本号GDGM50231；炎陵县，桃源洞国家级自然保护区，标本号GDGM55397。

扇菇属 *Panellus* P. Karst.

网孔扇菇 Panellus pusillus (Pers. ex Lév.) Burds. & O.K. Mill.

万洋山脉：井冈山市，井冈山国家级自然保护区，标本号GDGM46304

鳞皮扇菇 Panellus stipticus (Bull.) P. Karst.

幕阜山脉：九江市，庐山山南国家森林公园，标本号GDGM56210；平江县，幕阜山国家森林公园，标本号GDGM52784。九岭山脉：浏阳市，石柱峰风景区，标本号GDGM51915。万洋山脉：炎陵县，神农谷国家森林公园，标本号GDGM52351。

干脐菇属 *Xeromphalina* Kühner & Maire

黄干脐菇 Xeromphalina campanella (Batsch) Kühner & Maire

幕阜山脉：平江县，幕阜山国家森林公园，标本号GDGM50627。

类脐菇科 Omphalotaceae

炭褶菌属 *Anthracophyllum* Ces.

褐红炭褶菌 Anthracophyllum nigritum (Lév.) Kalchbr.

诸广山脉：崇义县，阳岭国家森林公园，标本号GDGM54815。

裸脚伞属 *Gymnopus* (Pers.) Roussel

点地梅裸脚伞（安络小皮伞）Gymnopus androsaceus (L.) J.L. Mata & R.H. Petersen

诸广山脉：崇义县，阳岭国家森林公园，标本号GDGM51747。

湿裸脚伞 Gymnopus aquosus (Bull.) Antonín & Noordel.

幕阜山脉：平江县，幕阜山国家森林公园，标本号GDGM51269。

南半毛柄裸脚伞 Gymnopus austrosemihirtipes A.W. Wilson, Desjardin & E. Horak

九岭山脉：浏阳市，石柱峰风景区，标本号GDGM50753。

双型裸脚伞 Gymnopus biformis (Peck) Halling

幕阜山脉：平江县，幕阜山国家森林公园，标本号GDGM55325、GDGM50988；岳阳县，大云山国家森林公园，标本号GDGM50638。九岭山脉：浏阳市，石柱峰风景区，标本号GDGM50634。武功山脉：分宜县，武功山国家森林公园，标本号GDGM72284、GDGM54645；萍乡市，武功山国家森林公园，标本号GDGM54169。万洋山脉：井冈山市，井冈山国家级自然保护区，标本号GDGM56023。诸广山脉：崇义县，阳岭国家森林公园，标本号GDGM50840；汝城县，九龙江国家森林公园，标本号GDGM51569；桂东县，三台山森林公园，标本号GDGM51346。

芸薹裸脚伞 Gymnopus brassicolens (Romagn.) Antonín & Noordel.

万洋山脉：井冈山市，井冈山国家级自然保护区，标本号GDGM50125。

绒柄裸脚伞 Gymnopus confluens (Pers.) Antonín, Halling & Noordel.

九岭山脉：浏阳市，石柱峰风景区，标本号GDGM51175。武功山脉：分宜县，武功山国家森林公园，标本号GDGM54643。

双色裸脚伞 Gymnopus dichrous (Berk. & M.A. Curtis) Halling

九岭山脉：浏阳市，石柱峰风景区，标本号GDGM50633。

双色裸脚伞（参照种）Gymnopus cf. dichrous (Berk. & M.A. Curtis) Halling

九岭山脉：浏阳市，石柱峰风景区，标本号GDGM50648。

栎生裸脚伞 Gymnopus dryophilus (Bull.) Murrill

幕阜山脉：平江县，幕阜山国家森林公园，标本号GDGM55284。万洋山脉：炎陵县，神农谷国家森林公园，标本号GDGM52089。诸广山脉：资兴市，天鹅山国家森林公园，标本号GDGM52117。

臭裸脚伞 Gymnopus foetidus (Sowerby) P.M. Kirk

幕阜山脉：九江市，庐山山南国家森林公园，标本号GDGM52630。万洋山脉：井冈山市，井冈山国家级自然保护区，标本号GDGM50407。

锈盖裸脚伞 Gymnopus iocephalus (Berk. & M.A. Curtis) Halling

九岭山脉：浏阳市，石柱峰风景区，标本号GDGM50855。

梅内胡裸脚伞 Gymnopus menehune Desjardin, Halling & Hemmes

幕阜山脉：平江县，幕阜山国家森林公园，标本号GDGM50646；岳阳县，大云山国家森林公园，标本号GDGM50640。九岭山脉：浏阳市，石柱峰风景区，标本号GDGM50852。

脐状裸脚伞（参照种）Gymnopus cf. omphalodes (Berk.) Halling & J.L. Mata

诸广山脉：桂东县，八面山国家级自然保护区，标本号GDGM52270。

穿孔裸脚伞 Gymnopus perforans (Hoffm.) Antonín & Noordel.

万洋山脉：井冈山市，井冈山国家级自然保护区，标本号GDGM50423。

靴状裸脚伞 Gymnopus peronatus (Bolton) Gray

幕阜山脉：九江市，庐山山南国家森林公园，标本号GDGM53530。九岭山脉：浏阳市，石柱峰风景区，标本号GDGM51183；宜春市，官山国家级自然保护区，标本号GDGM51232。万洋山脉：井冈山市，井冈山国家级自然保护区，标本号GDGM50254。诸广山脉：崇义县，阳岭国家森林公园，标本号GDGM53141。

多条纹裸脚伞（近缘种）Gymnopus aff. polygrammus (Mont.) J.L. Mata

诸广山脉：桂东县，八面山国家级自然保护区，标本号GDGM51732。

枝生裸脚伞 Gymnopus ramulicola T.H. Li & S.F. Deng

诸广山脉：崇义县，阳岭国家森林公园，标本号GDGM50060。

裸脚伞属未定种 Gymnopus sp.

武功山脉：宜风镇，万龙山乡，标本号GDGM72321。九岭山脉：宜春市，官山国家级自然保护区，标本号GDGM50792；萍乡市，武功山国家森林公园，标本号GDGM54997、GDGM54183。

小香菇属 Lentinula Earle

香菇 Lentinula edodes (Berk.) Pegler

武功山脉：萍乡市，武功山国家森林公园，标本号GDGM54166、GDGM55728。

微皮伞属 Marasmiellus Murrill

纯白微皮伞 Marasmiellus candidus (Bolton) Singer

万洋山脉：遂川县，白水仙风景区，标本号GDGM50091。

皮微皮伞 Marasmiellus corticum Singer

幕阜山脉：平江县，幕阜山国家森林公园，标本号GDGM50888。

树生微皮伞 Marasmiellus dendroegrus Singer

九岭山脉：浏阳市，大围山国家森林公园，标本号GDGM55475。万洋山脉：井冈山市，井冈山国家级自然保护区，标本号GDGM51605；炎陵县，神农谷国家森林公园，标本号GDGM55050。

半焦微皮伞 Marasmiellus epochnous (Berk. & M.A. Curtis) Singer

诸广山脉：崇义县，阳岭国家森林公园，标本号GDGM55657。

韩国微皮伞 Marasmiellus koreanus Antonín, Ryoo & H.D. Shin

诸广山脉：汝城县，飞水寨景区，标本号GDGM50710；崇义县，阳岭国家森林公园，标本号GDGM52738。

枝生微皮伞 Marasmiellus ramealis (Bull.) Singer

幕阜山脉：平江县，幕阜山国家森林公园，标本号GDGM51093；九江市，庐山山南国家森林公园，标本号GDGM52192。九岭山脉：浏阳市，石柱峰风景区，标本号GDGM50741。诸广山脉：汝城县，九龙江国家森林公园，标本号GDGM52242；崇义县，阳岭国家森林公园，标本号GDGM52626。

伴索微皮伞 Marasmiellus rhizomorphogenus Antonín, Ryoo & H.D. Shin

幕阜山脉：九江市，庐山山南国家森林公园，标本号GDGM52825。万洋山脉：炎陵县，神农谷国家森林公园，标本号GDGM52126。诸广山脉：崇义县，阳岭国家森林公园，标本号GDGM52474、GDGM52891；桂东县，八面山国家级自然保护区，标本号GDGM52272。

类脐菇属 Omphalotus Fayod

日本类脐菇 Omphalotus japonicus (Kawam.) Kirchm. & O.K. Mill.

九岭山脉：浏阳市，石柱峰风景区，标本号GDGM50849。

粉金钱菌属 *Rhodocollybia* Singer

乳酪粉金钱菌（参照种）**Rhodocollybia cf. butyracea** (Bull.) Lennox

幕阜山脉：平江县，幕阜山国家森林公园，标本号GDGM50857。

泡头菌科 Physalacriaceae

蜜环菌属 *Armillaria* (Fr.) Staude

蜜环菌Armillaria mellea (Vahl) P. Kumm.

幕阜山脉：九江市，庐山山南国家森林公园，标本号GDGM52818、GDGM56236。万洋山脉：井冈山市，井冈山国家级自然保护区，标本号GDGM50366；炎陵县，神农谷国家森林公园，标本号GDGM50220。诸广山脉：汝城县，飞水寨景区，标本号GDGM50724。

假蜜环菌Armillaria tabescens (Scop.) Emel

幕阜山脉：九江市，庐山山南国家森林公园，标本号GDGM53758。

鳞盖伞属 *Cyptotrama* Singer

金黄鳞盖伞Cyptotrama asprata (Berk.) Redhead & Ginns

万洋山脉：炎陵县，桃源洞国家级自然保护区，标本号GDGM55387；井冈山市，井冈山国家级自然保护区，标本号GDGM50962。诸广山脉：崇义县，阳岭国家森林公园，标本号GDGM51457。

金袍黄鳞盖伞（参照种）**Cyptotrama cf. chrysopepla** (Berk. & M.A. Curtis) Singer

万洋山脉：炎陵县，桃源洞国家级自然保护区，标本号GDGM54074。诸广山脉：崇义县，阳岭国家森林公园，标本号GDGM55656。

泡头菌属 *Desarmillaria* (Herink) R.A. Koch & Aime

泡头菌（参照种）**Desarmillaria cf. tabescens** (Scop.) R.A. Koch & Aime

幕阜山脉：九江市，庐山山南国家森林公园，标本号GDGM53540。

冬菇属 *Flammulina* P. Karst.

冬菇Flammulina filiformis (Z.W. Ge, X.B. Liu & Zhu L. Yang) P.M. Wang, Y.C. Dai, E. Horak & Zhu L. Yang

幕阜山脉：九江市，中国科学院庐山植物园，标本号GDGM56209。诸广山脉：汝城县，飞水寨景区，标本号GDGM56345。

云南冬菇Flammulina yunnanensis Z.W. Ge & Zhu L. Yang

幕阜山脉：平江县，幕阜山国家森林公园，标本号GDGM50743。

胶盖伞属 *Gloiocephala* Massee

脂斑胶盖伞Gloiocephala resinopunctata Manim. & K.A. Thomas

幕阜山脉：平江县，幕阜山国家森林公园，标本号GDGM50944。

拟奥德蘑属 *Hymenopellis* R.H. Petersen

鳞柄拟奥德蘑Hymenopellis furfuracea (Peck) R.H. Petersen

九岭山脉：浏阳市，石柱峰风景区，标本号GDGM50749；宜春市，明月山国家森林公园，标本号GDGM51365。诸广山脉：汝城县，飞水寨景区，标本号GDGM50718。

长柄拟奥德蘑Hymenopellis radicata (Relhan) R.H. Petersen

诸广山脉：桂东县，八面山国家级自然保护区，标本号GDGM50439。

卵孢拟奥德蘑Hymenopellis raphanipes (Berk.) R.H. Petersen

幕阜山脉：平江县，幕阜山国家森林公园，标本号GDGM55417。诸广山脉：汝城县，九龙江国家森林公园，标本号GDGM53389。

小奥德蘑属 *Oudemansiella* Speg.

毕氏小奥德蘑Oudemansiella bii Zhu L. Yang & Li F. Zhang

武功山脉：分宜县，武功山国家森林公园，标本号GDGM54624、GDGM54628。万洋山脉：炎陵县，神农谷国家森林公园，标本号GDGM52140。诸广山脉：汝城县，九龙江国家森林公园，标本号GDGM50498；崇义县，阳岭国家森林公园，标本号GDGM53384。

亚黏小奥德蘑**Oudemansiella submucida** Corner

万洋山脉：炎陵县，神农谷国家森林公园，标本号GDGM50197。诸广山脉：崇义县，阳岭国家森林公园，标本号GDGM50604。

松果伞属*Strobilurus* Singer

冠囊松果伞（参照种）**Strobilurus cf. stephanocystis** (Kühner & Romagn. ex Hora) Singer

万洋山脉：井冈山市，井冈山国家级自然保护区，标本号GDGM50373。

大囊松果伞**Strobilurus tenacellus** (Pers.) Singer

幕阜山脉：平江县，幕阜山国家森林公园，标本号GDGM55287。

干蘑属*Xerula* Maire

中华干蘑**Xerula sinopudens** R.H. Petersen & Nagas.

万洋山脉：井冈山市，井冈山国家级自然保护区，标本号GDGM54749。诸广山脉：桂东县，八面山国家级自然保护区，标本号GDGM52197。

侧耳科Pleurotaceae

亚侧耳属*Hohenbuehelia* Schulzer

花瓣状亚侧耳 **Hohenbuehelia petaloides** (Bull.) Schulzer

诸广山脉：崇义县，阳岭国家森林公园，标本号GDGM52588。

肾形亚侧耳**Hohenbuehelia reniformis** (G. Mey.) Singer

幕阜山脉：九江市，中国科学院庐山植物园，标本号GDGM53725。九岭山脉：万载县，九龙原始森林公园，标本号GDGM51035。诸广山脉：崇义县，阳岭国家森林公园，标本号GDGM52865。

侧耳属*Pleurotus* (Fr.) P. Kumm.

小白侧耳**Pleurotus albellus** (Pat.) Pegler

九岭山脉：宜春市，明月山国家森林公园，标本号GDGM51386。

巨大侧耳**Pleurotus giganteus** (Berk.) Karun. & K.D. Hyde

武功山脉：萍乡市，武功山国家森林公园，标本号GDGM54978。

糙皮侧耳 **Pleurotus ostreatus** (Jacq.) P. Kumm.

九岭山脉：浏阳市，大围山国家森林公园，标本号GDGM55375。

肺形侧耳**Pleurotus pulmonarius** (Fr.) Quél.

诸广山脉：崇义县，阳岭国家森林公园，标本号GDGM52439。

伏褶菌属*Resupinatus* Nees ex Gray

小伏褶菌**Resupinatus applicatus** (Batsch) Gray

幕阜山脉：九江市，庐山山南国家森林公园，标本号GDGM53537。诸广山脉：资兴市，天鹅山国家森林公园，标本号GDGM52001。

光柄菇科Pluteaceae

铦囊蘑属*Melanoleuca* Pat.

铦囊蘑**Melanoleuca cognata** (Fr.) Konrad & Maubl.

九岭山脉：浏阳市，大围山国家森林公园，标本号GDGM55500。

光柄菇属*Pluteus* Fr.

黄光柄菇（参照种）**Pluteus cf. admirabilis** (Peck) Peck

万洋山脉：炎陵县，桃源洞国家级自然保护区，标本号GDGM55111。

硬毛光柄菇**Pluteus hispidulus** (Fr.) Gillet

诸广山脉：崇义县，阳岭国家森林公园，标本号GDGM53183。

狮黄光柄菇**Pluteus leoninus** (Schaeff.) P. Kumm.

万洋山脉：炎陵县，神农谷国家森林公园，标本号GDGM54067。

矮光柄菇**Pluteus nanus** (Pers.) P. Kumm.

九岭山脉：浏阳市，石柱峰风景区，标本号GDGM51173。

网盖光柄菇**Pluteus thomsonii** (Berk. & Broome) Dennis

九岭山脉：浏阳市，石柱峰风景区，标本号GDGM50631。

变色光柄菇**Pluteus variabilicolor** Babos

万洋山脉：炎陵县，桃源洞国家级自然保护区，标本号GDGM55228。

小包脚菇属 *Volvariella* Speg

白毛小包脚菇 Volvariella hypopithys (Fr.) Shaffer

万洋山脉：井冈山市，井冈山国家级自然保护区，标本号GDGM51590。

小脆柄菇科 Psathyrellaceae

小鬼伞属 *Coprinellus* P. Karst.

白小鬼伞 Coprinellus disseminatus (Pers.) J.E. Lange

幕阜山脉：平江县，幕阜山龙潭湾，标本号GDGM55437。万洋山脉：炎陵县，神农谷国家森林公园，标本号GDGM52359；炎陵县，桃源洞国家级自然保护区，标本号GDGM55380；井冈山市，井冈山国家级自然保护区，标本号GDGM52524。诸广山脉：崇义县，阳岭国家森林公园，标本号GDGM53297；汝城县，九龙江国家森林公园，标本号GDGM51970。

晶粒小鬼伞 Coprinellus micaceus (Bull.) Vilgalys, Hopple & Jacq. Johnson

万洋山脉：井冈山市，井冈山国家级自然保护区，标本号GDGM52602。

垂齿伞属 *Lacrymaria* Pat.

绒毛垂齿伞 Lacrymaria velutina (Pers.) Konrad & Maub

幕阜山脉：平江县，幕阜山国家森林公园，标本号GDGM50875。

小脆柄菇属 *Psathyrella* (Fr.) Quél.

黄盖小脆柄菇 Psathyrella candolleana (Fr.) Maire

幕阜山脉：平江县，幕阜山国家森林公园，标本号GDGM50969。九岭山脉：浏阳市，石柱峰风景区，标本号GDGM50668；宜春市，官山国家级自然保护区，标本号GDGM50795。万洋山脉：井冈山市，井冈山国家级自然保护区，标本号GDGM50041；炎陵县，桃源洞国家级自然保护区，标本号GDGM55408。诸广山脉：汝城县，九龙江国家森林公园，标本号GDGM54238、GDGM51497；桂东县，八面山国家级自然保护区，标本号GDGM52421。

早生小脆柄菇 Psathyrella gracilis (Fr.) Quél.

万洋山脉：井冈山市，井冈山国家级自然保护区，标本号GDGM50731。

喜湿小脆柄菇 Psathyrella hydrophila (Bull.) Maire

万洋山脉：井冈山市，井冈山国家级自然保护区，标本号GDGM50350；炎陵县，神农谷国家森林公园，标本号GDGM50183。

柯夫曼小脆柄菇 Psathyrella kauffmanii A.H. Sm.

诸广山脉：桂东县，八面山国家级自然保护区，标本号GDGM50444。

多足小脆柄菇 Psathyrella multipedata (Peck) A.H. Sm.

幕阜山脉：平江县，幕阜山国家森林公园，标本号GDGM50965。

杂色小脆柄菇 Psathyrella multissima (S. Imai) Hongo

诸广山脉：崇义县，阳岭国家森林公园，标本号GDGM50588。

丸形小脆柄菇 Psathyrella piluliformis (Bull.) P.D. Orton

诸广山脉：崇义县，阳岭国家森林公园，标本号GDGM50552。

微小脆柄菇 Psathyrella pygmaea (Bull.) Singer

幕阜山脉：岳阳县，大云山国家森林公园，标本号GDGM51076。

灰褐小脆柄菇 Psathyrella spadiceogrisea (Schaeff.) Maire

万洋山脉：井冈山市，井冈山国家级自然保护区，标本号GDGM50258；炎陵县，桃源洞国家级自然保护区，标本号GDGM55229、GDGM55110。

沟纹瘤状小脆柄菇 Psathyrella sulcatotuberculosa (J. Favre) Einhell.

幕阜山脉：平江县，幕阜山国家森林公园，标本号GDGM50661。

香蒲小脆柄菇 Psathyrella typhae (Kalchbr.) A. Pearson & Dennis

幕阜山脉：平江县，幕阜山国家森林公园，标本号GDGM50972。九岭山脉：宜春市，官山国家级自然保护区，标本号GDGM51205。

小脆柄菇属未定种 Psathyrella sp.

幕阜山脉：平江县，幕阜山国家森林公园，标本号GDGM51011；九江市，中国科学院庐山植物园，标本号GDGM56253。九岭山脉：宜春市，官山国家级自然保护区，标本号GDGM50659。武功山脉：萍乡市，武功山国家森林公园，标本号GDGM54939；宣风镇，万龙山乡，标本号GDGM72277。万洋山脉：炎陵县，桃源洞国家级自然保护区，标本号GDGM55123；炎陵县，神农谷国家森林公园，标本号GDGM50182；井冈山市，井冈山国家级自然保护区，标本号GDGM50296。

裂褶菌科Schizophyllaceae

裂褶菌属Schizophyllum Fr.

裂褶菌Schizophyllum commune Fr.

幕阜山脉：平江县，幕阜山国家森林公园，标本号GDGM50952；岳阳县，大云山国家森林公园，标本号GDGM51495；九江市，中国科学院庐山植物园，标本号GDHGM56246。九岭山脉：浏阳市，石柱峰风景区，标本号GDGM50736；万载县，九龙原始森林公园，标本号GDGM51231；浏阳市，大围山国家森林公园，标本号GDGM55456。武功山脉：萍乡市，武功山国家森林公园，标本号GDGM54913；宣风镇，万龙山乡，标本号GDGM72281。万洋山脉：井冈山市，井冈山国家级自然保护区，标本号GDGM50351；茶陵县，云阳山国家森林公园，标本号GDGM52618；炎陵县，神农谷国家森林公园，标本号GDGM50193；遂川县，白水仙风景区，标本号GDGM50545；衡东县，武家山森林公园，标本号GDGM51240。诸广山脉：资兴市，天鹅山国家森林公园，标本号GDGM52157；汝城县，九龙江国家森林公园，标本号GDGM51586；桂东县，八面山国家级自然保护区，标本号GDGM50474。

球盖菇科Strophariaceae

田头菇属Agrocybe Fayod

布罗德韦田头菇Agrocybe broadwayi (Murrill) Dennis

诸广山脉：桂东县，三台山森林公园，标本号GDGM51336。

盔孢伞属Galerina Earle

黄褐盔孢伞（参照种）Galerina cf. helvoliceps (Berk. & M.A. Curtis) Singer

万洋山脉：井冈山市，井冈山国家级自然保护区，标本号GDGM51373。

长沟盔孢伞Galerina sulciceps (Berk.) Boedijn

诸广山脉：崇义县，阳岭国家森林公园，标本号GDGM51461。

沟条盔孢伞Galerina vittiformis (Fr.) Singer

幕阜山脉：岳阳县，大云山国家森林公园，标本号GDGM51073。万洋山脉：炎陵县，神农谷国家森林公园，标本号GDGM50229。

垂幕菇属 Hypholoma (Fr.) P. Kumm.

烟色垂幕菇 Hypholoma capnoides (Fr.) P. Kumm.

万洋山脉：炎陵县，神农谷国家森林公园，标本号GDGM50171。

簇生垂幕菇Hypholoma fasciculare (Huds.) P. Kumm.

幕阜山脉：平江县，幕阜山国家森林公园，标本号GDGM55302。九岭山脉：浏阳市，石柱峰风景区，标本号GDGM50655。万洋山脉：井冈山市，井冈山国家级自然保护区，标本号GDGM50684；炎陵县，桃源洞保护区大峡谷，标本号GDGM55227。

砖红垂幕菇 Hypholoma lateritium (Schaeff.) P. Kumm.

幕阜山脉：九江市，庐山山南国家森林公园，标本号GDGM56206；平江县，幕阜山国家森林公园，标本号GDGM55331。万洋山脉：炎陵县，神农谷国家森林公园，标本号GDGM50181。

鳞伞属Pholiota (Fr.) P. Kumm.

多脂鳞伞Pholiota adiposa (Batsch) P. Kumm.

幕阜山脉：平江县，幕阜山国家森林公园，标本号GDGM50817。诸广山脉：汝城县，飞水寨景区，标本号GDGM50719。

红顶鳞伞Pholiota astragalina (Fr.) Singer

幕阜山脉：平江县，幕阜山国家森林公园，标本号GDGM50822。

小孢鳞伞Pholiota microspora (Berk.) Sacc.

幕阜山脉：九江市，中国科学院庐山植物园，标本号GDGM56258。

多环鳞伞Pholiota multicingulata E. Horak

幕阜山脉：平江县，幕阜山国家森林公园，标本号GDGM50835。万洋山脉：井冈山市，井冈山国家级自然保护区，标本号GDGM50898；炎陵县，神农谷国家森林公园，标本号GDGM52246。

球盖菇属 *Stropharia* (Fr.) Quél.

铜绿球盖菇 Stropharia aeruginosa (Curtis) Quél.
幕阜山脉：九江市，中国科学院庐山植物园，标本号GDGM 45236。

口蘑科 Tricholomataceae

假小孢伞属 *Pseudobaeospora* Singer

淡紫假小孢伞 Pseudobaeospora lilacina X.D. Yu & S.Y. Wu
武功山脉：萍乡市，武功山国家森林公园，标本号GDGM 54921。

口蘑属 *Tricholoma* (Fr.) Staude

油黄口蘑 Tricholoma equestre (L.) P. Kumm.
诸广山脉：桂阳县，洋市镇，标本号GDGM45912。

华苦口蘑 Tricholoma sinoacerbum T.H. Li, Hosen & Ting Li
万洋山脉：井冈山市，井冈山国家级自然保护区，标本号 GDGM50281。

棕灰口蘑 Tricholoma terreum (Schaeff.) P. Kumm.
诸广山脉：桂阳县，洋市镇，标本号GDGM48800。

拟口蘑属 *Tricholomopsis* Singer

竹生拟口蘑 Tricholomopsis bambusina Hongo
武功山脉：萍乡市，武功山国家森林公园，标本号GDGM 72270。

黄拟口蘑 Tricholomopsis decora (Fr.) Singer
武功山脉：萍乡市，武功山国家森林公园，标本号GDGM 54964。万洋山脉：井冈山市，井冈山国家级自然保护区，标本号GDGM54712。诸广山脉：桂东县，八面山国家级自然保护区，标本号GDGM52655。

科地位未定类群 Incertae sedis

薄伞属 *Delicatula* Fayod

雅薄伞 Delicatula integrella (Pers.) Fayod
诸广山脉：崇义县，阳岭国家森林公园，标本号GDGM 51408。

香蘑属 *Lepista* (Fr.) W.G. Sm.

紫丁香蘑 Lepista nuda (Bull.) Cooke
幕阜山脉：平江县，幕阜山国家森林公园，标本号GDGM 55424。九岭山脉：浏阳市，大围山国家森林公园，标本号 GDGM55449。

花脸香蘑 Lepista sordida (Schumach.) Singer
诸广山脉：汝城县，九龙江国家森林公园，标本号GDGM 55486。

斑褶菇属 *Panaeolus* (Fr.) Quél.

钟形斑褶菇 Panaeolus campanulatus (L.) Quél.
幕阜山脉：平江县，幕阜山国家森林公园，标本号GDGM 55230。诸广山脉：崇义县，阳岭国家森林公园，标本号 GDGM54825。

钟形斑褶菇（参照种）Panaeolus cf. campanulatus (L.) Quél.
九岭山脉：浏阳市，大围山国家森林公园，标本号GDGM 55465。

粪生斑褶菇 Panaeolus fimicola (Pers.) Gillet
幕阜山脉：岳阳县，大云山国家森林公园，标本号GDGM 50821。

辛格杯伞属 *Singerocybe* Harmaja

白漏斗辛格杯伞 Singerocybe alboinfundibuliformis (Seok, Yang S. Kim, K.M. Park, W.G. Kim, K.H. Yoo & I.C. Park) Zhu L. Yang, J. Qin & Har. Takah.
诸广山脉：汝城县，九龙江国家森林公园，标本号GDGM 55386。

木耳目 Auriculariales

木耳科 Auriculariaceae

木耳属 *Auricularia* Bull.

毛木耳 Auricularia cornea Ehrenb.
幕阜山脉：岳阳县，大云山国家森林公园，标本号GDGM 51101；九江市，中国科学院庐山植物园，标本号GDGM 56215。九岭山脉：万载县，九龙原始森林公园，标本号 GDGM51157；宜春市，官山国家级自然保护区，标本号

GDGM51222。武功山脉：萍乡市，武功山国家森林公园，标本号GDGM72313。万洋山脉：井冈山市，井冈山国家级自然保护区，标本号GDGM50317；衡东县，武家山森林公园，标本号GDGM51247。诸广山脉：汝城县，九龙江国家森林公园，标本号GDGM51710；桂东县，八面山国家级自然保护区，标本号GDGM51672。

皱木耳Auricularia delicata (Mont. ex Fr.) Henn.

诸广山脉：崇义县，阳岭国家森林公园，标本号GDGM50558、GDGM50602；汝城县，飞水寨景区，标本号GDGM50713；汝城县，九龙江国家森林公园，标本号GDGM51737。

黑木耳Auricularia heimuer F. Wu, B.K. Cui & Y.C. Dai

诸广山脉：资兴市，天鹅山国家森林公园，标本号GDGM52027。

刺银耳属*Pseudohydnum* P. Karst.

褐盖刺银耳Pseudohydnum brunneiceps Y.L. Chen, M.S. Su & L.P. Zhang

诸广山脉：崇义县，阳岭国家森林公园，标本号GDGM55584。

胶质刺银耳Pseudohydnum gelatinosum (Scop.) P. Karst.

幕阜山脉：平江县，幕阜山国家森林公园，标本号GDGM55431。万洋山脉：井冈山市，井冈山国家级自然保护区，标本号GDGM50316。

牛肝菌目Boletales

牛肝菌科Boletaceae

拟粉孢牛肝菌属*Abtylopilus* Yan C. Li & Zhu L. Yang

疣柄拟粉孢牛肝菌Abtylopilus scabrosus Yan C. Li & Zhu L. Yang

诸广山脉：汝城县，九龙江国家森林公园，标本号GDGM53375。

黑孔牛肝菌属*Anthracoporus* Yan C. Li & Zhu L. Yang

黑紫黑孔牛肝菌Anthracoporus nigropurpureus (Hongo) Y. C. Li & Zhu L. Yang

诸广山脉：桂东县，八面山国家级自然保护区，标本号GDGM52383；汝城县，九龙江国家森林公园，标本号GDGM53450。

金牛肝菌属*Aureoboletus* Pouzar

重孔金牛肝菌Aureoboletus duplicatoporus (M. Zang) G. Wu & Zhu L. Yang

诸广山脉：崇义县，阳岭国家森林公园，标本号GDGM53055、GDGM53134、GDGM53135、GDGM52898。

胶黏金牛肝菌Aureoboletus glutinosus Ming Zhang & T.H. Li

诸广山脉：汝城县，九龙江国家森林公园，标本号GDGM44477、GDGM44476。

长柄金牛肝菌Aureoboletus longicollis (Ces.) N.K. Zeng & Ming Zhang

诸广山脉：崇义县，阳岭国家森林公园，标本号GDGM53295。

小橙黄金牛肝菌Aureoboletus miniatoaurantiacus (C.S. Bi & Loh) Ming Zhang, N.K. Zeng & T.H. Li

诸广山脉：崇义县，阳岭国家森林公园，标本号GDGM53031、GDGM52881。

萝卜味金牛肝菌Aureoboletus raphanaceus Ming Zhang & T.H. Li

万洋山脉：井冈山市，井冈山国家级自然保护区，标本号GDGM52266。

红盖金牛肝菌Aureoboletus rubellus J.Y. Fang, G. Wu & K. Zhao

万洋山脉：茶陵县，云阳山国家森林公园，标本号GDGM52382；井冈山市，井冈山国家级自然保护区，标本号GDGM52376。

东方褐盖金牛肝菌Aureoboletus sinobadius Ming Zhang & T.H. Li

诸广山脉：汝城县，九龙江国家森林公园，标本号GDGM44730。

独生金牛肝菌Aureoboletus solus Ming Zhang & T.H. Li

幕阜山脉：九江市，中国科学庐山植物园，标本号GDGM53765。

毛柄金牛肝菌 **Aureoboletus velutipes** Ming Zhang & T.H. Li

万洋山脉：井冈山市，井冈山国家级自然保护区，标本号GDGM52409。

南方牛肝菌属 *Austroboletus* (Corner) Wolfe

纺锤孢南方牛肝菌 **Austroboletus fusisporus** (Kawam. ex Imazeki & Hongo) Wolfe

诸广山脉：汝城县，九龙江国家森林公园，标本号GDGM53410；崇义县，阳岭国家森林公园，标本号GDGM52690；桂东县，八面山国家级自然保护区，标本号GDGM52733。

条孢牛肝菌属 *Boletellus* Murrill

网盖条孢牛肝菌 **Boletellus areolatus** Hirot. Sato

诸广山脉：汝城县，九龙江国家森林公园，标本号GDGM53062。

黄肉条孢牛肝菌 **Boletellus aurocontextus** Hirot. Sato

诸广山脉：崇义县，阳岭国家森林公园，标本号GDGM52886。

金色条孢牛肝菌 **Boletellus chrysenteroides** (Snell) Snell

诸广山脉：汝城县，九龙江国家森林公园，标本号GDGM52000。

木生条孢牛肝菌 **Boletellus emodensis** (Berk.) Singer

诸广山脉：崇义县，阳岭国家森林公园，标本号GDGM53257。

隐纹条孢牛肝菌 **Boletellus indistinctus** G. Wu, Fang Li & Zhu L. Yang

诸广山脉：崇义县，阳岭国家森林公园，标本号GDGM54860。

牛肝菌属 *Boletus* L.

灰盖牛肝菌 **Boletus griseiceps** B. Feng, Y.Y. Cui, J.P. Xu & Zhu L. Yang

诸广山脉：崇义县，阳岭国家森林公园，标本号GDGM80826。

牛肝菌属未定种 **Boletus** sp.

诸广山脉：桂东县，八面山国家级自然保护区，标本号GDGM43224。

辣牛肝菌属 *Chalciporus* Bataille

辐射状辣牛肝菌 **Chalciporus radiatus** Ming Zhang & T.H. Li

诸广山脉：汝城县，九龙江国家森林公园，标本号GDGM50080。

裘氏牛肝菌属 *Chiua* Y.C. Li & Zhu L. Yang

绿盖裘氏牛肝菌 **Chiua viridula** Y.C. Li & Zhu L. Yang

幕阜山脉：岳阳县，大云山国家森林公园，标本号GDGM43442、GDGM51112。武功山脉：分宜县，庄岗岭公园，标本号GDGM54641。诸广山脉：汝城县，九龙江国家森林公园，标本号GDGM43300、GDGM53316、GDGM50079。

红褶牛肝菌属 *Erythrophylloporus* Ming Zhang & T.H. Li

红褶牛肝菌 **Erythrophylloporus cinnabarinus** Ming Zhang & T.H. Li

诸广山脉：汝城县，九龙江国家森林公园，标本号GDGM53332。

黏小牛肝菌属 *Fistulinella* Henn.

绿盖黏小牛肝菌 **Fistulinella olivaceoalba** T.H.G. Pham, Yan C. Li & O.V. Morozova

万洋山脉：井冈山市，井冈山国家级自然保护区，标本号GDGM54715。

庭院牛肝菌属 *Hortiboletus* Simonini, Vizzini & Gelardi

血色庭院牛肝菌 **Hortiboletus rubellus** (Krombh.) Simonini, Vizzini & Gelardi

武功山脉：鹰潭市，天门山景区，标本号GDGM46270、GDGM46269。

厚瓢牛肝菌属 *Hourangia* Xue T. Zhu & Zhu L. Yang

芝麻厚瓢牛肝菌 **Hourangia nigropunctata** (W.F. Chiu) Xue T. Zhu & Zhu L. Yang

幕阜山脉：岳阳县，大云山国家森林公园，标本号GDGM51056。万洋山脉：井冈山市，井冈山国家级自然保护区，标本号GDGM54675。

疣柄牛肝菌属 Leccinum Gray

褐疣柄牛肝菌 Leccinum scabrum (Bull.) Gray

诸广山脉：桂东县，八面山国家级自然保护区，标本号GDGM52400。

新牛肝菌属 Neoboletus Gelardi, Simonini & Vizzini

黄孔新牛肝菌 Neoboletus flavidus (G. Wu & Zhu L. Yang) N.K. Zeng, H. Chai & Zhi Q. Liang

诸广山脉：桂东县，八面山国家级自然保护区，标本号GDGM52616。

小绒盖牛肝菌属 Parvixerocomus G. Wu & Zhu L. Yang

青木氏小绒盖牛肝菌 Parvixerocomus aokii (Hongo) G. Wu, N.K. Zeng & Zhu L. Yang

万洋山脉：炎陵县，神农谷国家森林公园，标本号GDGM52210。诸广山脉：崇义县，阳岭国家森林公园，标本号GDGM52708；汝城县，九龙江国家森林公园，标本号GDGM50083、GDGM51741；桂东县，八面山国家级自然保护区，标本号GDGM51825。

褶孔牛肝菌属 Phylloporus Quél.

美丽褶孔牛肝菌 Phylloporus bellus (Massee) Corner

武功山脉：萍乡市，武功山国家森林公园，标本号GDGM72301、GDGM54209。

潞西褶孔牛肝菌 Phylloporus luxiensis M. Zang

幕阜山脉：平江县，幕阜山国家森林公园，标本号GDGM50819。

红果褶孔牛肝菌 Phylloporus rubiginosus M.A. Neves & Halling

诸广山脉：桂东县，八面山国家级自然保护区，标本号GDGM52325。

褶孔牛肝菌属未定种 Phylloporus sp.

诸广山脉：汝城县，九龙江国家森林公园，标本号GDGM53095。

粉末牛肝菌属 Pulveroboletus Murrill

褐糙粉末牛肝菌 Pulveroboletus brunneoscabrosus Har. Takah.

诸广山脉：汝城县，九龙江国家森林公园，标本号GDGM55163。

疸黄粉末牛肝菌 Pulveroboletus icterinus (Pat. & C.F. Baker) Watling

幕阜山脉：平江县，幕阜山国家森林公园，标本号GDGM52834。九岭山脉：浏阳市，石柱峰风景区，标本号GDGM51855。诸广山脉：桂东县，八面山国家级自然保护区，标本号GDGM52694。

网柄牛肝菌属 Retiboletus Manfr. Binder & Bresinsky

灰褐网柄牛肝菌 Retiboletus griseus (Frost) Manfr. Binder & Bresinsky

诸广山脉：桂东县，八面山国家级自然保护区，标本号GDGM51824。

卡夫曼网柄牛肝菌 Retiboletus kauffmanii (Lohwag) N.K. Zeng & Zhu L. Yang

诸广山脉：崇义县，阳岭国家森林公园，标本号GDGM53140。

黑网柄牛肝菌 Retiboletus nigrogriseus N.K. Zeng, S. Jiang & Zhi Q. Liang

诸广山脉：汝城县，九龙江国家森林公园，标本号GDGM54251。

假灰网柄牛肝菌 Retiboletus pseudogriseus N.K. Zeng & Zhu L. Yang

诸广山脉：崇义县，阳岭国家森林公园，标本号GDGM53282。

中华网柄牛肝菌 Retiboletus sinensis N.K. Zeng & Zhu L. Yang

诸广山脉：崇义县，阳岭国家森林公园，标本号GDGM53140。

洛腹菌属 Rossbeevera T. Lebel & Orihara

变蓝洛腹菌 Rossbeevera eucyanea Orihara

诸广山脉：崇义县，阳岭国家森林公园，标本号GDGM

54827。

罗扬牛肝菌属 *Royoungia* Castellano, Trappe & Malajczuk

灰盖罗扬牛肝菌 Royoungia grisea Y.C. Li & Zhu L. Yang
诸广山脉：汝城县，九龙江国家森林公园，标本号GDGM 44746。

红褐罗扬牛肝菌 *Royoungia rubina* Y.C. Li & Zhu L. Yang
诸广山脉：崇义县，阳岭国家森林公园，标本号GDGM 43232。

松塔牛肝菌属 *Strobilomyces* Berk.

刺头松塔牛肝菌 Strobilomyces echinocephalus Gelardi & Vizzini
诸广山脉：桂东县，八面山国家级自然保护区，标本号GDGM54949。

阔裂松塔牛肝菌 Strobilomyces latirimosus J.Z. Ying
诸广山脉：汝城县，九龙江国家森林公园，标本号GDGM 53313。

半裸松塔牛肝菌 Strobilomyces seminudus Hongo
诸广山脉：桂东县，八面山国家级自然保护区，标本号GDGM52378；资兴市，天鹅山国家森林公园，标本号GDGM52576。

异色牛肝菌属 *Sutorius* Halling, Nuhn & N.A. Fechner

茶褐异色牛肝菌 Sutorius brunneissimus (W.F. Chiu) G. Wu & Zhu L. Yang
九岭山脉：浏阳市，石柱峰风景区，标本号GDGM52954。诸广山脉：汝城县，九龙江国家森林公园，标本号GDGM 53380。

假粉孢异色牛肝菌 Sutorius pseudotylopilus Vadthanarat, Raspé & Lumyong
万洋山脉：茶陵县，云阳山国家森林公园，标本号GDGM 52389；井冈山市，井冈山国家级自然保护区，标本号GDGM 54761。诸广山脉：崇义县，阳岭国家森林公园，标本号GDGM53355。

粉孢牛肝菌属 *Tylopilus* P. Karst.

土色粉孢牛肝菌 Tylopilus argillaceus Hongo
诸广山脉：崇义县，阳岭国家森林公园，标本号GDGM 53407。

橙黄粉孢牛肝菌 Tylopilus aurantiacus Yan C. Li & Zhu L. Yang
诸广山脉：汝城县，九龙江国家森林公园，标本号GDGM 51946、GDGM52753；崇义县，阳岭国家森林公园，标本号GDGM52882。

红褐粉孢牛肝菌 Tylopilus brunneirubens (Corner) Watling & E. Turnbull
诸广山脉：汝城县，飞水寨景区，标本号GDGM43435。

暗紫粉孢牛肝菌 Tylopilus obscureviolaceus Har. Takah.
诸广山脉：汝城县，九龙江国家森林公园，标本号GDGM 81373。

大津粉孢牛肝菌 Tylopilus otsuensis Hongo
诸广山脉：崇义县，阳岭国家森林公园，标本号GDGM 53311；汝城县，九龙江国家森林公园，标本号GDGM53486。

亚绒盖牛肝菌属 *Xerocomellus* Šutara

红亚绒盖牛肝菌 Xerocomellus chrysenteron (Bull.) Šutara
诸广山脉：汝城县，九龙江国家森林公园，标本号GDGM 50087。

绒盖牛肝菌属 *Xerocomus* Quél.

绒盖牛肝菌 Xerocomus subtomentosus (L.) Quél.
万洋山脉：井冈山市，井冈山国家级自然保护区，标本号GDGM54820。

丽口菌科 Calostomataceae

丽口菌属 *Calostoma* Desv.

日本丽口菌 Calostoma japonicum Henn.
武功山脉：萍乡市，武功山国家森林公园，标本号GDGM 54876。九岭山脉：浏阳市，石柱峰风景区，标本号GDGM 52970。万洋山脉：炎陵县，神农谷国家森林公园，标本号GDGM52402、GDGM55113；井冈山市，井冈山国家级自然保护区，标本号GDGM52531。

中华红丽口菌Calostoma sinocinnabarinum N.K. Zeng, Chang Xu & Zhi Q. Liang

万洋山脉：井冈山市，井冈山国家级自然保护区，标本号GDGM51358、GDGM55035。诸广山脉：资兴市，天鹅山国家森林公园，标本号GDGM52361。

双囊菌科Diplocystidiaceae

硬皮地星属 *Astraeus* Morgan

硬皮地星Astraeus hygrometricus (Pers.) Morgan

幕阜山脉：平江县，幕阜山国家森林公园，标本号GDGM50987；九江市，中国科学院庐山植物园，标本号GDGM56265。武功山脉：萍乡市，武功山国家森林公园，标本号GDGM54895。诸广山脉：汝城县，九龙江国家森林公园，标本号GDGM51567；崇义县，阳岭国家森林公园，标本号GDGM52873；桂东县，八面山国家级自然保护区，标本号GDGM52575。

铆钉菇科Gomphidiaceae

铆钉菇属 *Gomphidius* Fr.

胶黏铆钉菇Gomphidius glutinosus (Schaeff.) Fr.

万洋山脉：炎陵县，神农谷国家森林公园，标本号GDGM50190。

近红铆钉菇Gomphidius subroseus Kauffman

诸广山脉：汝城县，九龙江国家森林公园，标本号GDGM55724。

圆孔牛肝菌科Gyroporaceae

圆孔牛肝菌属 *Gyroporus* Quél.

长囊体圆孔牛肝菌Gyroporus longicystidiatus Nagas. & Hongo

万洋山脉：炎陵县，神农谷国家森林公园，标本号GDGM52128。诸广山脉：汝城县，九龙江国家森林公园，标本号GDGM53500。

深褐圆孔牛肝菌Gyroporus memnonius N.K. Zeng, H.J. Xie & M.S. Su

武功山脉：萍乡市，武功山国家森林公园，标本号GDGM54866、GDGM54879。万洋山脉：炎陵县，神农谷国家森林公园，标本号GDGM55078。诸广山脉：崇义县，阳岭国家森林公园，标本号GDGM43438；汝城县，飞水寨景区，标本号GDGM51043。

帕拉姆吉特圆孔牛肝菌Gyroporus paramjitii K. Das, D. Chakraborty & Vizzini

万洋山脉：炎陵县，神农谷国家森林公园，标本号GDGM52188。

桩菇科 Paxillaceae

尿囊菌属 *Meiorganum* R. Heim

柯氏尿囊菌Meiorganum curtisii (Berk.) Singer, J. García & L.D. Gómez

万洋山脉：井冈山市，井冈山国家级自然保护区，标本号GDGM50379。诸广山脉：崇义县，阳岭国家森林公园，标本号GDGM50611；桂东县，八面山国家级自然保护区，标本号GDGM52544。

须腹菌科Rhizopogonaceae

须腹菌属 *Rhizopogon* Fr.

红根须腹菌Rhizopogon roseolus (Corda) Th. Fr.

诸广山脉：汝城县，九龙江国家森林公园，标本号GDGM53330。

硬皮马勃科Sclerodermataceae

硬皮马勃属 *Scleroderma* Pers.

马勃状硬皮马勃Scleroderma areolatum Ehrenb.

幕阜山脉：九江市，庐山南国家森林公园，标本号GDGM52523。九岭山脉：万载县，九龙原始森林公园，标本号GDGM51054。武功山脉：萍乡市，武功山国家森林公园，标本号GDGM54880。万洋山脉：井冈山市，井冈山国家级自然保护区，标本号GDGM50278；炎陵县，神农谷国家森林公园，标本号GDGM52248。

大孢硬皮马勃Scleroderma bovista Fr.

九岭山脉：万载县，九龙原始森林公园，标本号GDGM51195。

橙黄硬皮马勃**Scleroderma citrinum** Pers.

诸广山脉：汝城县，九龙江国家森林公园，标本号GDGM55884。

黄硬皮马勃**Scleroderma flavidum** Ellis & Everh.

九岭山脉：浏阳市，石柱峰风景区，标本号GDGM51185。万洋山脉：炎陵县，神农谷国家森林公园，标本号GDGM52158。诸广山脉：汝城县，九龙江国家森林公园青龙峡，标本号GDGM54106。

多根硬皮马勃**Scleroderma polyrhizum** (J.F. Gmel.) Pers.

武功山脉：萍乡市，武功山国家森林公园，标本号GDGM72261。诸广山脉：汝城县，九龙江国家森林公园，标本号GDGM50478。

干腐菌科Serpulaceae

干腐菌属*Serpula* (Pers.) Gray

伏果干腐菌**Serpula lacrymans** (Wulfen) J. Schröt.

诸广山脉：汝城县，飞水寨景区，标本号GDGM51041。

乳牛肝菌科Suillaceae

小牛肝菌属*Boletinus* Kalchbr.

小斑柄小牛肝菌**Boletinus punctatipes** Snell & E.A. Dick

万洋山脉：炎陵县，神农谷国家森林公园，标本号GDGM50153。

乳牛肝菌属*Suillus* Gray

黏盖乳牛肝菌**Suillus bovinus** (Pers.) Roussel

诸广山脉：桂东县，八面山国家级自然保护区，标本号GDGM52230。

点柄乳牛肝菌 **Suillus granulatus** (L.) Roussel

幕阜山脉：岳阳县，大云山国家森林公园，标本号GDGM51137。

褐环乳牛肝菌**Suillus luteus** (L.) Roussel

幕阜山脉：九江市，中国科学院庐山植物园，标本号GDGM50122。九岭山脉：宜春市，明月山国家森林公园，标本号GDGM50156。万洋山脉：炎陵县，桃源洞国家级自然保护区，标本号GDGM50157。

塔氏菌科Tapinellaceae

塔氏菌属*Tapinella* E.-J. Gilbert

黑毛塔氏菌**Tapinella atrotomentosa** (Batsch) Šutara

诸广山脉：汝城县，九龙江国家森林公园，标本号GDGM51945。

鸡油菌目Cantharellales

锁瑚菌科Clavulinaceae

锁瑚菌属*Clavulina* J. Schröt.

珊瑚状锁瑚菌**Clavulina coralloides** (L.) J. Schröt.

诸广山脉：汝城县，九龙江国家森林公园，标本号GDGM51551；桂东县，三台山森林公园，标本号GDGM51320；桂东县，八面山国家级自然保护区，标本号GDGM52423。

齿菌科Hydnaceae

鸡油菌属*Cantharellus* Adans. ex Fr.

杏味鸡油菌**Cantharellus anzutake** W. Ogawa, N. Endo, M. Fukuda & A. Yamada

九岭山脉：浏阳市，大围山国家森林公园，标本号GDGM42065。

华南鸡油菌**Cantharellus austrosinensis** Ming Zhang, C.Q. Wang & T.H. Li

万洋山脉：井冈山市，井冈山国家级自然保护区，标本号GDGM51652；茶陵县，云阳山国家森林公园，标本号GDGM51953。

淡蜡黄鸡油菌**Cantharellus cerinoalbus** Eyssart. & Walleyn

诸广山脉：汝城县，九龙江国家森林公园，标本号GDGM53047。

菊黄鸡油菌**Cantharellus chrysanthus** Ming Zhang, C.Q. Wang & T.H. Li

诸广山脉：汝城县，九龙江国家森林公园，标本号GDGM52022、GDGM53485。

凸盖鸡油菌**Cantharellus convexus** Ming Zhang & T.H. Li

诸广山脉：汝城县，九龙江国家森林公园，标本号GDGM

54841。

角质鸡油菌Cantharellus cuticulatus Corner

诸广山脉：汝城县，九龙江国家森林公园，标本号GDGM75908。

鞘状鸡油菌Cantharellus vaginatus S.C. Shao, X.F. Tian & P.G. Liu

诸广山脉：崇义县，阳岭国家森林公园，标本号GDGM80779、GDGM80775。

喇叭菌属 *Craterellus* Pers.

黄喇叭菌Craterellus luteus T.H. Li & X.R. Zhong

诸广山脉：汝城县，九龙江国家森林公园，标本号GDGM50514。

管形喇叭菌（参照种）Craterellus cf. tubaeformis (Fr.) Quél.

万洋山脉：井冈山市，井冈山国家级自然保护区，标本号GDGM50329。诸广山脉：汝城县，九龙江国家森林公园，标本号GDGM50482、GDGM53447、GDGM53516。

地衣棒瑚菌属 *Multiclavula* R.H. Petersen

中华地衣棒瑚菌Multiclavula sinensis R.H. Petersen & M. Zang

幕阜山脉：岳阳县，大云山国家森林公园，标本号GDGM51075。诸广山脉：桂东县，三台山森林公园，标本号GDGM51377。

地星目Geastrales

地星科Geastraceae

地星属 *Geastrum* Pers.

木生地星Geastrum mirabile Mont.

诸广山脉：桂东县，八面山国家级自然保护区，标本号GDGM51675。

袋型地星Geastrum saccatum Fr.

九岭山脉：浏阳市，大围山国家森林公园，标本号GDGM52702。

尖顶地星Geastrum triplex Jungh.

万洋山脉：井冈山市，井冈山国家级自然保护区，标本号GDGM54693。

褐褶菌目Gloeophyllales

褐褶菌科Gloeophyllaceae

黏褶菌属 *Gloeophyllum* P. Karst.

深褐黏褶菌Gloeophyllum sepiarium (Wulfen) P. Karst.

万洋山脉：炎陵县，神农谷国家森林公园，标本号GDGM50226；茶陵县，云阳山国家森林公园，标本号GDGM52562；衡东县，武家山森林公园，标本号GDGM50930。诸广山脉：汝城县，九龙江国家森林公园，标本号GDGM50487。

条纹黏褶菌Gloeophyllum striatum (Fr.) Murrill

万洋山脉：炎陵县，神农谷国家森林公园，标本号GDGM50172。

褐黏褶菌Gloeophyllum subferrugineum (Berk.) Bondartsev & Singer

万洋山脉：炎陵县，神农谷国家森林公园，标本号GDGM50218。

新香菇属 *Neolentinus* Redhead & Ginns

洁丽新香菇Neolentinus lepideus (Fr.) Redhead & Ginns

诸广山脉：汝城县，九龙江国家森林公园，标本号GDGM50489。

钉菇目Gomphales

钉菇科Gomphaceae

枝瑚菌属 *Ramaria* Fr. ex Bonord.

金黄枝瑚菌 Ramaria aurea (Schaeff.) Quél.

万洋山脉：井冈山市，井冈山国家级自然保护区，标本号GDGM50009。

小孢白枝瑚菌Ramaria flaccida (Fr.) Bourdot

万洋山脉：遂川县，白水仙风景区，标本号GDGM50534。

锈革孔菌目Hymenochaetales

锈革菌科Hymenochaetaceae

集毛孔菌属Coltricia Gray

肉桂集毛孔菌Coltricia cinnamomea (Jacq.) Murrill

万洋山脉：井冈山市，井冈山国家级自然保护区，标本号GDGM50016。

厚集毛孔菌Coltricia crassa Y.C. Dai

幕阜山脉：平江县，幕阜山国家森林公园，标本号GDGM53230。九岭山脉：浏阳市，石柱峰风景区，标本号GDGM51181。万洋山脉：井冈山市，井冈山国家级自然保护区，标本号GDGM50892，炎陵县，神农谷国家森林公园，标本号GDGM52307。诸广山脉：资兴市，天鹅山国家森林公园，标本号GDGM52342；汝城县，九龙江国家森林公园，标本号GDGM53505。

多年集毛孔菌Coltricia perennis (L.) Murrill

幕阜山脉：平江县，幕阜山国家森林公园，标本号GDGM52768。九岭山脉：浏阳市，石柱峰风景区，标本号GDGM52959。武功山脉：萍乡市，武功山国家森林公园，标本号GDGM55734。万洋山脉：井冈山市，井冈山国家级自然保护区，标本号GDGM50335，炎陵县，神农谷国家森林公园，标本号GDGM50168；茶陵县，云阳山国家森林公园，标本号GDGM52507。诸广山脉：汝城县，九龙江国家森林公园，标本号GDGM51986；桂东县，八面山国家级自然保护区，标本号GDGM50472；资兴市，天鹅山国家森林公园，标本号GDGM52364。

喜红集毛孔菌Coltricia pyrophila (Wakef.) Ryvarden

九岭山脉：浏阳市，石柱峰风景区，标本号GDGM51884。诸广山脉：汝城县，九龙江国家森林公园，标本号GDGM51525；资兴市，天鹅山国家森林公园，标本号GDGM52279。

铁色集毛孔菌Coltricia sideroides (Lév.) Teng

万洋山脉：炎陵县，神农谷国家森林公园，标本号GDGM52150。诸广山脉：汝城县，九龙江国家森林公园，标本号GDGM52176。

刺柄集毛孔菌Coltricia strigosipes Corner

万洋山脉：井冈山市，井冈山国家级自然保护区，标本号GDGM51369。诸广山脉：桂东县，八面山国家级自然保护区，标本号GDGM51584。

近多年生集毛菌Coltricia subperennis (Z.S. Bi & G.Y. Zheng) G.Y. Zheng & Z.S. Bi

诸广山脉：崇义县，阳岭国家森林公园，标本号GDGM54086。

糙丝集毛孔菌Coltricia verrucata Aime, T.W. Henkel & Ryvarden

万洋山脉：井冈山市，井冈山国家级自然保护区，标本号GDGM50997、GDGM54773。

魏氏集毛孔菌Coltricia weii Y.C. Dai

万洋山脉：炎陵县，神农谷国家森林公园，标本号GDGM52075；茶陵县，云阳山国家森林公园，标本号GDGM52606。诸广山脉：桂东县，八面山国家级自然保护区，标本号GDGM52207；汝城县，九龙江国家森林公园，标本号GDGM51758；崇义县，阳岭国家森林公园，标本号GDGM52904；资兴市，天鹅山国家森林公园，标本号GDGM51966。

小集毛孔菌属Coltriciella Murrill

小集毛孔菌属未定种Coltriciella sp.

幕阜山脉：平江县，幕阜山国家森林公园，标本号GDGM52789。九岭山脉：浏阳市，石柱峰风景区，标本号GDGM51911。

锈革菌属Hymenochaete Lév.

毛锈革菌（参照种）Hymenochaete cf. villosa (Lév.) Bres.

武功山脉：萍乡市，武功山国家森林公园，标本号GDGM54152。

卷边锈革菌（参照种）Hymenochaete cf. yasudae Imazeki

幕阜山脉：九江市，庐山山南国家森林公园，标本号GDGM53732。

环褶孔菌属Hymenochaetopsis S.H. He & Jiao Yang

纵褶环褶孔菌Hymenochaetopsis lamellata (Y.C. Dai & Niemelä) S.H. He & Jiao Yang

万洋山脉：炎陵县，神农谷国家森林公园，标本号GDGM50195。

核纤孔菌属 *Inocutis* Fiasson & Niemelä

杨生核纤孔菌 Inocutis rheades (Pers.) Fiasson & Niemelä

武功山脉：萍乡市，武功山国家森林公园，标本号GDGM54167。

纤孔菌属 *Inonotus* P. Karst.

粗毛纤孔菌 Inonotus hispidus (Bull.) P. Karst.

万洋山脉：炎陵县，神农谷国家森林公园，标本号GDGM52398。诸广山脉：崇义县，阳岭国家森林公园，标本号GDGM53119。

辐射状纤孔菌 Inonotus radiatus (Sowerby) P. Karst.

万洋山脉：炎陵县，神农谷国家森林公园，标本号GDGM50189。

木层孔菌属 *Phellinus* Quél.

贝形木层孔菌 Phellinus conchatus (Pers.) Quél.

幕阜山脉：九江市，中国科学院庐山植物园，标本号GDGM53528。

淡黄木层孔菌 Phellinus gilvus (Schwein.) Pat.

万洋山脉：炎陵县，神农谷国家森林公园，标本号GDGM52411。

金平木层孔菌 Phellinus kanehirae (Yasuda) Ryvarden

诸广山脉：汝城县，九龙江国家森林公园青龙峡，标本号GDGM54154。

平滑木层孔菌 Phellinus laevigatus (P. Karst.) Bourdot & Galzin

幕阜山脉：九江市，庐山山南国家森林公园，标本号GDGM53538。

宽棱木层孔菌 Phellinus torulosus (Pers.) Bourdot & Galzin

万洋山脉：遂川县，白水仙风景区，标本号GDGM50530。

山野针层孔菌 Phellinus yamanoi (Imazeki) Parmasto

诸广山脉：崇义县，阳岭国家森林公园，标本号GDGM50576。

桑黄属 *Sanghuangporus* Sheng H. Wu, L.W. Zhou & Y.C. Dai

桑黄 Sanghuangporus sanghuang (Sheng H. Wu, T. Hatt. & Y.C. Dai) Sheng H. Wu, L.W. Zhou & Y.C. Dai

万洋山脉：井冈山市，井冈山国家级自然保护区，标本号GDGM50114。

附毛孔菌属 *Trichaptum* Murrill

冷杉附毛孔菌 Trichaptum abietinum (Pers. ex J.F. Gmel.) Ryvarden

幕阜山脉：平江县，幕阜山国家森林公园，标本号GDGM51018、GDGM51264；九江市，庐山山南国家森林公园，标本号GDGM53550；岳阳县，大云山国家森林公园，标本号GDGM50820。九岭山脉：浏阳市，石柱峰风景区，标本号GDGM52289；浏阳市，大围山国家森林公园，标本号GDGM55505。万洋山脉：井冈山市，井冈山国家级自然保护区，标本号GDGM50408；衡东县，武家山森林公园，标本号GDGM51290。诸广山脉：桂东县，三台山森林公园，标本号GDGM51307；汝城县，九龙江国家森林公园，标本号GDGM51555；崇义县，阳岭国家森林公园，标本号GDGM52558。

二型附毛孔菌 Trichaptum biforme (Fr.) Ryvarde

万洋山脉：井冈山市，井冈山国家级自然保护区，标本号GDGM50349；遂川县，白水仙风景区，标本号GDGM50539。诸广山脉：汝城县，九龙江国家森林公园，标本号GDGM50488；崇义县，阳岭国家森林公园，标本号GDGM50556。

伯氏附毛孔菌 Trichaptum brastagii (Corner) T. Hatt.

万洋山脉：炎陵县，神农谷国家森林公园，标本号GDGM50191。

毛囊附毛孔菌 Trichaptum byssogenum (Jungh.) Ryvarden

幕阜山脉：九江市，中国科学院庐山植物园，标本号GDGM53593。

硬附毛孔菌 Trichaptum durum (Jungh.) Corner

万洋山脉：炎陵县，神农谷国家森林公园，标本号GDGM50219。

褐紫附毛孔菌**Trichaptum fuscoviolaceum** (Ehrenb.) Ryvarden

幕阜山脉：九江市，庐山山南国家森林公园，标本号GDGM53748。万洋山脉：井冈山市，井冈山国家级自然保护区，标本号GDGM56188。诸广山脉：汝城县，九龙江国家森林公园，标本号GDGM51564。

桦附毛孔菌**Trichaptum pargamenum** (Fr.) G. Cunn.

幕阜山脉：九江市，庐山山南国家森林公园，标本号GDGM53703。

瘦脐菇科Rickenellaceae

瘦脐菇属*Rickenella* Raithelh.

瘦脐菇**Rickenella fibula** (Bull.) Raithelh.

万洋山脉：井冈山市，井冈山国家级自然保护区，标本号GDGM44346。

裂孔菌科Schizoporaceae

丝齿菌属*Hyphodontia* J. Erikss.

热带丝齿菌**Hyphodontia tropica** Sheng H. Wu

幕阜山脉：平江县，幕阜山国家森林公园，标本号GDGM50939。

粉软卧孔菌属*Poriodontia* Parmasto

粉软卧孔菌（参照种）**Poriodontia cf. subvinosa** Parmasto

万洋山脉：井冈山市，井冈山国家级自然保护区，标本号GDGM50682。

科地位未定类群Incertae sedis

杯革菌属*Cotylidia* P. Karst.

克玛波杯革菌（参照种）**Cotylidia cf. komabensis** (Henn.) D.A. Reid

九岭山脉：浏阳市，石柱峰风景区，标本号GDGM50748。

锐孔菌属*Oxyporus* (Bourdot & Galzin) Donk

楔囊锐孔菌**Oxyporus cuneatus** (Murrill) Aoshima

幕阜山脉：岳阳县，大云山国家森林公园，标本号GDGM50625。

鬼笔目Phallales

鬼笔科Phallaceae

尾花菌属*Clathrus* P. Micheli ex L.

尾花菌**Clathrus archeri** (Berk.) Dring

万洋山脉：井冈山市，井冈山国家级自然保护区，标本号GDGM50010。

考巴菌属*Kobayasia* S. Imai & A. Kawam.

小林块腹菌**Kobayasia nipponica** (Kobayasi) S. Imai & A. Kawam.

诸广山脉：汝城县，九龙江国家森林公园，标本号GDGM51809。

鬼笔属*Phallus* Junius ex L.

暗棘托竹荪**Phallus fuscoechinovolvatus** T.H. Li, B. Song & T. Li

诸广山脉：汝城县，九龙江国家森林公园，标本号GDGM80769。

纯黄竹荪**Phallus luteus** (Liou & L. Hwang) T. Kasuya

万洋山脉：井冈山市，井冈山国家级自然保护区，标本号GDGM50371。

硬裙竹荪**Phallus rigidiindusiatus** T. Li, T.H. Li & W.Q. Deng

诸广山脉：汝城县，九龙江国家森林公园，标本号GDGM54237。

三叉鬼笔属*Pseudocolus* Lloyd

纺锤三叉鬼笔 **Pseudocolus fusiformis** (E. Fisch.) Lloyd

万洋山脉：炎陵县，桃源洞国家级自然保护区，标本号GDGM51633。

多孔菌目Polyporales

齿毛菌科Cerrenaceae

齿毛菌属*Cerrena* Gray

环带齿毛菌**Cerrena zonata** (Berk.) H.S. Yuan

幕阜山脉：平江县，幕阜山国家森林公园，标本号GDGM50630。

泪孔菌科 Dacryobolaceae

波斯特孔菌属 *Postia* Fr.

灰白波斯特孔菌 Postia tephroleuca (Fr.) Jülich

幕阜山脉：平江县，幕阜山国家森林公园，标本号GDGM50834。

纤维孔菌科 Fibroporiaceae

纤维孔菌属 *Fibroporia* Parmasto

根状纤维孔菌 Fibroporia radiculosa (Peck) Parmasto

九岭山脉：浏阳市，石柱峰风景区，标本号GDGM50739、GDGM50767。

拟层孔菌科 Fomitopsidaceae

薄孔菌属 *Antrodia* P. Karst.

田中薄孔菌 Antrodia tanakae (Murrill) Spirin & Miettinen

幕阜山脉：平江县，幕阜山国家森林公园，标本号GDGM50831。

迷孔菌属 *Daedalea* Pers.

灰白迷孔菌 Daedalea incana (P. Karst.) Sacc. & D. Sacc.

万洋山脉：井冈山市，井冈山国家级自然保护区，标本号GDGM52664。

拟层孔菌属 *Fomitopsis* P. Karst.

马尾松拟层孔菌 Fomitopsis massoniana B.K. Cui, M.L. Han & Shun Liu

万洋山脉：炎陵县，神农谷国家森林公园，标本号GDGM55007；井冈山市，井冈山国家级自然保护区，标本号GDGM50297。诸广山脉：崇义县，阳岭国家森林公园，标本号GDGM54801；汝城县，九龙江国家森林公园，标本号GDGM51976。

灵芝科 Ganodermataceae

灵芝属 *Ganoderma* P. Karst.

南方灵芝 Ganoderma australe (Fr.) Pat.

幕阜山脉：九江市，庐山山南国家森林公园，标本号GDGM52827；通山县，九宫山国家级自然保护区，标本号GDGM53737。武功山脉：萍乡市，武功山，标本号GDGM55001。万洋山脉：井冈山市，井冈山国家级自然保护区，标本号GDGM50425；炎陵县，神农谷国家森林公园，标本号GDGM55083；茶陵县，云阳山国家森林公园，标本号GDGM52287、GDGM52477；遂川，白水仙风景区，标本号GDGM50102。诸广山脉：桂东县，三台山森林公园，标本号GDGM51338、GDGM51317；汝城县，飞水寨景区，标本号GDGM50730；崇义县，阳岭国家森林公园，标本号GDGM52486、GDGM50058。

弯柄灵芝 Ganoderma flexipes Pat.

万洋山脉：井冈山市，井冈山国家级自然保护区，标本号GDGM50140。诸广山脉：汝城县，九龙江国家森林公园，标本号GDGM51989。

灵芝 Ganoderma lingzhi Sheng H. Wu, Y. Cao & Y.C. Dai

万洋山脉：炎陵县，神农谷国家森林公园，标本号GDGM50159、GDGM50160。

紫芝 Ganoderma sinense J.D. Zhao, L.W. Hsu & X.Q. Zhang

诸广山脉：桂东县，八面山国家级自然保护区，标本号GDGM50105。

血芝属 *Sanguinoderma* Y.F. Sun, D.H. Costa & B.K. Cui

血芝 Sanguinoderma rugosum (Blume & T. Nees) Y.F. Sun, D.H. Costa & B.K. Cui

诸广山脉：崇义县，阳岭国家森林公园，标本号GDGM55658、GDGM51404；汝城县，九龙江国家森林公园，标本号GDGM51520。

皮孔菌科 Incrustoporiaceae

干皮孔菌属 *Skeletocutis* Kotl. & Pouzar

白干皮孔菌 Skeletocutis nivea (Jungh.) Jean Keller

幕阜山脉：平江县，幕阜山国家森林公园，标本号GDGM50672。

干酪菌属 *Tyromyces* P. Karst.

薄皮干酪菌 Tyromyces chioneus (Fr.) P. Karst.

万洋山脉：井冈山市，井冈山国家级自然保护区，标本号GDGM50341；炎陵县，神农谷国家森林公园，标本号GDGM52379；炎陵县，桃源洞国家级自然保护区，标本号GDGM55379。诸广山脉：桂东县，八面山国家级自然保护区，标本号GDGM51668；崇义县，阳岭国家森林公园，标本号GDGM51624。

薄皮干酪菌（参照种）**Tyromyces cf. chioneus** (Fr.) P. Karst.

幕阜山脉：平江县，幕阜山国家森林公园，标本号GDGM55285。九岭山脉：浏阳市，大围山国家森林公园，标本号GDGM55346。

毛蹄干酪菌Tyromyces galactinus (Berk.) J. Lowe

九岭山脉：万载县，九龙原始森林公园，标本号GDGM51046。万洋山脉：井冈山市，井冈山国家级自然保护区，标本号GDGM50984。

耙齿菌科Irpicaceae

棉絮干朽菌属*Byssomerulius* Parmasto

革棉絮干朽菌Byssomerulius corium (Pers.) Parmasto

幕阜山脉：九江市，中国科学院庐山植物园，标本号GDGM53655；平江县，幕阜山国家森林公园，标本号GDGM53524。九岭山脉：浏阳市，石柱峰风景区，标本号GDGM52177。

黏孔菌属*Gloeoporus* Mont.

二色黏孔菌 Gloeoporus dichrous (Fr.) Bres.

万洋山脉：衡东县，武家山森林公园，标本号GDGM50931。

耙齿菌属*Irpex* Fr.

鲑贝耙齿菌Irpex consors Berk.

幕阜山脉：平江县，幕阜山国家森林公园，标本号GDGM55279。万洋山脉：炎陵县，桃源洞国家级自然保护区，标本号GDGM55394；炎陵县，神农谷国家森林公园，标本号GDGM50163。诸广山脉：汝城县，九龙江国家森林公园，标本号GDGM51762；汝城县，飞水寨景区，标本号GDGM50728。

黄囊耙齿菌Irpex flavus (Jungh.) Kalchbr.

万洋山脉：炎陵县，桃源洞国家级自然保护区，标本号GDGM55205。

炮孔菌科Laetiporaceae

炮孔菌属*Laetiporus* Murrill

奶油炮孔菌Laetiporus cremeiporus Y. Ota & T. Hatt.

诸广山脉：汝城县，九龙江国家森林公园，标本号GDGM51579。

炮孔菌Laetiporus sulphureus (Bull.) Murrill

万洋山脉：炎陵县，桃源洞国家级自然保护区，标本号GDGM54252。

变孢炮孔菌Laetiporus versisporus (Lloyd) Imazeki

九岭山脉：宜春市，明月山国家森林公园，标本号GDGM51359。

环纹炮孔菌Laetiporus zonatus B.K. Cui & J. Song

幕阜山脉：岳阳县，大云山国家森林公园，标本号GDGM51092。武功山脉：萍乡市，武功山国家森林公园，标本号GDGM54890。

皱孔菌科Meruliaceae

烟管菌属*Bjerkandera* P. Karst.

烟管菌Bjerkandera adusta (Willd.) P. Karst.

幕阜山脉：九江市，庐山山南国家森林公园，标本号GDGM53831。九岭山脉：浏阳市，大围山国家森林公园，标本号GDGM55509。武功山脉：萍乡市，武功山国家森林公园，标本号GDGM54952。万洋山脉：炎陵县，神农谷国家森林公园，标本号GDGM55057；井冈山市，井冈山风景名胜区，标本号GDGM54738；茶陵县，云阳山国家森林公园，标本号GDGM52265。诸广山脉：桂东县，八面山国家级自然保护区，标本号GDGM52743；汝城县，九龙江国家森林公园，标本号GDGM50508；崇义县，阳岭国家森林公园，标本号GDGM50838。

射脉革菌属*Phlebia* Fr.

胶质射脉革菌 Phlebia tremellosa (Schrad.) Nakasone & Burds.

幕阜山脉：平江县，幕阜山国家森林公园，标本号GDGM55280。

革耳科 Panaceae

波边革菌属 *Cymatoderma* Jungh.

优雅波边革菌 Cymatoderma elegans Jungh.

诸广山脉：崇义县，阳岭国家森林公园，标本号GDGM50578。

革耳属 *Panus* Fr.

贝壳状革耳 Panus conchatus (Bull.) Fr.

万洋山脉：衡东县，武家山森林公园，标本号GDGM50859。

褐绒革耳 Panus fulvus (Berk.) Pegler & R.W. Rayner

万洋山脉：遂川县，白水仙风景区，标本号GDGM50538。

新粗毛革耳 Panus neostrigosus Drechsler-Santos & Wartchow

武功山脉：宣风镇，万龙山乡，标本号GDGM55606。万洋山脉：衡东县，武家山森林公园，标本号GDGM50643。

野生革耳 Panus rudis Fr.

万洋山脉：衡东县，武家山森林公园，标本号GDGM51249。

平革菌科 Phanerochaetaceae

蓝伏革菌属 *Terana* Adans.

蓝伏革菌 Terana coerulea (Lam.) Kuntze

武功山脉：萍乡市，武功山国家森林公园，标本号GDGM54199。九岭山脉：浏阳市，石柱峰风景区，标本号GDGM52937。

多孔菌科 Polyporaceae

蜡孔菌属 *Cerioporus* Quél.

韧革菌状蜡孔菌 Cerioporus stereoides (Fr.) Zmitr. & Kovalenko

诸广山脉：汝城县，飞水寨景区，标本号GDGM56306。

灰蓝孔菌属 *Cyanosporus* McGinty

灰蓝孔菌 Cyanosporus caesius (Schrad.) McGinty

万洋山脉：炎陵县，桃源洞国家级自然保护区，标本号GDGM55530。

拟迷孔菌属 *Daedaleopsis* J. Schröt.

裂拟迷孔菌 Daedaleopsis confragosa (Bolton) J. Schröt.

幕阜山脉：平江县，幕阜山国家森林公园，标本号GDGM51790。九岭山脉：宜春市，明月山国家森林公园，标本号GDGM50685。

中国拟迷孔菌 Daedaleopsis sinensis (Lloyd) Y.C. Dai

万洋山脉：炎陵县，神农谷国家森林公园，标本号GDGM50205。

三色拟迷孔菌 Daedaleopsis tricolor (Bull.) Bondartsev & Singer

九岭山脉：浏阳市，大围山国家森林公园，标本号GDGM55504。

俄氏孔菌属 *Earliella* Murrill

红贝俄氏孔菌 Earliella scabrosa (Pers.) Gilb. & Ryvarden

万洋山脉：衡东县，武家山森林公园，标本号GDGM51233；井冈山市，井冈山风景名胜区，标本号GDGM54723。

棱孔菌属 *Favolus* P. Beauv.

光盖棱孔菌 Favolus tenuiculus P. Beauv.

万洋山脉：炎陵县，神农谷国家森林公园，标本号GDGM50217；井冈山市，井冈山国家级自然保护区，标本号GDGM50691。

层孔菌属 *Fomes* (Fr.) Fr.

木蹄层孔菌 Fomes fomentarius (L.) J.J. Kickx

幕阜山脉：九江市，中国科学院庐山植物园，标本号GDGM53559。

全缘孔菌属 *Haploporus* Bondartsev & Singer

宽孢全缘孔菌（参照种）Haploporus cf. latisporus Juan Li & Y.C. Dai

幕阜山脉：九江市，中国科学院庐山植物园，标本号GDGM53542。

蜂窝孔属 *Hexagonia* Pollini

薄蜂窝孔菌 Hexagonia tenuis (Hook.) Fr.

幕阜山脉：平江县，幕阜山国家森林公园，标本号GDGM

53603。

香菇属 *Lentinus* Fr.

漏斗多孔菌 Lentinus arcularius (Batsch) Zmitr

万洋山脉：炎陵县，桃源洞国家级自然保护区，标本号GDGM50301；炎陵县，神农谷国家森林公园，标本号GDGM50308。诸广山脉：桂阳县，洋市镇，标本号GDGM44372。

翘鳞香菇 Lentinus squarrosulus Mont.

万洋山脉：衡东县，武家山森林公园，标本号GDGM51260。诸广山脉：汝城县，九龙江国家森林公园，标本号GDGM50486；崇义县，阳岭国家森林公园，标本号GDGM52540；汝城县，飞水寨景区，标本号GDGM50711、GDGM50708。

革裥菌属 *Lenzites* Fr.

桦革裥菌 Lenzites betulina (L.) Fr.

幕阜山脉：九江市，庐山，标本号GDGM56272。武功山脉：萍乡市，武功山国家森林公园，标本号GDGM54189。万洋山脉：炎陵县，神农谷国家森林公园，标本号GDGM50209。诸广山脉：汝城县，九龙江国家森林公园，标本号GDGM50495。

宽褶革裥菌 Lenzites platyphylla Lév.

万洋山脉：炎陵县，神农谷国家森林公园，标本号GDGM50170。

三色革裥菌 Lenzites tricolor (Bull.) Fr.

九岭山脉：浏阳市，大围山国家森林公园，标本号GDGM55350。

大革裥菌 Lenzites vespacea (Pers.) Pat.

幕阜山脉：平江县，幕阜山国家森林公园，标本号GDGM50975。万洋山脉：衡东县，武家山森林公园，标本号GDGM51286。

大孢孔菌属 *Megasporia* B.K. Cui, Y.C. Dai & Hai J. Li

大孢孔菌 Megasporia major (G.Y. Zheng & Z.S. Bi) B.K. Cui & Hai J. Li

万洋山脉：井冈山市，井冈山国家级自然保护区，标本号GDGM50282。诸广山脉：桂东县，八面山国家级自然保护区，标本号GDGM52756。

小孔菌属 *Microporus* P. Beauv.

近缘小孔菌 Microporus affinis (Blume & T. Nees) Kuntze

万洋山脉：炎陵县，神农谷国家森林公园，标本号GDGM55029；炎陵县，桃源洞国家级自然保护区，标本号GDGM55121；井冈山市，井冈山国家级自然保护区，标本号GDGM50271。诸广山脉：崇义县，阳岭国家森林公园，标本号GDGM52853、GDGM53405；汝城县，九龙江国家森林公园，标本号GDGM53446、GDGM51956。

扇形小孔菌（参照种）Microporus cf. flabelliformis (Fr.) Pat.

万洋山脉：井冈山市，井冈山国家级自然保护区，标本号GDGM50037。诸广山脉：汝城县，九龙江国家森林公园，标本号GDGM50509。

拟近缘小孔菌 Microporus subaffinis (Lloyd) Imazeki

万洋山脉：井冈山市，井冈山国家级自然保护区，标本号GDGM50989。诸广山脉：崇义县，阳岭国家森林公园，标本号GDGM51443。

褐扇小孔菌 Microporus vernicipes (Berk.) Kuntze

武功山脉：萍乡市，武功山国家森林公园，标本号GDGM54164。万洋山脉：井冈山市，井冈山国家级自然保护区，标本号GDGM50909。诸广山脉：崇义县，阳岭国家森林公园，标本号GDGM51418。

黄褐小孔菌 Microporus xanthopus (Fr.) Kuntze

幕阜山脉：九江市，庐山山南国家森林公园，标本号GDGM52526。万洋山脉：井冈山市，井冈山国家级自然保护区，标本号GDGM50321、GDGM50358；茶陵县，云阳山国家森林公园，标本号GDGM52384；炎陵县，神农谷国家森林公园，标本号GDGM50202；遂川县，白水仙风景区，标本号GDGM50541。诸广山脉：崇义县，阳岭国家森林公园，标本号GDGM53039、GDGM52924；桂东县，八面山国家级自然保护区，标本号GDGM52066；汝城县，九龙江国家森林公园，标本号GDGM51987。

新棱孔菌属 *Neofavolus* Sotome & T. Hatt.

囊泡新孔菌 Neofavolus alveolaris (DC.) Sotome & T. Hatt.

诸广山脉：桂东县，八面山国家级自然保护区，标本号GDGM52706。

多年卧孔菌属 *Perenniporia* Murrill

白蜡多年卧孔菌 Perenniporia fraxinea (Bull.) Ryvarden

幕阜山脉：平江县，幕阜山国家森林公园，标本号GDGM51683。诸广山脉：桂东县，八面山国家级自然保护区，标本号GDGM51829。

骨质多年卧孔菌 Perenniporia minutissima (Yasuda) T. Hatt. & Ryvarden

幕阜山脉：平江县，幕阜山国家森林公园，标本号GDGM51820。武功山脉：分宜县，石门寨县级自然保护区，标本号GDGM54631。诸广山脉：汝城县，飞水寨景区，标本号GDGM53944。

白赭多年卧孔菌 Perenniporia ochroleuca (Berk.) Ryvarden

九岭山脉：宜春市，官山国家级自然保护区，标本号GDGM50799。武功山脉：萍乡市，武功山国家森林公园，标本号GDGM54977。万洋山脉：炎陵县，神农谷国家森林公园，标本号GDGM52348；井冈山市，井冈山国家级自然保护区，标本号GDGM54745；遂川县，白水仙风景区，标本号GDGM50526。

俄亥俄多年卧孔菌 Perenniporia ohiensis (Berk.) Ryvarden

万洋山脉：井冈山市，井冈山国家级自然保护区，标本号GDGM50268。

多孔菌属 *Polyporus* P. Micheli ex Adans.

褐多孔菌 Polyporus badius (Pers.) Schwein.

幕阜山脉：九江市，庐山山南国家森林公园，标本号GDGM53218；平江县，幕阜山龙潭湾，标本号GDGM55277。九岭山脉：浏阳市，石柱峰风景区，标本号GDGM52102。万洋山脉：茶陵县，云阳山国家森林公园，标本号GDGM52214；井冈山市，井冈山国家级自然保护区，标本号GDGM50343。诸广山脉：汝城县，九龙江国家森林公园，标本号GDGM52228；汝城县，飞水寨景区，标本号GDGM50707。

冬生多孔菌 Polyporus brumalis (Pers.) Fr.

幕阜山脉：九江市，庐山山南国家森林公园，标本号GDGM56233；平江县，幕阜山国家森林公园，标本号GDGM55436。万洋山脉：炎陵县，神农谷国家森林公园，标本号GDGM50169。

条盖多孔菌 Polyporus grammocephalus Berk.

万洋山脉：炎陵县，桃源洞国家级自然保护区，标本号GDGM55101；茶陵县，云阳山国家森林公园，标本号GDGM52571。诸广山脉：汝城县，九龙江国家森林公园，标本号GDGM55721。

黑柄多孔菌 Polyporus melanopus (Pers.) Fr.

诸广山脉：汝城县，九龙江国家森林公园，标本号GDGM50499。

小多孔菌 Polyporus minor Z.S. Bi & G.Y. Zheng

诸广山脉：崇义县，阳岭国家森林公园，标本号GDGM54805。

宽鳞多孔菌 Polyporus squamosus (Huds.) Fr.

武功山脉：萍乡市，武功山国家森林公园，标本号GDGM72311。万洋山脉：炎陵县，桃源洞国家级自然保护区，标本号GDGM54058。

拟黑柄多孔菌 Polyporus submelanopus H.J. Xue & L.W. Zhou

万洋山脉：炎陵县，桃源洞国家级自然保护区，标本号GDGM54054。

变形多孔菌 Polyporus varius (Pers.) Fr.

九岭山脉：宜春市，官山国家级自然保护区，标本号GDGM51063。诸广山脉：汝城县，九龙江国家森林公园，标本号GDGM53419。

假棱孔菌属 *Pseudofavolus* Pat.

帽形假棱孔菌 Pseudofavolus cucullatus (Mont.) Pat.

诸广山脉：崇义县，阳岭国家森林公园，标本号GDGM51423。

密孔菌属 *Pycnoporus* P. Karst.

鲜红密孔菌 Pycnoporus cinnabarinus (Jacq.) P. Karst.

幕阜山脉：平江县，幕阜山国家森林公园，标本号GDGM51007；九江市，中国科学院庐山植物园，标本号GDGM45317。九岭山脉：宜春市，明月山国家森林公园，标本号GDGM50689；浏阳市，石柱峰风景区，标本号GDGM52087。武功山脉：萍乡市，武功山国家森林公园，标本号GDGM54956、GDGM55738；新余市，石门寨县级自然保护区，标本号GDGM54634。万洋山脉：茶陵县，云阳山国家森林公园，标本号GDGM52440；井冈山市，井冈山国家级自然保护区，标本号GDGM50377；遂川县，白水仙风景区，标本号GDGM56025；衡东县，武家山森林公园，标本号GDGM51250、GDGM51302。诸广山脉：桂东县，八面山国家级自然保护区，标本号GDGM56021。

血红密孔菌 Pycnoporus sanguineus (L.) Murrill

武功山脉：萍乡市，武功山国家森林公园，标本号GDGM72273。诸广山脉：桂东县，八面山国家级自然保护区，标本号GDGM50456；汝城县，九龙江国家森林公园，标本号GDGM50492、GDGM53455；崇义县，阳岭国家森林公园，标本号GDGM56034。

栓孔菌属 *Trametes* Fr.

雅致栓孔菌 Trametes elegans (Spreng.) Fr.

万洋山脉：井冈山市，井冈山国家级自然保护区，标本号GDGM50763。

迷宫栓孔菌 Trametes gibbosa (Pers.) Fr.

幕阜山脉：平江县，幕阜山国家森林公园，标本号GDGM51578。九岭山脉：浏阳市，大围山国家森林公园，标本号GDGM55464；浏阳市，石柱峰风景区，标本号GDGM51188、GDGM51172。武功山脉：萍乡市，武功山国家森林公园，标本号GDGM54149。诸广山脉：崇义县，阳岭国家森林公园，标本号GDGM54090；汝城县，飞水寨景区，标本号GDGM51042。

毛栓孔菌 Trametes hirsuta (Wulfen) Lloyd

幕阜山脉：平江县，幕阜山国家森林公园，标本号GDGM55329；九江市，中国科学院庐山植物园，标本号GDGM53536。九岭山脉：浏阳市，大围山国家森林公园，标本号GDGM55366；浏阳市，石柱峰风景区，标本号GDGM52239。武功山脉：萍乡市，武功山国家森林公园，标本号GDGM54165、GDGM54951、GDGM54867；新余市，石门寨县级自然保护区，标本号GDGM54626。万洋山脉：炎陵县，神农谷国家森林公园，标本号GDGM50199；衡东县，武家山森林公园，标本号GDGM51236。诸广山脉：崇义县，阳岭国家森林公园，标本号GDGM51701；资兴市，天鹅山国家森林公园，标本号GDGM52025；桂东县，八面山国家级自然保护区，标本号GDGM52709。

谦逊栓孔菌 Trametes modesta (Kunze ex Fr.) Ryvarden

万洋山脉：茶陵县，云阳山国家森林公园，标本号GDGM52549。诸广山脉：崇义县，阳岭国家森林公园，标本号GDGM52469。

赭栓孔菌 Trametes ochracea (Pers.) Gilb. & Ryvarden

幕阜山脉：平江县，幕阜山国家森林公园，标本号GDGM50869。

绒毛栓孔菌 Trametes pubescens (Schumach.) Pilát

万洋山脉：茶陵县，云阳山国家森林公园，标本号GDGM52339。

膨大栓孔菌 Trametes strumosa (Fr.) Zmitr., Wasser & Ezhov

九岭山脉：浏阳市，石柱峰风景区，标本号GDGM50757。

香栓孔菌 Trametes suaveolens (L.) Fr.

幕阜山脉：平江县，幕阜山国家森林公园，标本号GDGM52778。九岭山脉：浏阳市，石柱峰风景区，标本号GDGM51894。

硬毛栓孔菌 Trametes trogii Berk.

万洋山脉：炎陵县，神农谷国家森林公园，标本号GDGM50201。

毡毛栓孔菌 Trametes velutina (Pers.) G. Cunn.

万洋山脉：衡东县，武家山森林公园，标本号GDGM51013。

云芝栓孔菌 Trametes versicolor (L.) Lloyd

幕阜山脉：平江县，幕阜山国家森林公园，标本号GDGM52522；通山县，九宫山国家级自然保护区，标本号GDGM53624；九江市，中国科学院庐山植物园，标本号GDGM56218；岳阳县，大云山国家森林公园，标本号GDGM51078。九岭山脉：万载县，九龙原始森林公园，标本号GDGM51209；浏阳市，石柱峰风景区，标本号GDGM50747；宜春市，官山国家级自然保护区，标本号GDGM51160。武功山脉：萍乡市，武功山国家森林公园，标本号GDGM54971、GDGM72274。万洋山脉：炎陵县，神农谷国家森林公园，标本号GDGM52088；茶陵县，云阳山国家森林公园，标本号GDGM52217、GDGM52561；衡东县，武家山森林公园，标本号GDGM51021；遂川县，白水仙风景区，标本号GDGM50523；井冈山市，井冈山国家级自然保护区，标本号GDGM50687；炎陵县，桃源洞国家级自然保护区，标本号GDGM55388。诸广山脉：桂东县，八面山国家级自然保护区，标本号GDGM52014；桂东县，三台山森林公园，标本号GDGM50926；资兴市，天鹅山国家森林公园，标本号GDGM51988；崇义县，阳岭国家森林公园，标本号GDGM52375；汝城县，飞水寨景区，标本号GDGM53945。

齿耳菌科 Steccherinaceae

小薄孔菌属 *Antrodiella* Ryvarden & I. Johans.

柔韧小薄孔菌 Antrodiella duracina (Pat.) I. Lindblad & Ryvarden

幕阜山脉：平江县，幕阜山国家森林公园，标本号GDGM52646。九岭山脉：宜春市，官山国家级自然保护区，标本号GDGM51180。万洋山脉：井冈山市，井冈山国家级自然保护区，标本号GDGM50686；炎陵县，神农谷国家森林公园，标本号GDGM52273；茶陵县，云阳山国家森林公园，标本号GDGM52397；遂川县，白水仙风景区，标本号GDGM50529。诸广山脉：桂东县，八面山国家级自然保护区，标本号GDGM52619；桂东县，三台山森林公园，标本号GDGM50919；崇义县，阳岭国家森林公园，标本号GDGM52434。

山毛榉小薄孔菌Antrodiella faginea Vampola & Pouzar

万洋山脉：井冈山市，井冈山国家级自然保护区，标本号GDGM50908。

黑卷小薄孔菌Antrodiella liebmannii (Fr.) Ryvarden

诸广山脉：崇义县，阳岭国家森林公园，标本号GDGM51430。

黑孔菌属*Nigroporus* Murrill

紫褐黑孔菌Nigroporus vinosus (Berk.) Murrill

幕阜山脉：九江市，庐山山南国家森林公园，标本号GDGM53565。万洋山脉：炎陵县，神农谷国家森林公园，标本号GDGM55017。诸广山脉：汝城县，飞水寨景区，标本号GDGM50716。

齿耳菌属*Steccherinum* Gray

齿耳菌Steccherinum murashkinskyi (Burt) Maas Geest.

幕阜山脉：平江县，幕阜山国家森林公园，标本号GDGM51755。

赭色齿耳菌Steccherinum ochraceum (Pers.) Gray

九岭山脉：宜春市，官山国家级自然保护区，标本号GDGM50793。

科地位未定类群Incertae sedis

二丝孔菌属*Diplomitoporus* Domański

林氏二丝孔菌Diplomitoporus lindbladii (Berk.) Gilb. & Ryvarden

幕阜山脉：平江县，幕阜山国家森林公园，标本号GDGM50880。

白齿耳菌属*Mycoleptodonoides* Nikol.

长齿白齿耳菌Mycoleptodonoides aitchisonii (Berk.) Maas Geest.

九岭山脉：万载县，九龙原始森林公园，标本号GDGM51200。

吕瓦登孔菌属*Ryvardenia* Rajchenb.

弯曲吕瓦登孔菌Ryvardenia campyla (Berk.) Rajchenb.

幕阜山脉：平江县，幕阜山国家森林公园，标本号GDGM50885。

红菇目Russulales

耳匙菌科Auriscalpiaceae

冠瑚菌属*Artomyces* Jülich

杯冠瑚菌Artomyces pyxidatus (Pers.) Jülich

万洋山脉：炎陵县，神农谷国家森林公园，标本号GDGM55060；炎陵县，桃源洞国家级自然保护区，标本号GDGM55120。诸广山脉：汝城县，飞水寨景区，标本号GDGM51050。

耳匙菌属*Auriscalpium* Gray

耳匙菌Auriscalpium vulgare Gray

幕阜山脉：平江县，幕阜山国家森林公园，标本号GDGM51251。

瘤孢孔菌科Bondarzewiaceae

瘤孢孔菌属*Bondarzewia* Singer

高山瘤孢孔菌Bondarzewia montana (Quél.) Singer

武功山脉：萍乡市，武功山国家森林公园，标本号GDGM54886。

红菇科Russulaceae

乳菇属*Lactarius* Pers.

橙红乳菇Lactarius akahatsu Nobuj. Tanaka

诸广山脉：桂东县，三台山森林公园，标本号GDGM51363。

白黄乳菇Lactarius alboscrobiculatus H.T. Le & Verbeken

万洋山脉：井冈山市，井冈山国家级自然保护区，标本号GDGM51636。诸广山脉：桂东县，八面山国家级自然保护区，标本号GDGM52323。

橙黄乳菇 Lactarius aurantiacus (Pers.) Gray

九岭山脉：浏阳市，大围山国家森林公园，标本号GDGM 55466。万洋山脉：井冈山市，井冈山国家级自然保护区，标本号GDGM50289。

鸡足山乳菇 Lactarius chichuensis W.F. Chiu

诸广山脉：崇义县，阳岭国家森林公园，标本号GDGM 53280。

松乳菇 Lactarius deliciosus (L.) Gray

万洋山脉：炎陵县，桃源洞国家级自然保护区，标本号 GDGM50049。

易碎乳菇 Lactarius friabilis H.T. Le & D. Stubbe

诸广山脉：汝城县，九龙江国家森林公园，标本号GDGM 53513。

纤细乳菇 Lactarius gracilis Hongo

万洋山脉：茶陵县，云阳山国家森林公园，标本号GDGM 52340。诸广山脉：崇义县，阳岭国家森林公园，标本号 GDGM55585。

黑褐乳菇 Lactarius lignyotus Fr.

诸广山脉：桂东县，八面山国家级自然保护区，标本号 GDGM52097。

紫红乳菇 Lactarius purpureus R. Heim

诸广山脉：崇义县，阳岭国家森林公园，标本号GDGM 52899。

近毛脚乳菇 Lactarius subhirtipes X.H. Wang

九岭山脉：浏阳市，大围山国家森林公园，标本号GDGM 55541。

亚环纹乳菇 Lactarius subzonarius Hongo

幕阜山脉：平江县，幕阜山国家森林公园，标本号GDGM 55292。

凋萎状乳菇 Lactarius vietus (Fr.) Fr.

万洋山脉：井冈山市，井冈山国家级自然保护区，标本号 GDGM54762。

鲜艳乳菇 Lactarius vividus X.H. Wang, Nuytinck & Verbeken

万洋山脉：炎陵县，神农谷国家森林公园，标本号GDGM 54948。

乳菇属未定种 Lactarius sp.

诸广山脉：汝城县，九龙江国家森林公园，标本号GDGM 54084。

流汁乳菇属 *Lactifluus* (Pers.) Roussel

辣流汁乳菇 Lactifluus piperatus (L.) Roussel

幕阜山脉：平江县，幕阜山国家森林公园，标本号GDGM 50635。九岭山脉：宜春市，官山国家级自然保护区，标本号GDGM51028。诸广山脉：桂东县，八面山国家级自然保护区，标本号GDGM52748。

中华流汁乳菇 Lactifluus sinensis J.B. Zhang, Y. Song & L.H. Qiu

诸广山脉：桂东县，八面山国家级自然保护区，标本号 GDGM52097。

近辣流汁乳菇 Lactifluus subpiperatus (Hongo) Verbeken

诸广山脉：汝城县，九龙江国家森林公园，标本号GDGM 50477；汝城县，飞水寨景区，标本号GDGM50715。

多汁流汁乳菇 Lactifluus volemus (Fr.) Kuntze

万洋山脉：炎陵县，神农谷国家森林公园，标本号GDGM 52443。

红菇属 *Russula* Pers.

烟色红菇（参照种）Russula cf. adusta (Pers.) Fr.

诸广山脉：汝城县，九龙江国家森林公园，标本号GDGM 54968。

小白红菇 Russula albida Peck

诸广山脉：桂东县，八面山国家级自然保护区，标本号 GDGM52399。

白龟裂红菇 Russula alboareolata Hongo

幕阜山脉：平江县，幕阜山国家森林公园，标本号GDGM 55334。九岭山脉：宜春市，官山国家级自然保护区，标本号GDGM51158。万洋山脉：井冈山市，井冈山国家级自然保护区，标本号GDGM50291。诸广山脉：汝城县，九龙江国家森林公园，标本号GDGM50484；汝城县，阳岭国家森林公园，标本号GDGM50605。

柠黄红菇 Russula citrina Gillet

诸广山脉：汝城县，九龙江国家森林公园，标本号GDGM 53495。

致密红菇**Russula compacta** Frost

幕阜山脉：平江县，幕阜山国家森林公园，标本号GDGM 50629。

密褶红菇**Russula densifolia** Secr. ex Gillet

幕阜山脉：平江县，幕阜山国家森林公园，标本号GDGM 51083。

粉柄红菇**Russula farinipes** Romell

幕阜山脉：平江县，幕阜山国家森林公园，标本号GDGM 51024。

姜黄红菇**Russula flavida** Frost ex Peck

诸广山脉：崇义县，阳岭国家森林公园，标本号GDGM 51465。

变灰红菇**Russula insignis** Quél.

诸广山脉：桂东县，八面山国家级自然保护区，标本号GDGM50465。

拟臭黄红菇**Russula laurocerasi** Melzer

万洋山脉：茶陵县，云阳山国家森林公园，标本号GDGM 52419。

黄红菇**Russula lutea** Sacc.

万洋山脉：井冈山市，井冈山国家级自然保护区，标本号GDGM50030。

小红菇小型变种**Russula minutula** var. **minor** Z.S. Bi

九岭山脉：宜春市，官山国家级自然保护区，标本号GDGM 51074。诸广山脉：汝城县，九龙江国家森林公园，标本号GDGM51510。

小红菇（参照种）**Russula** cf. **minutula** Velen.

万洋山脉：井冈山市，井冈山国家级自然保护区，标本号GDGM50266。

拟壳状红菇**Russula pseudocrustosa** G.J. Li & C.Y. Deng

幕阜山脉：平江县，幕阜山国家森林公园，标本号GDGM 51750。

紫疣红菇**Russula purpureoverrucosa** Fang Li

诸广山脉：崇义县，阳岭国家森林公园，标本号GDGM 52584。

玫红红菇**Russula rosea** Quél.

幕阜山脉：平江县，幕阜山国家森林公园，标本号GDGM 51102。

点柄黄红菇**Russula senecis** S. Imai

幕阜山脉：平江县，幕阜山国家森林公园，标本号GDGM 51560。九岭山脉：宜春市，官山国家级自然保护区，标本号GDGM50803。万洋山脉：炎陵县，桃源洞国家级自然保护区，标本号GDGM55384。诸广山脉：桂东县，八面山国家级自然保护区，标本号GDGM52715。

菱红菇**Russula vesca** Fr.

诸广山脉：汝城县，九龙江国家森林公园，标本号GDGM 50512。

变绿红菇（参照种）**Russula** cf. **virescens** (Schaeff.) Fr.

诸广山脉：崇义县，阳岭国家森林公园，标本号GDGM53273。

绿桂红菇**Russula viridicinnamomea** F. Yuan & Y. Song

九岭山脉：浏阳市，石柱峰风景区，标本号GDGM50738。诸广山脉：桂东县，八面山国家级自然保护区，标本号GDGM52763；汝城县，飞水寨景区，标本号GDGM 51045；崇义县，阳岭国家森林公园，标本号GDGM52877。

红边绿菇**Russula viridirubrolimbata** J.Z. Ying

诸广山脉：崇义县，阳岭国家森林公园，标本号GDGM 52895。

红菇属未定种 **Russula** sp.

诸广山脉：汝城县，九龙江国家森林公园，标本号GDGM 50612。

乳腹菌属*Zelleromyces* Singer & A.H. Sm.

乳汁乳腹菌**Zelleromyces lactifer** (B.C. Zhang & Y.N. Yu) Trappe, T. Lebel & Castellano

诸广山脉：崇义县，阳岭国家森林公园，标本号GDGM 52754。

韧革菌科Stereaceae

盘革菌属*Aleurodiscus* Rabenh. ex J. Schröt.

刺丝盘革菌**Aleurodiscus mirabilis** (Berk. & M.A. Curtis) Höhn.

九岭山脉：宜春市，官山国家级自然保护区，标本号

GDGM51219。

韧革菌属Stereum Hill ex Pers.

毛韧革菌Stereum hirsutum (Willd.) Pers.

幕阜山脉：平江县，幕阜山国家森林公园，标本号GDGM51033。万洋山脉：井冈山市，井冈山国家级自然保护区，标本号GDGM54775。诸广山脉：桂东县，八面山国家级自然保护区，标本号GDGM50430。

扁韧革菌Stereum ostrea (Blume & T. Nees) Fr.

万洋山脉：炎陵县，神农谷国家森林公园，标本号GDGM55030。诸广山脉：汝城县，九龙江国家森林公园，标本号GDGM50497、GDGM80808；崇义县，阳岭国家森林公园，标本号GDGM50610。

红紫韧革菌Stereum roseocarneum (Schwein.) Fr.

幕阜山脉：平江县，幕阜山国家森林公园，标本号GDGM51252。

血红韧革菌Stereum sanguinolentum (Alb. & Schwein.) Fr.

幕阜山脉：九江市，中国科学院庐山植物园，标本号GDGM53888。万洋山脉：井冈山市，井冈山国家级自然保护区，标本号GDGM50903。诸广山脉：崇义县，阳岭国家森林公园，标本号GDGM50568。

血红韧革菌（近缘种）Stereum aff. sanguinolentum (Alb. & Schwein.) Fr.

万洋山脉：炎陵县，神农谷国家森林公园，标本号GDGM52536。诸广山脉：桂东县，八面山国家级自然保护区，标本号GDGM51669。

绒毛韧革菌Stereum subtomentosum Pouzar

诸广山脉：汝城县，九龙江国家森林公园，标本号GDGM53058。

木革菌属Xylobolus P. Karst.

碎片木革菌Xylobolus frustulatus (Pers.) P. Karst.

诸广山脉：汝城县，飞水寨景区，标本号GDGM56309。

紫灰木革菌Xylobolus illudens (Berk.) Boidin

诸广山脉：汝城县，九龙江国家森林公园，标本号GDGM50491。

金丝木革菌Xylobolus spectabilis (Klotzsch) Boidin

幕阜山脉：平江县，幕阜山国家森林公园，标本号GDGM50973、GDGM55445。九岭山脉：浏阳市，大围山国家森林公园，标本号GDGM55467。诸广山脉：桂东县，八面山国家级自然保护区，标本号GDGM52305。

拟韧革菌目Stereopsidales

拟韧革菌科Stereopsidaceae

拟韧革菌属Stereopsis D.A. Reid

根拟韧革菌（近缘种）Stereopsis aff. radicans (Berk.) D.A. Reid

幕阜山脉：平江县，幕阜山国家森林公园，标本号GDGM51757。

革菌目Thelephorales

革菌科Thelephoraceae

革菌属Thelephora Ehrh. ex Willd.

华南干巴菌Thelephora austrosinensis T.H. Li & T. Li

诸广山脉：汝城县，九龙江国家森林公园，标本号GDGM52356；崇义县，阳岭国家森林公园，标本号GDGM53321。

多瓣革菌Thelephora multipartita Schwein.

诸广山脉：汝城县，九龙江国家森林公园，标本号GDGM51973。

花耳纲Dacrymycetes

花耳目Dacrymycetales

花耳科Dacrymycetaceae

胶角耳属Calocera (Fr.) Fr.

胶角耳Calocera cornea (Batsch) Fr.

诸广山脉：汝城县，九龙江国家森林公园，标本号GDGM51519。

中国胶角耳Calocera sinensis McNabb

九岭山脉：浏阳市，大围山国家森林公园，标本号GDGM

55458。万洋山脉：井冈山市，井冈山国家级自然保护区，标本号GDGM50353；炎陵县，神农谷国家森林公园，标本号GDGM51580。

黏胶角耳Calocera viscosa (Pers.) Fr.

幕阜山脉：平江县，幕阜山国家森林公园，标本号GDGM50986。武功山脉：萍乡市，武功山国家森林公园，标本号GDGM72264。万洋山脉：井冈山市，井冈山国家级自然保护区，标本号GDGM50040。

花耳属 *Dacrymyces* Nees

掌状花耳Dacrymyces palmatus Bres.

幕阜山脉：平江县，幕阜山国家森林公园，标本号GDGM51272；九江市，庐山山南国家森林公园，标本号GDGM53772。

桂花耳Dacryopinax spathularia (Schwein.) G.W. Martin

诸广山脉：汝城县，九龙江国家森林公园，标本号GDGM52369。幕阜山脉：平江县，幕阜山国家森林公园，标本号GDGM50955。九岭山脉：浏阳市，石柱峰风景区，标本号GDGM52071。

云南花耳Dacrymyces yunnanensis B. Liu & L. Fan

万洋山脉：茶陵县，云阳山国家森林公园，标本号GDGM52525。

银耳纲Tremellomycetes

银耳目Tremellales

金耳科Naemateliaceae

金耳属 *Naematelia* Fr.

金耳Naematelia aurantialba (Bandoni & M. Zang) Millanes & Wedin

幕阜山脉：九江市，庐山山南国家森林公园，标本号GDGM 53707。武功山脉：萍乡市，武功山国家森林公园，标本号GDGM72290。万洋山脉：炎陵县，神农谷国家森林公园，标本号GDGM55052。

银耳科Tremellaceae

暗银耳属 *Phaeotremella* Rea

褐色暗银耳Phaeotremella fimbriata (Pers.) Spirin & V. Malysheva

九岭山脉：浏阳市，大围山国家森林公园，标本号GDGM55468。

茶色暗银耳Phaeotremella foliacea (Pers.) Wedin, J.C. Zamora & Millanes

幕阜山脉：平江县，幕阜山国家森林公园，标本号GDGM50858。九岭山脉：浏阳市，石柱峰风景区，标本号GDGM51487。诸广山脉：崇义县，阳岭国家森林公园，标本号GDGM52533；桂东县，八面山国家级自然保护区，标本号GDGM52414。

银耳属 *Tremella* Pers.

银耳Tremella fuciformis Berk.

万洋山脉：井冈山市，井冈山国家级自然保护区，标本号GDGM50348。诸广山脉：桂东县，八面山国家级自然保护区，标本号GDGM52193；汝城县，九龙江国家森林公园，标本号GDGM53512；汝城县，飞水寨景区，标本号GDGM56305。

橙黄银耳Tremella mesenterica Retz.

幕阜山脉：平江县，幕阜山国家森林公园，标本号GDGM51126。万洋山脉：井冈山市，井冈山国家级自然保护区，标本号GDGM51399；炎陵县，神农谷国家森林公园，标本号GDGM55027。

第4章

罗霄山脉大型真菌图鉴

4.1 子囊菌类

橙黄网孢盘菌　*Aleuria aurantia* (Pers.) Fuckel

形态特征　子囊盘直径2.5～5cm，圆盘形，常不规则卷曲，子实层表面橙红色至橙色，光滑。囊盘被淡橙黄色，近边缘处光滑或具微绒毛。菌柄无。子囊200～250μm×12～16μm，长棒形，内具8个子囊孢子。子囊孢子15～22μm×8～12μm，长椭圆形，两端常各有1小尖，具网纹。

生境特点　夏秋季散生或丛生于林中地上。
引证标本　井冈山市，井冈山国家级自然保护区，标本号GDGM50027、GDGM50028。
用途与讨论　据文献记载橙黄网孢盘菌可食用，广泛分布于国内大部分地区，但其形态与部分有毒物种相似，易混淆，建议避免采食。

紫色囊盘菌　*Ascocoryne cylichnium* (Tul.) Korf

形态特征　子囊盘直径5~10mm，盘形至不规则盾形，胶质。子实层表面暗紫褐色至紫褐色，光滑，水浸状，边缘具长绒毛。囊盘被与子实层表面同色或稍浅。菌柄有或无。子囊200~230μm × 14~16μm，长棒状，内具8个子囊孢子。子囊孢子18~28μm × 4~6μm，纺锤形，光滑，具横隔。

生境特点　夏秋季散生或群生于针阔叶树腐木上。

引证标本　九江市，庐山山南国家森林公园，标本号GDGM 56291。

用途与讨论　用途未明。

橘色小双孢盘菌
Bisporella citrina (Batsch) Korf & S.E. Carp.

形态特征　子囊盘直径3~5mm，杯状至盘状，子实层表面柠檬黄色至橘黄色，光滑。囊盘被淡黄色，边缘光滑。菌柄有或无，短小，表面淡黄色，光滑。子囊100~135μm × 7~10μm，长棒状，内具8个子囊孢子。子囊孢子8.5~14μm × 3~5μm，椭圆形，光滑，具横隔。

生境特点　夏秋季密集群生于阔叶树腐木上。

引证标本　浏阳市，大围山国家森林公园，标本号GDGM 55480。

用途与讨论　用途未明。

大孢毛杯菌
Cookeina insititia (Berk. & M.A. Curtis) Kuntze

形态特征 子囊盘直径5～10mm，高5～10mm，初期坛状，后高脚杯状，黄白色至淡粉色，边缘具长丛毛。初期菌柄较短，成熟后明显，长5～15mm，圆柱形，近白色，中空。子囊400～438μm×13～18μm，近圆柱形，内具8个子囊孢子，单行排列。子囊孢子45～55μm×9～13μm，梭形或近肾形，稍弯曲，光滑。

生境特点 夏秋季常散生或群生于林中腐木上。
引证标本 崇义县，阳岭国家森林公园，标本号GDGM51441。
用途与讨论 用途未明。

叶状耳盘菌 *Cordierites frondosus* (Kobayasi) Korf

形态特征 子囊盘直径2～3cm，花瓣状或浅杯状，边缘波状。子实层表面黑褐色至褐色，光滑。囊盘被有褶皱，由多片叶状瓣片组成，干后坚硬。具短柄或不具柄。子囊43～48μm×3～5μm，细长，棒状。子囊孢子5.5～7μm×1～1.5μm，稍弯曲，近短柱状，无色，平滑。

生境特点 夏秋季生于阔叶树倒木或腐木上。
引证标本 井冈山市，井冈山国家级自然保护区，标本号GDGM51663。
用途与讨论 有毒。本种在形态上与黑木耳*Auricularia heimuer*和褐色暗银耳*Phaeotremella fimbriata*较相似，误食后可产生光敏性皮炎症状，在采食木耳或褐色暗银耳时应注意区分。

蝉花　*Cordyceps chanhua* Z.Z. Li, F.G. Luan, N.L. Hywel-Jones, C.R. Li & S.L. Zhang

形态特征　孢梗束长2～6cm，分枝或不分枝。上部可育部分长4～8mm，直径2～3mm，总体呈穗状，具白色粉末状分生孢子。不育菌柄长2～4cm，直径2～4mm，黄色至黄褐色。子囊无色透明，圆柱形，长230～380μm，宽2～3μm。子囊孢子8个，光滑，细丝状，无色透明，长250～360μm，宽2～3μm，常断裂成6～14μm×2～3μm的分孢子。

生境特点　散生于疏松土壤中的蝉蛹上。
引证标本　井冈山市，井冈山国家级自然保护区，标本号GDGM50277。
用途与讨论　食药兼用，目前已实现人工栽培。

生境特点 夏秋季节生于蜘蛛虫体上。
引证标本 浏阳市，大围山国家森林公园，标本号GDGM52647。
用途与讨论 可药用。

柱形虫草　*Cordyceps cylindrica* Petch

形态特征 子座长4～8cm，自寄主虫体长出，圆柱形。上部可育部分长1～3cm，直径3～5mm，与不育菌柄分界明显，淡黄色至淡肉粉色。不育菌柄长3～5cm，直径2～4mm，白色至淡黄色。子囊550～800μm×4.5～6μm，线形。子囊孢子500～750μm×1～2μm，丝状，无色透明，具多个分隔，易断裂成2.5～5.5μm×1～1.8μm的分孢子。

粉末虫草　*Cordyceps farinosa* (Holmsk.) Kepler, B. Shrestha & Spatafora

形态特征　孢梗束长1.6~3cm，多分枝。上部可育部分长3~6mm，直径1~2.5mm，总体呈穗状，具白色粉末状分生孢子。不育菌柄长1~2cm，直径1~2mm，黄色至黄褐色。分生孢子梗13~20μm×2~3μm，瓶状，中部膨大，末端渐细，聚生于束丝上。分生孢子2~3.5μm×1~1.5μm，长椭圆形、纺锤形或近半圆形。

生境特点　夏秋季单生或散生于土壤中蝉蛹上。
引证标本　井冈山市，井冈山国家级自然保护区，标本号GDGM50365。
用途与讨论　可药用，可人工栽培，在韩国等地已被开发成食品或药品。

台湾虫草　*Cordyceps formosana* Kobayasi & Shimizu

形态特征　子座高2~3.5cm，可由寄主任何部位长出，棍棒状。可育部分长5~8mm，直径2~4mm，圆柱形，橙红色至橘红色。子囊壳近表生，分散或致密。子囊孢子线形，多分隔，成熟时断裂形成分孢子。分孢子5~7μm×1.8~2μm。

生境特点　夏秋季单生或多个群生于甲虫幼虫虫体上。
引证标本　萍乡市，武功山国家森林公园，标本号GDGM72306。
用途与讨论　可药用。

蛹虫草　*Cordyceps militaris* (L.) Fr.

形态特征　子座高3～5cm，单个或多个从寄主头部或各部位长出，橙黄色，偶有分枝。可育头部长1～2cm，直径3～5mm，棒状，表面粗糙。不育菌柄长2～4cm，直径2～4mm，近圆柱形，实心。子囊壳外露，近圆锥形。子囊300～400μm × 4～5μm，棒状，具8个子囊孢子。子囊孢子细长，直径约1μm，线形，可断裂成分孢子，分孢子长2～3μm。

生境特点　夏秋季生于半埋于林地上或腐枝落叶层下鳞翅目昆虫的蛹上。
引证标本　浏阳市，石柱峰风景区，标本号GDGM51848。
用途与讨论　食药兼用。

粉被虫草　*Cordyceps pruinosa* Petch

形态特征　子座长2～4cm，常多个生，有分枝，橙黄色至橙红色。可育部分长5～10mm，直径1.5～4mm，顶部钝圆。不育菌柄直径1.2～3mm，常弯曲。子囊壳200～400μm×100～200μm，卵形。子囊100～200μm×2.5～4μm。子囊孢子比子囊稍短，线形，可断裂成分孢子。分孢子4～6μm×1μm，无色。

生境特点　生于林下鳞翅目刺蛾科昆虫的茧上。

引证标本　汝城县，九龙江国家森林公园，标本号GDGM 49442。

用途与讨论　可药用。

黑轮层炭壳
Daldinia concentrica (Bolton) Ces. & De Not.

形态特征　子座直径2～4cm，扁半球形至不规则形，单生或多群生，褐色、暗紫褐色至黑褐色，初期近光滑，成熟后出现子囊壳孔口。子座内部木炭质，剖面有黑白相间的同心环纹。子囊壳埋生于子座外层，具点状小孔口。子囊150～200μm×10～12μm。子囊孢子12～17μm×6～8.5μm，近椭圆形或近肾形，光滑，暗褐色。

生境特点　生于阔叶树腐木和腐树皮上。

引证标本　平江县，幕阜山国家森林公园，标本号GDGM 50696。

用途与讨论　可药用。

橙红二头孢盘菌
Dicephalospora rufocornea (Berk. & Broome) Spooner

形态特征 子囊盘直径0.3~1.2cm，圆盘形，表面橙黄色至橘红色，囊盘被淡黄色至近白色。菌柄淡黄色，基部暗褐色。子囊120~180μm×13~15μm，近圆柱形至棒状，孔口遇碘液变蓝，具8个子囊孢子。子囊孢子24~47μm×4~6μm，长梭形，无色，光滑，两端具透明附属物。

生境特点 夏秋季生于林中腐木上。

引证标本 井冈山市，井冈山国家级自然保护区，标本号GDGM52641。

用途与讨论 用途未明。

液状胶球炭壳菌 *Entonaema liquescens* Möller

形态特征 子囊体直径3~8cm，半球形至不规则状，散生至丛生，表面具粗糙粉末，淡黄色至橙黄色，伤后变蓝黑，内部菌肉胶质，白色至淡黄色。子囊壳埋生，子囊100~250μm×6~10μm，圆柱形，具8个子囊孢子，单行排列，子囊孢子10~12μm×5~7μm，宽椭圆形至近卵圆形，光滑。

生境特点 夏秋季生于阔叶树腐木或倒木上。

引证标本 井冈山市，井冈山国家级自然保护区，标本号GDGM55106。

用途与讨论 用途未明。

生境特点 夏秋季单生或群生于林中地上。
引证标本 井冈山市，井冈山国家级自然保护区，标本号GDGM50292。
用途与讨论 可食用，但也有文献记载有毒，不宜采食。

棱柄马鞍菌 *Helvella lacunosa* Afzel.

形态特征 子囊盘宽2～6cm，马鞍形。子实层表面平整或凸凹不平，有不规则的折叠或起皱，灰色、灰褐色或暗褐色至近黑色，盖边缘不与菌柄连接。菌柄长4～12cm，直径5～10mm，早期近白色，后灰白色至灰色，具纵向沟槽。子囊200～280μm×14～21μm，棒状，具8个子囊孢子。子囊孢子15～22μm×10～13μm，椭圆形或卵形，光滑，无色。

黄柄锤舌菌　*Leotia aurantipes* (S. Imai) F.L. Tai

形态特征　子囊盘直径8～15mm，帽状至扁半球形。子实层表面近橄榄色，不规则皱缩。菌柄长2～5cm，直径0.2～0.8cm，近圆柱形，稍黏，黄色至橙黄色，被细小鳞片。子囊110～130μm×9～11μm，具8个子囊孢子，顶端壁厚。子囊孢子16～20μm×4.5～5.5μm，长梭形，不对称，光滑，无色。

生境特点　夏秋季群生于针阔混交林中地上。

引证标本　井冈山市，井冈山国家级自然保护区，标本号GDGM54762。

用途与讨论　用途未明。

戴氏绿僵虫草　*Metacordyceps taii* (Z.Q. Liang & A.Y. Liu) G.H. Sung, J.M. Sung, Hywel-Jones & Spatafora

形态特征　子座长3～5cm，直径3～6mm，从寄主头部长出，青黄色至橙黄色。可育部分长2～3.5cm，直径0.2～0.5cm，柱形，向上渐细。子囊壳750～950μm×250～350μm，瓶形，颈部弯曲，倾斜埋生。子囊305～480μm×3.0～4.5μm，柱形。子囊孢子稍短，直径1～1.5μm。分孢子21～29μm×1～1.5μm，柱形。

生境特点　寄生于一种鳞翅目昆虫的幼虫上。

引证标本　井冈山市，井冈山国家级自然保护区，标本号GDGM50372。

用途与讨论　可药用。

蚂蚁线虫草 *Ophiocordyceps myrmecophila* (Ces.) G.H. Sung, J.M. Sung, Hywel-Jones & Spatafora

形态特征 子座长0.5～5cm，从宿主蚂蚁胸部或头部长出，常单生，偶2～3个，淡黄色至黄色。可育头部直径1～2.5mm，卵形。不育柄部直径0.5mm，细长，多弯曲。子囊壳550～600μm×230～260μm，卵形，埋生。子囊280～300μm×5～6μm。子囊孢子成熟后断裂成分孢子。分孢子8～12μm×1μm，近梭形，无色。

生境特点 夏秋季生于林下蚂蚁上。
引证标本 汝城县，九龙江国家森林公园，标本号GDGM52372。
用途与讨论 用途未明。

下垂线虫草 *Ophiocordyceps nutans* (Pat.) G.H. Sung, J.M. Sung, Hywel-Jones & Spatafora

形态特征　子座常单生，偶有2~3个从寄主胸侧长出。地上部高3.5~10cm，分为可育头部和不育柄部。可育头部长0.3~1cm，宽1~2mm，长椭圆形至短圆柱形，橙红色、橙黄色至浅黄色，成熟后下垂。不育柄部长3~10cm，黑色至黑褐色，有金属光泽，内部白色。子囊孢子线形，无色，薄壁，光滑，成熟后断裂成分孢子。分孢子8~10μm × 1.4~2μm，短圆柱形。

生境特点　秋季生于半翅目蝽科昆虫成虫上，多出现于林地枯枝落叶层。
引证标本　井冈山市，井冈山国家级自然保护区，标本号GDGM50695。
用途与讨论　可药用。

尖头线虫草 *Ophiocordyceps oxycephala* (Penz. & Sacc.) G.H. Sung, J.M. Sung, Hywel-Jones & Spatafora

形态特征 子座高13~15cm，单个或多个从蜂体上长出，不分枝或偶有二叉分枝，表面淡黄色至橙黄色。可育部分长10~20mm，直径1~2mm，椭圆形至柱形，具不育尖端。不育菌柄细长，直径0.8~1.5mm，常弯曲。子囊壳800~1000μm×220~300μm，长瓶颈形，斜埋生。子囊420~470μm×4~6μm。子囊孢子比子囊稍短，易断裂形成分孢子。分孢子8~12μm×1~1.5μm，长梭形。

生境特点 秋季寄生于胡蜂科或姬蜂科昆虫成虫上。
引证标本 井冈山市，井冈山国家级自然保护区，标本号GDGM52293。
用途与讨论 可药用。

中华歪盘菌 *Phillipsia chinensis* W.Y. Zhuang

形态特征 子囊盘直径1~4cm，盘状至歪盘状，近无柄。子实层表面紫红色、污红色至红褐色。囊盘被颜色较淡，呈淡黄色至淡粉色。子囊350~380μm×15~18μm，近圆柱形，基部变细，壁厚，具8个子囊孢子。子囊孢子20~25μm×11~14μm，近梭形，两端突起，表面具脊纹。

生境特点 夏秋季生于腐木上。
引证标本 崇义县，阳岭国家森林公园，标本号GDGM53112。
用途与讨论 用途未明。

红角肉棒菌　*Podostroma cornu-damae* (Pat.) Boedijn

形态特征　子座高5～8cm，直立，棍棒状，常分枝呈鹿角状或珊瑚状，表面光滑或具不明显的子囊壳腺点，上部橘红色至火红色，下部不育部分呈橙红色。子囊壳圆柱形，埋生于子座内，子囊孢子直径3～4μm，近角形，具小刺。

生境特点　夏秋季生于林下地上或腐木上。

引证标本　分宜县，石门寨县级自然保护区，标本号GDGM54640。

用途与讨论　有毒，含有单端孢霉烯族毒素，误食后可导致多脏器衰竭，甚至死亡。

西方肉杯菌　*Sarcoscypha occidentalis* (Schwein.) Sacc.

形态特征　子囊盘直径0.5～2cm，盘状至漏斗状。子实层表面橘红色至鲜红色，光滑，下表面白色，常皱缩，具微绒毛。菌柄长0.2～0.8cm，白色，常偏生。子囊390～420μm × 12～15μm，圆柱形，向基部渐变细，具8个子囊孢子，单行排列。子囊孢子15～22μm × 8～12μm，椭圆形，无色，光滑。

生境特点　秋季单生或群生林中倒腐木上。

引证标本　炎陵县，神农谷国家森林公园，标本号GDGM55010。

用途与讨论　用途未明。

窄孢胶陀盘菌 *Trichaleurina tenuispora* M. Carbone, Yei Z. Wang & Cheng L. Huang

形态特征 子囊盘单生或丛生，直径2～6cm，高1～4cm，倒锥状、陀螺状或盘状。子实层上表面棕褐色至黑褐色，光滑，边缘具棕褐色绒毛，内部胶质；下表面颜色稍淡，呈棕褐色，具绒毛。子囊420～500μm×15～17μm，圆柱形，具8个子囊孢子。子囊孢子27～38μm×11～14μm，椭圆形至近梭形，淡褐色。

生境特点 散生至群生于林中腐木上。
引证标本 浏阳市，石柱峰风景区，标本号GDGM 51361。
用途与讨论 可能有毒。

枫香果生炭角菌
Xylaria liquidambaris J.D. Rogers, Y.M. Ju & F. San Martín

形态特征 子座高2～8cm，直立，不分枝或偶有分枝，顶端稍尖，表面棕黑色至黑色，常皱缩。不育菌柄光滑或具微绒毛，表面褐色至黑色，内部白色。子囊长125～155μm。子囊孢子12～15μm×4.5～6.5μm，椭圆形至新月形，不等边，光滑，褐色。

生境特点 生于枫香果实上。
引证标本 炎陵县，神农谷国家森林公园，标本号GDGM 52229。
用途与讨论 用途未明。

黑柄炭角菌 *Xylaria nigripes* (Klotzsch) Cooke

形态特征　子座地上部分长6~12cm，直径4~8mm，常单个生，偶有分枝，棍棒状，顶部圆钝，初期黄棕色，成熟后棕褐色至黑褐色，新鲜时革质，干后硬木栓质。可育部分表面粗糙。不育菌柄近光滑，黑色，地下部分假根状，弯曲，硬木质。子囊30~40μm×3~4μm。子囊孢子4~5μm×2~3μm，近椭圆形，黑色，厚壁，非淀粉质，不嗜蓝。

生境特点　夏秋季生于阔叶林中地上，常与白蚁窝相连。
引证标本　崇义县，阳岭国家森林公园，标本号GDGM52713。
用途与讨论　可药用，又名乌灵参，名贵药材。

生境特点 单生至群生于林间倒腐木、树桩的树皮或裂缝间。
引证标本 崇义县，阳岭国家森林公园，标本号GDGM50561。
用途与讨论 可药用。

多型炭角菌 *Xylaria polymorpha* (Pers.) Grev.

形态特征 子座高3~12cm，直径0.5~2.2cm，上部棒状、圆柱形或不规则形，表面多皱缩，黑褐色至黑色，内部白色至淡黄色，干时质地坚硬，无不育顶部。不育菌柄圆柱形，稍细，基部具绒毛。子囊壳直径500~800μm，近球形至卵圆形，埋生，孔口疣状，外露。子囊150~200μm×8~10μm，圆柱状，有长柄。子囊孢子20~30μm×6~10μm，梭形，单行排列，常不等边，褐色至黑褐色。

生境特点 单生至群生于林间倒腐木、树桩的树皮或裂缝间。
引证标本 崇义县，阳岭国家森林公园，标本号GDGM52846。
用途与讨论 用途未明。

斯氏炭角菌　*Xylaria schweinitzii* Berk. & M.A. Curtis

形态特征 子座高3～8cm，直径0.4～1cm，棒状或圆柱状，黑褐色至黑色，不分枝或偶有分枝，干时质地坚硬，无不育顶部，内部白色。不育菌柄圆柱状，黑色，稍细。子囊壳埋生，孔口疣状，外露。子囊190～240μm×8～10μm，圆柱状，有长柄。子囊孢子23～32μm×8～10μm，近椭圆形，不等边，褐色至黑褐色。

4.2 胶质菌类

毛木耳 *Auricularia cornea* Ehrenb.

形态特征 子实体一年生，直径可达15cm，新鲜时呈杯状、盘状或贝壳形，棕褐色至黑褐色，胶质，有弹性，质地稍硬，中部凹陷，边缘锐且通常上卷；干后收缩，变硬，角质，浸水后可恢复成新鲜时形态及质地。不育面中部常收缩成短柄状，与基物相连，密被绒毛，淡灰色。子实层表面平滑，深褐色至黑色。担孢子 $11.5 \sim 13.8 \mu m \times 4.8 \sim 6 \mu m$，腊肠形，无色，薄壁，平滑。

生境特点 夏秋季群生于阔叶树倒木和腐木上。
引证标本 宜春市，官山国家级自然保护区，标本号GDGM51222。
用途与讨论 可食用。

生境特点　夏季叠生或群生于阔叶树腐木上。
引证标本　崇义县，阳岭国家森林公园，标本号GDGM50602。
用途与讨论　可食用。

皱木耳　*Auricularia delicata* (Mont. ex Fr.) Henn.

形态特征　子实体长2～4cm，宽3～6cm，无柄，扇形或贝壳形，胶质。不育面稍具绒毛，非光滑或具皱褶，褐色至红褐色。子实层表面呈明显的褶皱，具不规则网状棱纹，粉褐色。担孢子10～12μm×5～6μm，长椭圆形至不规则柱形，无色，光滑。

黑木耳 *Auricularia heimuer* F. Wu, B.K. Cui & Y.C. Dai

形态特征　子实体一年生，直径可达5cm，新鲜时呈杯状或贝壳形，棕褐色至黑褐色，胶质，有弹性，中部凹陷，边缘平滑；干后收缩，变硬，角质，浸水后可恢复成新鲜时形态及质地。不育面中部收缩与基物相连，光滑。子实层表面平滑，棕褐色至黑褐色。担孢子10.5～14μm × 5～6.5μm，腊肠形，无色，薄壁，平滑。

生境特点　夏秋季叠生或群生于阔叶树腐木上。
引证标本　资兴市，天鹅山国家森林公园，标本号GDGM52027。
用途与讨论　食药兼用。

中国胶角耳 *Calocera sinensis* McNabb

形态特征　子实体高5～15mm，直径0.5～2mm，淡黄色、橙黄色，偶淡黄褐色，干后红褐色、浅褐色或深褐色，硬胶质，棒状，偶分叉，顶端钝或尖，横切面有3个环带。担孢子10～13.5μm × 4.5～5.5μm，弯圆柱状，薄壁，具小尖，具横隔，无色。

生境特点　群生于阔叶树或针叶树朽木上。
引证标本　井冈山市，井冈山国家级自然保护区，标本号GDGM50353。
用途与讨论　用途未明。

生境特点 丛生或簇生于针叶林。
引证标本 井冈山市，井冈山国家级自然保护区，标本号GDGM50040。
用途与讨论 有毒，可药用，具抗氧化作用。

黏胶角耳 *Calocera viscosa* (Pers.) Fr.

形态特征 子实体高3~5cm，上部鹿角状分枝，下部圆柱形，金黄色或橙黄色，胶质，黏，平滑。基部有时呈假根状，与地下腐木相连，落叶层等遮盖部分近白色。担子叉状，淡黄色。担孢子8~11μm × 3~5μm，椭圆形至腊肠形，光滑。

掌状花耳　*Dacrymyces palmatus* Bres.

形态特征　子实体高1～3.5cm，直径2～5cm，瘤状，有皱褶和沟纹，鲜橙黄色至橘黄色，近基部近白色，胶质，初为多泡状突起，后为垫状、脑状、扇形、短柄状或盘状，边缘波状卷叠，常群生愈合成脑状或花瓣状的无柄或具短柄的群体，形状不规则瓣裂。菌肉胶质，较厚，有弹性，与外表颜色基本相同。担孢子15～22μm×4.5～7μm，呈弯曲圆柱状或圆柱状至腊肠状，光滑。

生境特点　春秋季雨后生长在针叶树腐木或枯枝上。
引证标本　平江县，幕阜山国家森林公园，标本号GDGM 51272。
用途与讨论　可食用。

桂花耳　*Dacryopinax spathularia* (Schwein.) G.W. Martin

形态特征　子实体高0.8～2.5cm，柄下部直径0.2～0.3cm，具细绒毛，橙红色至橙黄色，基部栗褐色至黑褐色，生于腐木上。担子叉状。担孢子8.5～15μm×3.5～5μm，椭圆形至肾形，无色，光滑，初期无横隔，后期形成1～2横隔。

生境特点　春季至晚秋群生或丛生于杉木等针叶树倒腐木或木桩上。
引证标本　汝城县，九龙江国家森林公园，标本号GDGM 52369。
用途与讨论　可食用。

褐色暗银耳
Phaeotremella fimbriata (Pers.) Spirin & V. Malysheva

形态特征　子实体直径4~8cm，近脑状，由叶状至花瓣状分枝组成，茶褐色至暗褐色，顶端平钝，无凹缺。菌肉胶质，褐色，干后变硬。菌柄阙如。下担子9~15μm × 8~13μm，十字纵裂。担孢子8~10μm × 7~9μm，卵形至近球形，光滑。

生境特点　夏秋季生于阔叶树腐木上。
引证标本　浏阳市，大围山国家森林公园，标本号GDGM55468。
用途与讨论　可食用。褐色暗银耳原描述于欧洲，在罗霄山脉地区系首次记录，但欧洲的褐色暗银耳子实体颜色较深呈黑色，担孢子相对较小，为5~8μm × 4.5~6.5μm。

茶色暗银耳 *Phaeotremella foliacea* (Pers.) Wedin, J.C. Zamora & Millanes

形态特征 子实体直径3~8cm，近球形，由叶状至花瓣状分枝组成，茶褐色至淡肉桂色，顶端平钝，无凹缺。菌肉稍胶质，白色，干后变硬。菌柄阙如或短。下担子12~20μm×10~16μm，十字纵裂。担孢子5~9μm×4.5~8.5μm，卵形至近球形，光滑。

生境特点 夏秋季生于林中阔叶树腐木上。分布于中国大部分地区。

引证标本 浏阳市，石柱峰风景区，标本号GDGM 51487。

用途与讨论 可食用。

褐盖刺银耳
Pseudohydnum brunneiceps Y.L. Chen, M.S. Su & L.P. Zhang

形态特征 菌盖宽1~4cm，贝壳形至扇形，深灰色至灰褐色，胶质，不黏，表面具微绒毛；下表面具白色至浅灰色肉刺，圆锥形。菌柄长0.5~1cm，直径0.4~0.6cm，侧生，胶质，与菌盖同色。担孢子6~8μm×5~7μm，球形，光滑，无色。

生境特点 夏秋季单生至群生于林中地上或腐木上。

引证标本 崇义县，阳岭国家森林公园，标本号GDGM 55584。

用途与讨论 用途未明。本种为近年报道于罗霄山脉地区的新种。

生境特点 夏秋季群生于阔叶树的腐木上。
引证标本 井冈山市，井冈山国家级自然保护区，标本号GDGM50348。
用途与讨论 食药兼用。银耳是一种寄生菌，寄生于炭团菌类真菌上。

银耳 *Tremella fuciformis* Berk.

形态特征 子实体直径4～7cm，白色，透明，干时带黄色，遇湿能恢复原状，黏滑，胶质，由薄而卷曲的瓣片组成。有隔担子8～11μm×5～7μm，宽卵形；有2～4个斜隔膜，无色；小梗长2～5μm，生于顶部，常弯曲，无色。担孢子直径5～7μm，近球形，光滑，无色。

4.3 多孔菌类

刺丝盘革菌
Aleurodiscus mirabilis (Berk. & M.A. Curtis) Höhn.

形态特征 子实体一年生，平伏，边缘卷起呈盘状，新鲜时无臭无味，革质，干后木栓质。菌盖表面新鲜时橘红色至桃红色，边缘颜色略浅，干后淡黄色至赭色，光滑。单个菌盘直径可达2cm，厚可达1mm。担孢子24～26μm×11.5～13μm，椭圆形、柠檬形至半月形，壁稍厚，具刺，淀粉质，不嗜蓝。

生境特点 春秋季数个连生于多种阔叶树树皮上，造成木材白色腐朽。
引证标本 宜春市，官山国家级自然保护区，标本号GDGM51219。
用途与讨论 可药用。

耳匙菌 *Auriscalpium vulgare* Gray

形态特征 子实体一年生，具中生菌柄，新鲜时革质至软木栓质。菌盖圆形，直径1~2cm，表面灰褐色至红褐色，边缘色淡，被硬毛，边缘锐，干后内卷。菌齿圆柱形，末端渐尖，每毫米2~3个，淡褐色，脆质。菌肉淡褐色，木栓质。担孢子4.5~5.5μm × 3.5~4.5μm，宽椭圆形，具小疣突，淀粉质。

生境特点 夏秋季单生或数个聚生于松科树的球果上。

引证标本 平江县，幕阜山国家森林公园，标本号GDGM 51251。

用途与讨论 用途未明。

烟管菌 *Bjerkandera adusta* (Willd.) P. Karst.

形态特征　子实体一年生，无柄，覆瓦状叠生，新鲜时革质至软木栓质，干后木栓质。菌盖半圆形，外伸可达4cm，宽可达6cm，基部厚可达3mm；表面乳白色至黄褐色，无环带，有时具疣突，被细绒毛；边缘锐，乳白色，干后内卷。孔口表面新鲜时烟灰色，干后黑灰色；多角形。菌肉干后木栓质，无环区，厚可达2mm。菌管和孔口表面颜色相近，木栓质，长可达1mm。担孢子 3.5～5μm × 2～2.8μm，长椭圆形，无色，薄壁，光滑，非淀粉质，不嗜蓝。

生境特点　夏秋季生于阔叶树的活立木、死树、倒木和树桩上。

引证标本　汝城县，九龙江国家森林公园，标本号GDGM 50508。

用途与讨论　可药用。

高山瘤孢孔菌 *Bondarzewia montana* (Quél.) Singer

形态特征　子实体一年生，叠生，新鲜时肉质至软革质，干后软木栓质。菌盖近圆形或扇形，直径可达15cm，基部厚可达10mm，表面黄褐色至紫褐色，具同心环带，边缘锐，常开裂。菌肉奶油色，木栓质，厚可达8mm。菌管浅黄色，脆质，易碎，长可达2mm。孔口奶油色至浅黄色，多角形，每毫米1～3个。担孢子 6～8μm × 5.5～7μm，球形或近球形，无色，具明显的短刺，淀粉质，嗜蓝。

生境特点　夏秋季生于针叶树基部。

引证标本　萍乡市，武功山国家森林公园，标本号GDGM 54886。

用途与讨论　食药兼用。

环带齿毛菌　*Cerrena zonata* (Berk.) H.S. Yuan

形态特征　子实体一年生，平伏至具明显菌盖，覆瓦状叠生，新鲜时革质，干后硬革质。菌盖直径3～5cm，表面新鲜时橘黄色至黄褐色，具同心环带，边缘锐，干后内卷，撕裂状，不育边缘窄。菌管或菌齿单层，黄褐色，干后硬纤维质，长可达4mm。担孢子4～6μm×3～4μm，宽椭圆形，无色，薄壁，光滑。

生境特点　春秋季生于阔叶树的活立木、死树和倒木上。

引证标本　平江县，幕阜山国家森林公园，标本号GDGM 50360。

用途与讨论　可药用。

肉桂集毛孔菌　*Coltricia cinnamomea* (Jacq.) Murrill

形态特征　子实体一年生，具中生菌柄，软革质。菌盖近圆形，直径可达6cm，表面深褐色，具不明显的同心环带，被绒毛，边缘薄。菌肉锈褐色，革质。菌管红褐色，软木栓质，长可达2mm。孔口锈褐色，多角形。菌柄暗红褐色，被短绒毛，长可达4cm，直径可达3mm。担孢子6.5～8.5μm×4.5～6.5μm，宽椭圆形，浅黄色，厚壁，光滑，非淀粉质，嗜蓝。

生境特点　夏秋季生于阔叶树林中地上。

引证标本　井冈山市，井冈山国家级自然保护区，标本号GDGM50016。

用途与讨论　用途未明。

铁色集毛孔菌　*Coltricia sideroides* (Lév.) Teng

形态特征　子实体一年生，具中生菌柄，软木栓质。菌盖圆形或漏斗形，直径可达3cm，表面锈褐色，具不明显的同心环纹，光滑，边缘锐。菌肉暗褐色，革质，厚可达2mm。菌管灰褐色，明显浅于菌肉颜色，干后脆质，长可达2mm。孔口表面褐色，多角形，每毫米3～5个，边缘薄，撕裂状，不育边缘明显，宽可达1mm。菌柄锈褐色，木栓质，具微绒毛，长可达2cm，直径可达3mm。担孢子6～7μm×5～6μm，宽椭圆形至近球形，浅黄色，厚壁，光滑，非淀粉质，嗜蓝。

生境特点　春夏季单生于阔叶林中地上，造成木材白色腐朽。分布于华南地区。
引证标本　汝城县，九龙江国家森林公园，标本号GDGM52176。
用途与讨论　用途未明。

刺柄集毛孔菌　*Coltricia strigosipes* Corner

形态特征　子实体一年生，具中生菌柄，软革质。菌盖近圆形，常数个菌盖合生，直径可达6cm，初期肉桂色至深褐色，成熟后浅灰色，具明显的同心环带，被绒毛。菌肉锈褐色，革质。菌管浅灰褐色，软木栓质。孔口表面金黄褐色至锈褐色，多角形。菌柄暗红褐色，被短绒毛，长可达4cm，直径可达6mm。担孢子7～9μm×4～5μm，椭圆形，浅黄色，厚壁，光滑，非淀粉质，不嗜蓝。

生境特点　夏秋季生于针叶林中地上。
引证标本　资兴市，天鹅山国家森林公园，标本号GDGM 52278。
用途与讨论　用途未明。

灰蓝孔菌　*Cyanosporus caesius* (Schrad.) McGinty

形态特征　子实体一年生，肉质至革质。菌盖半圆形至扇形，外伸可达3cm，宽可达5cm，表面奶油色至蓝灰色，常具深蓝色环纹，被绒盖。菌肉白色，伤不变色。菌孔灰白色至淡蓝色，孔口奶油色，干后黄褐色，伤不变色。担孢子4.5～5μm×0.8～1.2μm，腊肠形，非淀粉质，不嗜蓝。

生境特点　夏秋季生于针叶树或阔叶树倒木上。
引证标本　炎陵县，桃源洞国家级自然保护区，标本号GDGM55530。
用途与讨论　用途未明。

优雅波边革菌　*Cymatoderma elegans* Jungh.

形态特征　子实体革质，具侧生短柄，菌盖漏斗形至扇形，宽5～12cm，厚可达4mm，表面黄褐色至橙褐色，具环状纹，边缘常带紫色，子实层体呈辐射状褶皱。菌柄偏生或中生，近圆柱形，长1～4cm，直径5～8mm，密被灰褐色绒毛。担孢子6～9μm×4～4.5μm，近椭圆形。

生境特点　夏秋季生于阔叶树腐木上。
引证标本　崇义县，阳岭国家森林公园，标本号GDGM50578。
用途与讨论　用途未明。

三色拟迷孔菌
Daedaleopsis tricolor (Bull.) Bondartsev & Singer

形态特征 子实体一年生，覆瓦状叠生，革质。菌盖半圆形，扁平，有时左右相连，直径可达7cm，被绒毛，具同心环带或放射状条纹，茶褐色、棕褐色至紫褐色，边缘薄锐，波浪状。菌褶直生，茶褐色至棕褐色，可相互交织，褶缘波浪状或近锯齿状。担孢子5.5～7.5μm × 2～2.5μm，圆柱形，无色，平滑。

生境特点 夏秋季生于阔叶树立木和倒木上。
引证标本 浏阳市，大围山国家森林公园，标本号GDGM55504。
用途与讨论 可药用，具抗肿瘤和抗氧化作用。

红贝俄氏孔菌　*Earliella scabrosa* (Pers.) Gilb. & Ryvarden

形态特征　子实体一年生，覆瓦状叠生，木栓质。菌盖半圆形至扇形，外伸长3～5cm，宽4～15cm，中部厚3～6mm，表面棕褐色至漆红色，光滑，具同心环纹，边缘锐，全缘或略呈撕裂状，不育边缘浅黄色。孔口表面白色至棕黄色，多角形至不规则形。菌肉奶油色，厚2～6mm。菌管浅黄色，长1～2mm。担孢子7～9.5μm×3.5～4μm，圆柱形或长椭圆形，无色，薄壁，光滑，非淀粉质，不嗜蓝。

生境特点　春季至秋季生于阔叶树的活树、死树和倒木上。

引证标本　衡东县，武家山森林公园，标本号GDGM51233。

用途与讨论　可药用。

根状纤维孔菌　*Fibroporia radiculosa* (Peck) Parmasto

形态特征　子实体一年生，平伏，易与基物剥离，新鲜时软棉质至革质，干后易碎，长可达60cm，宽可达10cm。孔口表面鲜黄色至淡黄褐色，多角形，边缘薄，全缘至略呈撕裂状，不育边缘明显，奶油色至浅黄色。具明显的菌索，菌索浅黄色。菌肉浅黄色。菌管与孔口表面同色或略浅，易碎。担孢子5～7μm×3～4μm，卵圆形，无色，壁薄至稍厚，光滑，非淀粉质，不嗜蓝。

生境特点　夏秋季生于松树上。

引证标本　浏阳市，石柱峰风景区，标本号GDGM50767。

用途与讨论　用途未明。

马尾松拟层孔菌
Fomitopsis massoniana B.K. Cui, M.L. Han & Shun Liu

形态特征 子实体多年生，无柄，新鲜时硬木栓质。菌盖半圆形，外伸长6～10cm，宽12～25cm，中部厚2～4cm，表面橙褐色，边缘钝，初期乳白色，后期浅黄色或红褐色，不育边缘明显，宽可达4mm。孔口表面乳白色，圆形，每毫米5～7个。菌肉乳白色或浅黄色，上表面具明显且厚的皮壳。菌管与菌肉同色，木栓质，分层不明显。担孢子5.5～7.5μm×3～4μm，椭圆形，无色，壁略厚，光滑，非淀粉质，不嗜蓝。

生境特点 夏秋季生于针叶树或阔叶树的活树、倒木和腐木上。

引证标本 炎陵县，神农谷国家森林公园，标本号GDGM 50142。

用途与讨论 可药用。本种为近年发表于中国福建的新种，在罗霄山脉地区系首次记录。

南方灵芝 *Ganoderma australe* (Fr.) Pat.

形态特征 子实体多年生，无柄，木栓质。菌盖半圆形，外伸可达15cm，宽可达25cm，基部厚可达7cm，表面锈褐色至棕褐色，具明显的环沟和环带，边缘圆钝，奶油色至浅灰褐色。孔口灰白色至淡褐色，圆形，每毫米4～5个。菌肉浅褐色至棕褐色，厚可达3cm。菌管暗褐色，长可达4cm。担孢子7～8.5μm×4～5.5μm，宽卵圆形，顶端平截，淡褐色，双层壁，外壁无色、光滑，内壁具小刺，非淀粉质。

生境特点 春秋季生于多种阔叶树的活立木、倒木、树桩和腐木上。

引证标本 遂川县，白水仙风景区，标本号GDGM 50102。

用途与讨论 可药用。

弯柄灵芝　*Ganoderma flexipes* Pat.

形态特征　子实体一年生，具背生柄，木栓质。菌盖近匙形至近圆形，外伸可达2cm，宽可达3cm，表面黄褐色至红褐色，具漆样光泽，边缘钝。孔口表面污白色至污灰色，近圆形，每毫米4～5个。菌肉淡褐色。菌管层暗褐色，长可达9mm。菌柄与菌盖同色，长可达10cm。担孢子8～9.5μm×4.5～6μm，椭圆形，顶端平截，黄褐色，双层壁，外壁光滑，内壁具小刺，非淀粉质。

生境特点　夏季生于阔叶林中地下腐木上。

引证标本　汝城县，九龙江国家森林公园，标本号GDGM 51989。

用途与讨论　用途未明。

灵芝　*Ganoderma lingzhi* Sheng H. Wu, Y. Cao & Y.C. Dai

形态特征　菌盖直径8～12cm，平展，幼时浅黄色、浅黄褐色至黄褐色，成熟时变为黄褐色至红褐色。孔口表面幼时为白色，成熟时变为硫黄色，触摸后变为褐色或深褐色，干燥时为淡黄色。菌肉浅褐色，双层，上层菌肉颜色浅，下层菌肉颜色深，木栓质。菌管褐色，木栓质，颜色明显比菌肉深。菌柄扁平状或近圆柱形，红褐色至紫黑色。担孢子9～11μm×6～7μm，椭圆形，顶端平截，双层壁，内壁具小刺，嗜蓝。

生境特点　夏秋季生于阔叶树的死木、倒木和腐木上。

引证标本　炎陵县，神农谷国家森林公园，标本号GDGM 50160。

用途与讨论　食药兼用，在中国已广泛栽培。

紫芝
Ganoderma sinense J.D. Zhao, L.W. Hsu & X.Q. Zhang

形态特征　子实体一年生，具侧生柄，木栓质。菌盖半圆形、近圆形或匙形，外伸可达9cm，表面新鲜时漆黑色，光滑，具明显的同心环纹和纵皱，干后紫褐色、紫黑色至近黑色，具漆样光泽。孔口表面污白色、淡褐色至深褐色，圆形。菌肉褐色至深褐色，软木栓质，厚可达8mm。菌管褐色至深褐色。菌柄侧生至偏生，紫褐色至黑色，长5~12cm，直径0.8~2.0cm。担孢子11~12.5μm×7~8μm，椭圆形，双层壁，外壁无色、光滑，内壁淡褐色到褐色、具小脊。

生境特点　夏秋季生于多种阔叶树的垂死木、倒木和腐木上。
引证标本　桂东县，八面山国家级自然保护区，标本号GDGM50105。
用途与讨论　食药兼用，已实现产业化种植，是中国主要栽培灵芝品种之一。

生境特点　夏秋季生于阔叶树倒木或栈道木上。
引证标本　平江县，幕阜山国家森林公园，标本号GDGM50975。
用途与讨论　用途未明。

大革裥菌　*Lenzites vespacea* (Pers.) Pat.

形态特征　子实体一年生，无柄，覆瓦状叠生，革质。菌盖扇形，直径可达8cm，基部厚可达1cm，表面浅稻草色至赭石色，干后灰褐色，被灰色或褐色绒毛，具同心环纹和环沟，边缘锐，干后略呈撕裂状。子实层体新鲜时白色至奶油色，干后灰褐色至浅黄褐色，褶状，放射状排列，每厘米7～10片。菌褶厚可达0.2mm，奶油色至浅黄褐色，宽可达9mm。菌肉新鲜时白色，干后奶油色，厚可达1.5mm。担孢子5～6μm×2.5～3μm，宽椭圆形，无色，薄壁，光滑，非淀粉质，不嗜蓝。

生境特点 春秋季群生于阔叶树倒木或落枝上。
引证标本 汝城县，九龙江国家森林公园，标本号GDGM51956。
用途与讨论 用途未明。

近缘小孔菌 *Microporus affinis* (Blume & T. Nees) Kuntze

形态特征 子实体一年生，具侧生柄，木栓质。菌盖半圆形，外伸可达5cm，宽达8cm，基部厚达5mm，黄棕色至深棕褐色，具明显环纹，边缘薄，全缘。孔口表面白色至淡黄色，圆形，每毫米7～9个。菌管与孔口表面同色，长可达2mm。菌肉白色至淡黄色。菌柄暗褐色至褐色，光滑。担孢子3.5～4.5μm × 1.5～2μm，短圆柱形至腊肠形，无色，薄壁，光滑，非淀粉质，不嗜蓝。

黄褐小孔菌　*Microporus xanthopus* (Fr.) Kuntze

形态特征　子实体一年生，具侧生菌柄，韧革质。菌盖圆形至漏斗形，直径可达8cm，中部厚可达5mm，表面浅黄褐色至黄褐色，具同心环纹，边缘锐，常波状。不育边缘明显，宽可达1mm。孔口表面白色至奶油色，干后淡赭石色，多角形，每毫米8~10个。菌管与孔口表面同色，长可达2mm。菌柄浅黄褐色，光滑，长可达2cm，直径可达2.5mm。担孢子6~7.5μm×2~2.5μm，短圆柱形，无色，薄壁，光滑，非淀粉质，不嗜蓝。

生境特点　春秋季单生或群生于阔叶树倒木上。
引证标本　崇义县，阳岭国家森林公园，标本号GDGM52924。
用途与讨论　用途未明。

胶质射脉革菌
Phlebia tremellosa (Schrad.) Nakasone & Burds.

形态特征 子实体一年生，平伏或具明显菌盖，覆瓦状叠生，易与基物剥离，肉质至革质。菌盖近半圆形，外伸可达3cm，宽可达6cm，表面白色、淡黄色至粉黄色，被绒毛。菌肉灰白色，厚可达2mm。子实层体浅肉桂色、橘黄色至红褐色，具放射状脊纹。孔口圆形至多角形，每毫米3～4个。担孢子4～4.5μm×1～1.5μm，腊肠形，无色，薄壁，光滑，非淀粉质，不嗜蓝。

生境特点 夏秋季群生于多种阔叶树倒木和腐木上。
引证标本 平江县，幕阜山国家森林公园，标本号GDGM 55280。
用途与讨论 可药用，具抗肿瘤和抗菌作用。

条盖多孔菌 *Polyporus grammocephalus* Berk.

形态特征 子实体一年生，具侧生柄，革质。菌盖扇形，直径可达7cm，中部厚可达6mm，表面淡黄褐色、棕褐色至黑褐色，光滑，具放射状条纹，边缘薄，边缘波浪状。孔口白色至淡黄褐色，圆形，下延至菌柄。菌肉奶油色至木材色，厚可达4mm。菌柄菌盖表面同色，长可达1cm，直径达5mm。担孢子7～9μm×3～3.5μm，长椭圆形至圆柱形，无色，薄壁，光滑，非淀粉质，不嗜蓝。

生境特点 春秋季生于阔叶树倒木和落枝上。
引证标本 茶陵县，云阳山国家森林公园，标本号GDGM 52571。
用途与讨论 用途未明。

变形多孔菌 *Polyporus varius* (Pers.) Fr.

形态特征 子实体一年生，具菌柄，革质。菌盖圆形或漏斗状，直径可达8cm，厚可达10mm，从基部向边缘渐薄，表面灰褐色至深褐色，被浅红褐色斑点，边缘锐，新鲜时波浪状，干后略内卷。孔口表面浅黄色或黄褐色，多角形。菌管浅黄色，新鲜时肉质，长可达4mm，延生至菌柄上部。菌柄黑褐色，被绒毛，长可达4cm，直径可达1.5mm。担孢子7.5～9.5μm × 2.5～3.5μm，圆柱形，无色，薄壁，光滑，非淀粉质，不嗜蓝。

生境特点 夏秋季生于枯树、倒木和树桩上。

引证标本 宜春市，官山国家级自然保护区，标本号GDGM51063。

用途与讨论 用途未明。

血红密孔菌 *Pycnoporus sanguineus* (L.) Murrill

形态特征 子实体一年生，革质。菌盖扇形，外伸可达3cm，宽可达5cm，基部厚可达0.5cm，表面砖红色，边缘锐，不育边缘宽可达1mm。菌肉浅红褐色。孔口近圆形，每毫米5～6个，表面砖红色。菌管与孔口表面同色，长可达4.5mm。担孢子3.5～4.5μm × 1.5～2.0μm，长椭圆形至圆柱形，无色，薄壁，光滑，非淀粉质，不嗜蓝。

生境特点 夏秋季生于多种阔叶树倒木和腐木上。

引证标本 汝城县，九龙江国家森林公园，标本号GDGM50492。

用途与讨论 可药用。

生境特点 春秋季单生或群生于阔叶林中地上或腐木上。
引证标本 汝城县,九龙江国家森林公园,标本号GDGM51520。
用途与讨论 可药用。

血芝 *Sanguinoderma rugosum* (Blume & T. Nees) Y.F. Sun, D.H. Costa & B.K. Cui

形态特征 子实体一年生,木栓质。菌盖直径5～8cm,表面棕褐色至深褐色,具明显纵皱和同心环纹,中部凹陷,无光泽,边缘波浪状。孔口表面白色至灰白色,伤后变血红色。菌管褐色至深褐色,长可达6mm。菌柄长5～10cm,直径6～10mm,与菌盖同色,被一层皮壳,圆柱形,光滑。担孢子9.5～11.5μm × 8～9.5μm,宽椭圆形至近球形,双层壁,外壁光滑,内壁具小刺,非淀粉质,嗜蓝。

扁韧革菌　*Stereum ostrea* (Blume & T. Nees) Fr.

形态特征　子实体一年生，无柄，覆瓦状叠生，革质。菌盖半圆形或扇形，外伸可达4cm，宽可达8cm，基部厚可达1mm，表面鲜黄色至浅栗色，具同心环纹，被细绒毛；边缘薄、锐，新鲜时金黄色，全缘或开裂。子实层体肉色至蛋壳色，光滑。担孢子5～6μm×2～3μm，宽椭圆形，无色，薄壁，光滑，淀粉质，不嗜蓝。

生境特点　春秋季生于阔叶树的死树、倒木、树桩及腐木上。
引证标本　汝城县，九龙江国家森林公园，标本号GDGM80808。
用途与讨论　用途未明。

蓝伏革菌 Terana coerulea (Lam.) Kuntze

形态特征 子实体一年生，平伏，新鲜时无特殊气味，革质，长可达50cm，宽可达15cm，厚可达5mm。子实层体新鲜时深蓝色，干后污蓝色，光滑或具小疣突。不育边缘不明显，偶尔菌索状，宽可达1mm。担孢子7～9μm × 4～6μm，椭圆形，无色，薄壁，光滑，非淀粉质，嗜蓝。

生境特点 秋季生于阔叶树倒木上。

引证标本 浏阳市，石柱峰风景区，标本号GDGM 52937。

用途与讨论 用途未明。

华南干巴菌 Thelephora austrosinensis T.H. Li & T. Li

形态特征 担子果小到中型，高4～7cm，宽3～6cm，革质，近喇叭状、莲座状，上表面近光滑或具不明显的辐射状褶皱，具环纹，灰色至灰黑色，边缘薄，上翘呈波浪状，幼时具明显的白色环纹。子实层近光滑或皱缩，具环纹，淡紫色至暗紫色，边缘黄白色至灰褐色。菌肉薄，1～2mm。担孢子5～6.5μm × 4.5～5.5μm，近球形，具疣突。

生境特点 秋季生于阔叶林中地上。

引证标本 汝城县，九龙江国家森林公园，标本号GDGM 52356；崇义县，阳岭国家森林公园，标本号GDGM53321。

用途与讨论 可食用。本种为近年报道于华南地区的新种，较干巴菌Thelephora ganbajun的子实体小，子实层边缘薄，锯齿状，孢子相对较小。

雅致栓孔菌　*Trametes elegans* (Spreng.) Fr.

形态特征　子实体一年生，革质。菌盖半圆形，外伸可达6cm，宽可达10cm，中部厚可达1.5cm，表面白色至浅灰白色，基部具瘤状突起，边缘锐，完整，不育边缘奶油色。菌肉乳白色，厚可达9mm。孔口表面奶油色至浅黄色，多角形至迷宫状，放射状排列，每毫米2~3个。菌管奶油色，长可达6mm。担孢子5~6μm × 2~3μm，长椭圆形，无色，薄壁，光滑，非淀粉质，不嗜蓝。

生境特点　春秋季生于阔叶树倒木和腐木上。
引证标本　井冈山市，井冈山国家级自然保护区，标本号GDGM50763。
用途与讨论　可药用。

迷宫栓孔菌　*Trametes gibbosa* (Pers.) Fr.

形态特征　子实体一年生，覆瓦状叠生，革质，具芳香味。菌盖半圆形或扇形，外伸可达10cm，宽可达15cm，中部厚可达2.5cm，表面乳白色至浅棕黄色，具明显的同心环纹，边缘锐，不育边缘不明显。菌肉乳白色，厚可达1cm。孔口表面乳白色至草黄色，多角形，常呈长孔状至近褶状，左右连成波浪状。菌管奶油色或浅乳黄色，长可达15mm。担孢子4～4.5μm × 2～2.5μm，圆柱形，无色，薄壁，光滑，非淀粉质，不嗜蓝。

生境特点　夏秋季生于多种阔叶树倒木上，造成木材白色腐朽。
引证标本　浏阳市，石柱峰风景区，标本号GDGM51172。
用途与讨论　可药用。

毛栓孔菌　*Trametes hirsuta* (Wulfen) Lloyd

形态特征　子实体一年生，覆瓦状叠生，革质。菌盖半圆形或扇形，外伸可达4cm，宽可达10cm，中部厚可达13mm，表面黄棕色至浅棕褐色，成熟部分常青褐色，被硬毛和细绒毛，具明显的同心环纹，边缘锐，黄褐色，不育边缘不明显，宽可达1mm。菌肉乳白色，厚可达5mm。孔口表面乳白色至灰褐色，多角形。菌管奶油色或浅乳黄色，长可达8mm。担孢子4～6μm×1.5～2.5μm，圆柱形，无色，薄壁，光滑，非淀粉质，不嗜蓝。

生境特点　春秋季生于多种阔叶树倒木和树桩上。
引证标本　萍乡市，武功山国家森林公园，标本号GDGM 54951。
用途与讨论　可药用。

谦逊栓孔菌　*Trametes modesta* (Kunze ex Fr.) Ryvarden

形态特征　子实体一年生，覆瓦状叠生，韧革质。菌盖半圆形至贝壳形，外伸可达3cm，宽可达5cm，厚可达3mm，棕黄色至棕褐色，光滑，基部具明显奶油色增生物，具明显同心环带，边缘锐，奶油色，不育边缘明显，宽可达1.5mm。孔口表面乳白色至土黄色，近圆形，每毫米5～6个。菌管与孔口表面同色，长可达0.5mm。担孢子3～4μm×2～2.5μm，椭圆形，无色，薄壁，光滑，非淀粉质，不嗜蓝。

生境特点　春秋季生于阔叶树倒木上，造成木材褐色腐朽。
引证标本　茶陵县，云阳山国家森林公园，标本号GDGM 52549。
用途与讨论　用途未明。

云芝栓孔菌 *Trametes versicolor* (L.) Lloyd

形态特征　子实体一年生，覆瓦状叠生，革质。菌盖半圆形，外伸可达5cm，宽可达8cm，中部厚可达0.5cm，表面颜色多变，淡黄色、蓝灰色至灰黑色，被细绒毛，具同心环纹，边缘锐，不育边缘明显，宽可达2mm。菌肉乳白色，厚可达2mm。孔口表面奶油色至烟灰色，多角形至近圆形。菌管烟灰色至灰褐色，长可达3mm。担孢子4～5.5μm×1.5～2.5μm，圆柱形，无色，薄壁，光滑，非淀粉质，不嗜蓝。

生境特点　春秋季生于多种阔叶树倒木和树桩上。
引证标本　茶陵县，云阳山国家森林公园，标本号GDGM52561。
用途与讨论　可药用。

生境特点 春秋季生于针叶树的死树、倒木和树桩上。
引证标本 平江县，幕阜山国家森林公园，标本号GDGM51264。
用途与讨论 可药用。

冷杉附毛孔菌
Trichaptum abietinum (Pers. ex J.F. Gmel.) Ryvarden

形态特征 子实体一年生，平伏至具明显菌盖，覆瓦状叠生，革质。菌盖半圆形或扇形，表面黄绿色、青绿色至黄棕色，被细绒毛，具明显的同心环纹，边缘锐，干后内卷，不育边缘不明显。菌肉异质，上层灰白色，下层褐色，厚可达0.5mm。子实层体初期孔状，多角形，后期渐撕裂，齿状。孔口表面紫色至赭色。菌管或齿灰褐色，长可达1.5mm。担孢子$5.5 \sim 7 \mu m \times 2.5 \sim 3 \mu m$，圆柱形，略弯曲，无色，薄壁，光滑，非淀粉质，不嗜蓝。

碎片木革菌　*Xylobolus frustulatus* (Pers.) P. Karst.

形态特征　子实体多年生，平伏，木质，不规则开裂呈颗粒状至扁圆形，开裂后的子实体长可达2cm，厚可达5mm，表面灰白色至淡灰色，老后橙红色。菌肉褐色至咖啡色。担孢子4～4.5μm×3～3.5μm，椭圆形，光滑，拟糊精质，不嗜蓝。

生境特点　夏秋季生于阔叶树倒木上。
引证标本　汝城县，飞水寨景区，标本号GDGM56309。
用途与讨论　用途未明。

金丝木革菌　*Xylobolus spectabilis* (Klotzsch) Boidin

形态特征　子实体一年生，覆瓦状叠生，革质。菌盖扇形，从基部向边缘渐薄，外伸可达1.5cm，宽可达3cm，基部厚可达1mm，表面浅黄色、黄褐色至褐色，被细绒毛，具同心环带；边缘锐，波状，黄褐色，干后内卷。子实层体初期奶油色，后期浅黄色，光滑。担孢子4～6μm×2.5～3μm，宽椭圆形，无色，薄壁，光滑，淀粉质，不嗜蓝。

生境特点　夏秋季生于阔叶树死树上。
引证标本　平江县，幕阜山国家森林公园，标本号GDGM50973。
用途与讨论　用途未明。

4.4 珊瑚菌类

杯冠瑚菌 *Artomyces pyxidatus* (Pers.) Jülich

形态特征 子实体高4～10cm，宽2～10cm，珊瑚状，初期乳白色，渐变为米黄色、淡褐色至褐色，表面光滑。主枝3～5条，直径2～3mm，肉质。分枝3～5回，每分枝处的所有轮状分枝构成一个环状结构，分枝顶端凹陷具3～6个突起，初期乳白色至黄白色，后期呈棕褐色。柄状基部长1～3cm，直径达1cm，近圆柱形，初期白色，渐变粉红色至褐色。担孢子4～5μm×2～3μm，椭圆形，表面具微小的凹痕，无色，淀粉质。

生境特点 夏秋季散生于针阔混交林中腐木上。
引证标本 炎陵县，桃源洞国家级自然保护区，标本号GDGM55120。
用途与讨论 可食用。

脆珊瑚菌　*Clavaria fragilis* Holmsk.

形态特征　子实体高2~6cm，直径2~3mm，细长圆柱形或长梭形，顶端稍细，圆钝，不分枝或偶有分枝，白色至乳白色，老后略带黄色，脆，初期内实，后期中空。柄不明显。担孢子4~7.5μm×3~4μm，光滑，无色，长椭圆形或苹果种子形。

生境特点　夏秋季丛生于林中地上。

引证标本　汝城县，九龙江国家森林公园，标本号GDGM 52355。

用途与讨论　可食用。

堇紫珊瑚菌　*Clavaria zollingeri* Lév.

形态特征　子实体高1.5~7cm，常丛生，丛宽1~5cm，珊瑚状，肉质，易碎，淡紫色、堇紫色或水晶紫色。基部之上各分枝通常不再分枝，有时顶部分为两叉或多分叉的短枝，分枝直径0.3~0.6cm。担孢子5.5~7.5μm×4.5~5.5μm，宽椭圆形至近球形，光滑，无色。

生境特点　夏秋季丛生或群生于针阔混交林中地上。

引证标本　桂东县，三台山森林公园，标本号GDGM 50914。

用途与讨论　用途未明。

金赤拟锁瑚菌
Clavulinopsis aurantiocinnabarina (Schwein.) Corner

形态特征 子实体高2～5cm，直径0.5～4mm，不分枝或少分枝，橙黄色至橘红色，棒状，中空，顶端尖，偶有分裂。菌柄分界不明显，长0.3～1cm，直径1～2mm，颜色稍深。菌肉黄褐色，伤不变色。担孢子5～7.5μm×5～6.5μm，近球形，光滑，无色，非淀粉质。

生境特点 夏秋季单生或丛生至簇生于阔叶林中地上。
引证标本 井冈山市，井冈山国家级自然保护区，标本号GDGM51653。
用途与讨论 用途未明。

棱形拟锁瑚菌 *Clavulinopsis fusiformis* (Sowerby) Corner

形态特征 子实体高5～10cm，常群生或簇生，直径2～4mm，近梭形，鲜黄色至橙黄色，表面光滑，顶端钝，不分枝，脆骨质。菌柄阙如或不明显。菌肉淡黄色，伤不变色。担子40～60μm×6～10μm。担孢子7～9μm×6～7μm，宽椭圆形，表面光滑。

生境特点 夏秋季生于针阔混交林中地上。
引证标本 浏阳市，大围山国家森林公园，标本号GDGM55484。
用途与讨论 用途未明。

4.5 鸡油菌类

华南鸡油菌　*Cantharellus austrosinensis* Ming Zhang, C.Q. Wang & T.H. Li

形态特征　子实体小型。菌盖直径1.5~4cm，初半球形，中部凹陷，边缘内卷，后渐平展至中部凹陷，边缘不规则或波浪状，表面棕色、黄棕色至淡黄色，中部具棕色斑点。菌肉白色至黄色，有芳香味。菌褶延生至近延生，稀疏，窄，具横脉，淡黄色或橙黄色。菌柄圆柱形，长2~6cm，直径3~11mm，褐色至黄褐色。担孢子5.5~9μm × 3.5~5μm，椭圆形，光滑。

生境特点　夏秋季生于针阔混交林中地上。
引证标本　井冈山市，井冈山国家级自然保护区，标本号GDGM51652。
用途与讨论　可食用。本种为2021年报道于中国华南地区的鸡油菌新种，罗霄山脉地区系首次记录。

生境特点 夏秋季散生于阔叶林中地上。
引证标本 汝城县,九龙江国家森林公园,标本号GDGM53315。
用途与讨论 可食用。本种系近年报道于罗霄山脉地区的中国新记录种。

淡蜡黄鸡油菌
Cantharellus cerinoalbus Eyssart. & Walleyn

形态特征 子实体小到中型。菌盖直径3～7cm,初半球形,后凸镜形至近平展,成熟后中部稍凹陷,淡橄榄绿色至蜡黄色,蜡质,易碎,光滑或具极细微纤丝。菌褶延生,淡黄色至淡橙黄色,不分叉。菌柄圆柱形,长3～8cm,直径5～10mm,表面光滑,蜡白色或污白色,基部橄榄绿色。担孢子7.5～10μm × 5～6.5μm,椭圆形至近肾形,光滑。

菊黄鸡油菌
Cantharellus chrysanthus Ming Zhang, C.Q. Wang & T.H. Li

形态特征 子实体小型。菌盖直径1.5～4cm，初半球形，中部凹陷，边缘内卷，后渐平展，边缘不规则或波浪状，表面菊黄色、橙红色，光滑或具微绒毛。菌肉白色至黄色，有水果香味。菌褶延生，稀疏，窄，具横脉，橙黄色至菊黄色。菌柄圆柱形，长2～6cm，直径4～12mm，与菌盖同色或稍淡。担孢子7.5～9μm×5～6.5μm，椭圆形，光滑。

生境特点 夏秋季散生于阔叶林中地上。

引证标本 汝城县，九龙江国家森林公园，标本号GDGM 52022。

用途与讨论 可食用。本种系近年报道于中国的新种，罗霄山脉地区系首次记录。

凸盖鸡油菌 *Cantharellus convexus* Ming Zhang & T.H. Li

形态特征 子实体小型。菌盖直径0.5～1.5cm，初半球形，中部突起，边缘内卷，后渐平展，表面黄色至淡黄色，具微绒毛。菌肉白色至黄色。菌褶延生，稀疏，窄，具横脉，黄白色至淡黄色。菌柄圆柱形，长10～20mm，直径1.5～3mm，与菌盖同色或稍淡。担孢子6～7μm×4.5～5μm，椭圆形，光滑。

生境特点 夏秋季散生于阔叶林中地上。

引证标本 汝城县，九龙江国家森林公园，标本号GDGM 54841。

用途与讨论 可食用。本种系作者2022年报道于南岭和罗霄山脉地区的新种。

鞘状鸡油菌
Cantharellus vaginatus S.C. Shao, X.F. Tian & P.G. Liu

形态特征　子实体小型。菌盖直径2～4cm，初半球形至凸镜形，边缘内卷，后渐平展，中部稍凹陷，表面干，黄白色至淡黄色，中部黄棕色至深棕色，具微绒毛。菌肉白色至黄白色。菌褶延生，稀疏，窄，具横脉，黄白色至淡黄色。菌柄圆柱形，长20～40mm，直径4～6mm，与黄白色至淡黄色。担孢子6.5～8.5μm×4.5～5.5μm，椭圆形，光滑。

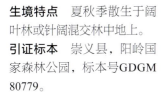

生境特点　夏秋季散生于阔叶林或针阔混交林中地上。
引证标本　崇义县，阳岭国家森林公园，标本号GDGM 80779。
用途与讨论　可食用。本种是近年报道于云南地区的新种，罗霄山脉地区系首次记录。

黄喇叭菌　*Craterellus luteus* T.H. Li & X.R. Zhong

形态特征　子实体小到中型。菌盖直径3～7cm，高3～9cm，喇叭状，亮黄色，边缘幼时内卷，成熟后向外延伸，蜡质，光滑。子实层体面呈乳白色，具蜕皮状的凹孔。菌柄圆柱状，中空，表面有不规则凹陷，乳白色或淡黄色。担孢子8～10μm×5.5～7μm，椭圆形至宽椭圆形，光滑。

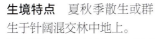

生境特点　夏秋季散生或群生于针阔混交林中地上。
引证标本　汝城县，九龙江国家森林公园，标本号GDGM 50514。
用途与讨论　可食用。本种是近年报道于中国华南地区和罗霄山脉地区的新种。

生境特点 夏秋季生于针叶林或针阔混交林中地上。
引证标本 汝城县，九龙江国家森林公园，标本号GDGM53516。
用途与讨论 可食用。

管形喇叭菌（参照种）
***Craterellus* cf. *tubaeformis* (Fr.) Quél.**

形态特征 子实体小到中型。菌盖直径2～6cm，初凸镜形，后渐呈平展至漏斗状，成熟后边缘常波浪状，表面干，蜡质感，橙黄色至黄褐色，成熟后褪色至淡灰色。菌褶延生，不发达，褶皱，具横脉，橙黄色至灰褐色。菌柄圆柱形，长3～5cm，直径3～6mm，中空，蜡质，表面淡黄色至淡橘黄色。气味和味道不明显。担孢子8.5～10μm×7～8μm，椭圆形，光滑。

4.6 伞菌类

四孢蘑菇　*Agaricus campestris* L.

形态特征　子实体中型。菌盖直径4~8cm，初半球形，后渐平展，黄白色至淡黄色，具丛毛状鳞片。菌肉白色，厚，伤不变色。菌褶离生，初期淡粉红色，后变红褐色至黑褐色。菌柄长4~8cm，直径1~2cm，圆柱形，白色。菌环白色，膜质，易脱落。担孢子7~10μm × 5~6μm，椭圆形，黄褐色，光滑。

生境特点　春秋季单生或散生于草地、路旁、田野、林地等。
引证标本　宜春市，官山国家级自然保护区，标本号GDGM51170。
用途与讨论　可食用。

生境特点 春秋季单生或散生于草地、路旁、田野、林地等。
引证标本 宜春市，官山国家级自然保护区，标本号GDGM51192。
用途与讨论 可食用。本种为近年报道于泰国的新种，在罗霄山脉地区系首次记录。

鳞柄蘑菇 *Agaricus flocculosipes* R.L. Zhao, Desjardin, Guinb. & K.D. Hyde

形态特征 子实体大型。菌盖直径8～15cm，初半球形，后渐平展，灰褐色至棕褐色，具丛毛状鳞片，表面常开裂，菌肉白色。菌褶离生，初期淡粉红色，后变红褐色至黑褐色。菌柄长8～10cm，直径1～2cm，被绒毛状鳞片，白色。菌环单层，上位，白色，膜质，易脱落。担孢子6～8μm×4～6μm，椭圆形，灰褐色至暗黄褐色，光滑。

拟淡白蘑菇　*Agaricus pseudopallens* M.Q. He & R.L. Zhao

形态特征　子实体小型。菌盖直径2.5～4cm，半球形至近平展，白色至淡黄白色，干，被绒毛，触碰后边黄色。菌肉白色至淡黄色，伤后变黄色。菌褶离生，密，初期粉色至淡褐色，成熟后呈灰褐色。菌环上位，白色，易碎。菌柄圆柱形，长2.3～5cm，直径3～3.5mm，中空，白色至淡黄白色，触碰后边黄色。担孢子5～6μm×3～3.5μm，光滑，宽椭圆形。

生境特点　夏秋季生于阔叶林中地上。

引证标本　炎陵县，桃源洞国家级自然保护区，标本号GDGM53246。

用途与讨论　用途未明。本种为近年报道于中国浙江的新种，在罗霄山脉地区系首次记录。

缠足鹅膏　*Amanita cinctipes* Corner & Bas

形态特征　子实体中型。菌盖直径4～8cm，平展，浅灰色至灰褐色，中央色深，边缘具沟纹。菌褶近离生，白色，短菌褶近菌柄端多平截。菌柄圆柱形，长5～8cm，直径0.5～1cm，污白色，基部不膨大，污白色至淡灰褐色，菌幕残余环带状排列。菌环无。担孢子8～11μm×8～10μm，球形至近球形，光滑，无色，非淀粉质。

生境特点　夏秋季生于壳斗科植物为主的阔叶林中地上。

引证标本　桂东县，八面山国家级自然保护区，标本号GDGM52269。

用途与讨论　可食用。

生境特点 夏秋季生于林中地上。
引证标本 井冈山市，井冈山国家级自然保护区，标本号GDGM50043。
用途与讨论 有毒，避免采食。

小托柄鹅膏　*Amanita farinosa* Schwein.

形态特征　子实体小到中型。菌盖直径3～5.5cm，淡灰色至淡灰褐色，被粉末，边缘具长棱纹；菌幕残余粉末状，灰色至褐灰色。菌褶离生，白色，不等长。菌柄近圆柱形，长5.5～8cm，直径5～10mm，白色，基部膨大呈卵形，被有灰色至褐灰色粉状菌幕残余。菌环无。担孢子6～8μm×5.5～7μm，近球形至宽椭圆形，光滑，无色，非淀粉质。

格纹鹅膏　*Amanita fritillaria* (Sacc.) Sacc.

形态特征　子实体中到大型。菌盖直径5～12cm，半球形至平展，淡灰褐色至浅褐色，具辐射状隐生条纹，被深褐色至黑褐色鳞片。菌柄圆柱形，长5～10cm，直径0.5～1.5cm，淡灰褐色，被灰色至褐色鳞片；基部膨大呈梭形至近球状，直径1～2.5cm，被深灰色至近黑褐色鳞片。菌环中上位，膜质。担孢子7～9μm×5.5～7μm，宽椭圆形至椭圆形，光滑，无色，淀粉质。

生境特点　夏秋季散生于林中地上。

引证标本　崇义县，阳岭国家森林公园，标本号GDGM 53310。

用途与讨论　有微毒，避免采食。

灰花纹鹅膏　*Amanita fuliginea* Hongo

形态特征　子实体中型。菌盖直径4～8cm，半球形至平展，灰褐色至深褐色，具深灰色纤丝状隐花纹，光滑或具绒毛。菌褶离生，白色，不等长，小菌褶近柄处非平截。菌柄圆柱形，长6～10cm，直径0.5～1cm，浅灰色，被浅褐色细小鳞片；基部近球形，直径1～2cm。菌托浅杯状，白色至污白色。菌环灰色，膜质。担孢子7～9μm×6.5～8μm，球形至近球形，光滑，无色，淀粉质。

生境特点　夏秋季生于壳斗科和松科混交林中地上。

引证标本　崇义县，阳岭国家森林公园，标本号GDGM 53365。

用途与讨论　剧毒。

赤脚鹅膏 *Amanita gymnopus* Corner & Bas

形态特征　子实体中到大型。菌盖直径5～10cm，半球形至平展，表面白色至浅黄褐色，被有淡黄褐色碎屑状菌幕残余，边缘常有絮状物。菌肉白色，伤后缓慢变为浅黄褐色至褐色，有硫磺气味或辣味。菌褶离生，不等长，米色至淡黄色，成熟后为黄褐色。菌柄圆柱形，长7～15cm，直径0.7～2.2cm，污白色至淡褐色，基部膨大呈棒状至纺锤状。无菌托。菌环顶生至近顶生，膜质，白色至米黄色。担孢子6～8.5μm×5～7.5μm，宽椭圆形至近球形，淀粉质。

生境特点　夏秋季生于针阔混交林地上。

引证标本　崇义县，阳岭国家森林公园，标本号GDGM 53149。

用途与讨论　有毒。

异味鹅膏 *Amanita kotohiraensis* Nagas. & Mitani

形态特征　子实体中型。菌盖直径5～8cm，近半球形，后凸镜形至平展，白色至淡黄色，常有块状菌幕残留，边缘常悬垂有絮状物。菌肉白色，伤不变色，常有刺鼻气味。菌褶离生，浅黄色。菌柄近圆柱形，长6～13cm，直径0.5～1.5cm，白色，被白色小鳞片，基部膨大近球形，直径1.5～4cm。菌环上位至近顶生，白色，膜质，易脱落。担孢子7.5～8.5μm×4.8～5.5μm，宽椭圆形，光滑，无色，淀粉质。

生境特点　夏秋季生于针阔混交林或常绿阔叶林中地上。

引证标本　崇义县，阳岭国家森林公园，标本号GDGM 53097。

用途与讨论　有毒。

拟卵盖鹅膏 *Amanita neoovoidea* Hongo

形态特征　子实体中到大型。菌盖直径5～10cm，半球形至平展，白色至淡黄色，湿时稍黏，光滑，常覆盖大片黄白色至淡黄色菌幕。菌肉白色，伤后色稍暗且带红色。菌褶离生，不等长，白色至淡黄色，褶缘有细粉粒。菌柄圆柱形，长8～14cm，直径1.2～2.2cm，白色至淡黄色，被粉状鳞片，基部延伸呈近纺锤状。菌环上位，棉絮状，易破碎脱落。菌托苞状，黄白色至浅土黄色。担孢子8～10.5μm×6～8.5μm，椭圆形或长椭圆形，光滑，无色，淀粉质。

生境特点　夏秋季生于林中地上。
引证标本　崇义县，阳岭国家森林公园，标本号GDGM51615。
用途与讨论　有毒。

欧氏鹅膏
Amanita oberwinklerana Zhu L. Yang & Yoshim. Doi

形态特征 子实体中型。菌盖直径4～7cm,半球形至平展,白色至淡黄色,光滑。菌肉白色,伤不变色。菌褶离生,白色,不等长。菌柄圆柱形,长5～7cm,直径0.5～1cm,基部近球形至杵状,直径1～2cm。菌环上位,膜质。菌托浅杯状至苞状。担孢子8～11μm×5.4～6.2μm,椭圆形,光滑,无色,淀粉质。

生境特点 夏秋季生于阔叶林中地上。
引证标本 崇义县,阳岭国家森林公园,标本号GDGM53301。
用途与讨论 有毒。

生境特点 夏秋季生于针阔混交林中地上。
引证标本 汝城县，九龙江国家森林公园，标本号GDGM54235。
用途与讨论 可食用。

黄褐鹅膏（参照种） *Amanita* cf. *ochracea* (Zhu L. Yang) Y. Y. Cui, Q. Cai & Zhu L. Yang

形态特征 子实体中到大型。菌盖直径8～17cm，半球形至平展，中央稍凸，淡黄色至黄褐色，中部颜色较深，边缘具长沟纹。菌肉白色，伤不变色。菌褶离生，白色，短菌褶平截。菌柄圆柱形，长12～20cm，直径1.5～3cm，黄色至淡黄色，具开裂鳞片。菌环上位，膜质，易脱落。菌托袋状，白色。担孢子9～12μm×7～9μm，椭圆形，光滑，无色，非淀粉质。

生境特点 夏秋季单生或散生于针叶林或针阔混交林中地上。
引证标本 平江县，幕阜山国家森林公园，标本号GDGM51015。
用途与讨论 有毒。

红褐鹅膏 *Amanita orsonii* Ash. Kumar & T.N. Lakh.

形态特征 子实体中型。菌盖直径4～6cm，半球形至平展，红褐色至黄褐色，被近锥形颗粒状菌幕残余，边缘常具污白色至浅灰褐色的菌幕残余。菌肉白色，伤后变淡红褐色。菌褶离生，不等长，白色。菌柄圆柱形，长5～8cm，直径5～1.2cm，淡黄棕色，基部近球状，被有环带状菌托。菌环中上位。担孢子7～9μm×5～7.5μm，宽椭圆形至椭圆形，光滑，无色，淀粉质。

卵孢鹅膏 *Amanita ovalispora* Boedijn

形态特征 子实体中型。菌盖直径4~8cm，半球形至平展，灰色至暗灰色，常被白色菌幕残片，边缘有长棱纹。菌肉白色，伤不变色。菌褶离生，不等长，白色，干后常呈灰色或浅褐色。菌柄圆柱形，长5~10cm，直径0.5~1.2cm，常被白色粉状鳞片。菌环无。菌托袋状至杯状，膜质。担孢子9~11μm×7~9μm，宽椭圆形至椭圆形，光滑，无色，非淀粉质。

生境特点 夏秋季散生于阔叶林中地上。

引证标本 崇义县，阳岭国家森林公园，标本号GDGM 52855。

用途与讨论 用途未明。

假隐花青鹅膏
Amanita pseudomanginiana Q. Cai, Y.Y. Cui & Zhu L. Yang

形态特征 菌盖直径6~12cm，灰色、淡褐色至褐色，具深色纤丝状隐生花纹或斑纹，边缘常悬挂有白色菌环残片。菌肉白色。菌褶离生，不等长，白色。菌柄长8~13cm，直径0.6~3cm，白色，常被白色纤毛状至粉末状鳞片，基部腹鼓状至棒状。菌托浅杯状，白色至污白色。菌环中生，膜质，易碎，白色，易脱落。担孢子7~9μm×5~6μm，椭圆形，光滑，无色，淀粉质。

生境特点 夏秋季散生于针叶林或阔叶林中地上。

引证标本 崇义县，阳岭国家森林公园，标本号GDGM 53363。

用途与讨论 用途未明。

假褐云斑鹅膏 *Amanita pseudoporphyria* Hongo

形态特征 菌盖直径5~10cm，成熟后平展，淡灰褐色至褐灰色，中部色深，光滑，似有隐生纤毛及其形成的花纹，有时附有菌幕碎片；边缘平滑无沟纹，常附有白色絮状菌环残留物。菌肉白色，伤不变色，中部稍厚。菌褶离生，白色，不等长。菌柄长6~12cm，直径0.6~2cm，白色，常有纤毛状鳞片或白色絮状物，基部膨大后向下稍延伸成假根状，实心。菌环上位，白色，膜质。菌托苞状或袋状，白色。担孢子7~9μm×4~6μm，椭圆形，光滑，无色，淀粉质。

生境特点 夏秋季生于针叶林或阔叶林中地上。
引证标本 崇义县，阳岭国家森林公园，标本号GDGM 52926。
用途与讨论 有毒，误食可导致肾衰竭。

裂皮鹅膏 *Amanita rimosa* P. Zhang & Zhu L. Yang

形态特征 子实体中型。菌盖直径3~6cm，扁半球形至平展，白色至淡黄色，光滑或具微绒毛，常具辐射状裂纹。菌褶白色，不等长，短菌褶近菌柄端渐变窄。菌柄圆柱形，长5~8cm，直径0.5~1cm，白色至污白色，光滑或被粉末，基部近球形，直径1~2cm。菌环近顶生，膜质，白色。菌托浅杯状，膜质，白色。担孢子7~8.5μm×6.5~8μm，球形至近球形，淀粉质。

生境特点 夏秋季生于以壳斗科植物为主的阔叶林中地上。
引证标本 崇义县，阳岭国家森林公园，标本号GDGM 53333。
用途与讨论 剧毒，误食可导致急性肝损伤，避免采食。

土红鹅膏 *Amanita rufoferruginea* Hongo

形态特征 子实体中型。菌盖直径4~10cm，半球形至平展，黄褐色，被土红色至橘红褐色粉末。菌肉白色，伤不变色。菌褶白色，不等长。菌柄圆柱形，长7~10cm，直径0.8~1cm，被土红色至锈红色粉末；基部膨大呈杵状，直径1.5~2cm，被絮状至粉状菌幕残余。菌环上位，易脱落。担孢子7~9μm×6.5~8.5μm，近球形，光滑，无色，非淀粉质。

生境特点 夏秋季散生于针阔混交林中地上。
引证标本 萍乡市，武功山国家森林公园，标本号GDGM54984。
用途与讨论 有毒。

刻鳞鹅膏 *Amanita sculpta* Corner & Bas

形态特征　子实体中到大型。菌盖直径9～15cm，半球形至近平展，红褐色至紫褐色，具深红褐色锥状或疣状菌幕残余，盖缘常悬挂絮状菌幕残余，易脱落。菌肉白色至浅褐色，伤后呈褐色至深褐色。菌褶离生至近离生，初期白色，后呈紫褐色至深褐色，不等长。菌柄圆柱形，长8～15cm，直径1.5～2cm，表面红褐色，被深红褐色絮状物；基部近梭形至萝卜形，直径2.5～4cm。菌环上位，易碎。担孢子8～11μm×8～10.5μm，球形至近球形，光滑，无色，淀粉质。

生境特点　夏秋季生于阔叶林中地上。
引证标本　崇义县，阳岭国家森林公园，标本号GDGM53286。
用途与讨论　食毒未明。

生境特点 夏秋季生于壳斗科和松科林中地上。
引证标本 桂东县，八面山国家级自然保护区，标本号GDGM52455。
用途与讨论 用途未明。

暗盖淡鳞鹅膏　*Amanita sepiacea* S. Imai

形态特征 菌盖直径6～15cm，扁半球形至平展，灰色至近黑色，中部颜色较深，有疣状至锥状的污白色至淡灰色的菌幕残余，具辐射状隐生纤丝花纹，边缘无沟纹或成熟后有不明显的短沟纹。菌肉白色。菌褶离生，白色，不等长。菌柄长10～18cm，直径1～2.5cm，白色，下半部有灰色，粉末状至纤丝状鳞片。菌环顶生至近顶生，膜质，白色。菌柄基部膨大呈梭形或球状。担孢子7～9.5μm × 5.5～7μm，宽椭圆形至椭圆形，淀粉质。

中华鹅膏 *Amanita sinensis* Zhu L. Yang

形态特征 子实体中到大型。菌盖直径8～15cm，半球形至平展，灰白色至灰色，被灰色至灰褐色粉末状至颗粒状菌幕。菌肉白色，伤不变色。菌褶离生至近离生，不等长，白色。菌柄圆柱形，长8～15cm，直径1～2.5cm，污白色至浅灰色，被浅灰色粉末。菌环顶生至近顶生，膜质，易脱落。担孢子9.5～12.5μm×7～8.5μm，宽椭圆形至椭圆形，光滑，无色，非淀粉质。

生境特点 夏秋季生于针叶林或针阔混交林中地上。

引证标本 崇义县，阳岭国家森林公园，标本号GDGM 53163。

用途与讨论 可食用。

残托鹅膏有环变型
Amanita sychnopyramis f. *subannulata* Hongo

形态特征 菌盖直径4～8cm，半球形至近平展，淡黄褐色至褐色，表面有鳞片；鳞片角锥状至圆锥状，白色至浅灰色，基部色较深。菌肉白色，伤不变色。菌褶离生，不等长，白色。菌柄长5～11cm，直径0.7～1.5cm，圆柱形，基部膨大呈近球状至腹鼓状，上半部被疣状、小颗粒状至粉末状的菌托。菌环中下位至中位。担孢子6.5～8.5μm×6～8μm，球形至近球形，光滑，无色，非淀粉质。

生境特点 夏秋季生于阔叶林或针阔混交林中地上。

引证标本 井冈山市，井冈山国家级自然保护区，标本号GDGM51396。

用途与讨论 有毒。

绒毡鹅膏 *Amanita vestita* Corner & Bas

形态特征　子实体中型。菌盖直径4~6cm，凸镜形至平展，灰褐色至暗褐色，中部颜色稍深，被粉末状至絮状菌幕残余，常开裂呈疣状鳞片，易脱落。菌肉白色，伤不变色。菌褶离生至近离生，不等长，白色。菌柄圆柱形，长4~7cm，直径0.6~1cm，灰白色至灰色，被近白色至浅灰色絮状鳞片，基部膨大近梭形，直径1~2.5cm，有短假根。菌环上位，易脱落。担孢子7~10μm × 5~7μm，椭圆形，光滑，无色，淀粉质。

生境特点　夏秋季散生于热带及南亚热带林中地上。
引证标本　井冈山市，井冈山国家级自然保护区，标本号GDGM54718。
用途与讨论　用途未明。

锥鳞白鹅膏　*Amanita virgineoides* Bas

形态特征　子实体中到大型。菌盖直径8～15cm，半球形至平展，白色至淡黄色，被白色锥状鳞片。菌柄圆柱形，长10～18cm，直径1.3～2.2cm，白色至淡黄色，被白色絮状至粉末状鳞片；基部腹鼓状至卵形，被疣状至颗粒状的菌幕残余。菌环易碎，下表面有疣状至锥状小突起。担孢子8～10μm×4.5～5.5μm，宽椭圆形至椭圆形，光滑，无色，淀粉质。

生境特点　夏秋季生于针阔叶林中地上。
引证标本　汝城县，九龙江国家森林公园，标本号GDGM 51717。
用途与讨论　有毒。

褐红炭褶菌　*Anthracophyllum nigritum* (Lév.) Kalchbr.

形态特征　子实体小型。菌盖直径0.5～2.5cm，半圆形或扇状，肉褐色至红褐色，具放射状沟纹。菌褶稀疏，不等长，红褐色至红棕色。菌柄短小或缺失，侧生。担孢子6.5～9μm×4～5μm，椭圆形。

生境特点　夏秋季群生于阔叶树的枯枝上。
引证标本　崇义县，阳岭国家森林公园，标本号GDGM 54815。
用途与讨论　用途未明。

蜜环菌　*Armillaria mellea* (Vahl) P. Kumm.

形态特征　子实体小到中型。菌盖直径3~6cm，凸镜形至近平展，淡黄色至淡黄棕色，中部颜色稍深呈橙黄色，具绒毛，边缘稍内卷。菌褶延生，淡黄色，密。菌柄圆柱形，长4~8cm，直径3~5mm，上部淡黄色，向基部渐变黄褐色至黑褐色，顶部具菌环。担孢子6~8μm×5~7μm，宽椭圆形光滑，无色，非淀粉质。

生境特点　夏秋季群生于阔叶树立木或腐木上
引证标本　井冈山市，井冈山国家级自然保护区，标本号GDGM50366。
用途与讨论　食药兼用。

假蜜环菌 *Armillaria tabescens* (Scop.) Emel

形态特征　子实体小到中型。菌盖直径2.5～8cm，初半球形，后渐平展，黄棕色至黄褐色，老后锈褐色，中部具纤毛状小鳞片。菌褶近延生，污白色至淡粉白色，不等长。菌柄圆柱形，长3～8cm，直径3～7mm，上部淡黄色，向基部渐变灰褐色至黑褐色，具平伏丝状纤毛。菌环无。担孢子7.5～10μm × 5～7.5μm，宽椭圆形至近卵圆形，光滑，无色，非淀粉质。

生境特点　夏秋季丛生于林中阔叶树朽桩上以及树干基部和根际。

引证标本　九江市，庐山山南国家森林公园，标本号GDGM 53758。

用途与讨论　可药用，其提取物亮菌甲素为药物亮菌片的主要成分，可用于治疗急性胆道感染、病毒性肝炎、慢性胃炎等。

皱波斜盖伞 *Clitopilus crispus* Pat.

形态特征　子实体小到中型。菌盖直径2～5cm，白色至粉白色，扁平至中部凹陷，边缘常内卷，边缘有辐射状皱纹，具白色绒毛。菌褶延生，致密，不等长，初期白色，成熟后至粉红色。菌柄圆柱形，长2～6cm，直径0.3～1cm，白色。担孢子6～7.5μm × 4.5～5.5μm，近椭圆形，具纵条纹，淡粉色。

生境特点　春秋季生于热带路边土坡上或林中地上。

引证标本　桂东县，八面山国家级自然保护区，标本号GDGM50110。

用途与讨论　用途未明。

加马加斜盖伞 *Clitopilus kamaka* J.A. Cooper

形态特征　子实体小型。菌盖直径4～8mm，靴耳状或贝壳状，初期白色，被有稀疏绒毛，成熟后变淡黄色，具放射状沟纹。菌褶白色，稀，不等长，成熟后粉红色。菌柄短小或无，侧生，被绒毛。担孢子8～9μm×4～5μm，椭圆形至长圆形。

生境特点　群生于枯枝落叶层。

引证标本　平江县，幕阜山国家森林公园，标本号GDGM 50856。

用途与讨论　用途未明。

近杯伞状斜盖伞
Clitopilus subscyphoides W.Q. Deng, T.H. Li & Y.H. Shen

形态特征　子实体小型。菌盖直径2～4cm，扁平至中部凹陷，白色至粉白色，光滑或具微绒毛，边缘无条纹。菌褶延生，白色至粉红色，密，不等长。菌柄圆柱形，常弯曲，长2～6cm，直径0.3～0.5cm，白色，光滑或具微绒毛。担孢子5～7μm×4～5μm，椭圆形，具8～10条棱纹，淡粉红色。

生境特点　春秋季生于路边土坡上或林中地上。

引证标本　汝城县，九龙江国家森林公园，标本号GDGM 55649

用途与讨论　用途未明。本种为近年发表于中国华南地区的新种，在罗霄山脉地区系首次记录。

柔弱锥盖伞 *Conocybe tenera* (Schaeff.) Fayod

形态特征　子实体小型。菌盖直径1～2cm，圆锥形至钟形，肉桂色至锈褐色，边缘具不明显条纹，表面光滑。菌褶直生，不等长，肉桂色或锈褐色。菌柄圆柱形，长5～9cm，直径2～3mm，浅肉桂色，被有污白色粉末状鳞片。担孢子9～14μm×5～8μm，椭圆形，光滑，具芽孔。

生境特点　夏秋季散生于针阔混交林地上。

引证标本　井冈山市，井冈山国家级自然保护区，标本号GDGM50422。

用途与讨论　用途未明。

白小鬼伞 *Coprinellus disseminatus* (Pers.) J.E. Lange

形态特征　子实体小型。菌盖直径5～10mm，初卵形至钟形，后平展，淡灰色至淡棕褐色，被白色至褐色颗粒状鳞片，边缘具长条纹。菌褶初期白色，成熟后褐色至近黑色。菌柄圆柱形，长1～3cm，直径1～2mm，白色至灰白色。菌环无。担孢子6.5～9.5μm×4～6μm，椭圆形至卵形，光滑，淡灰褐色，顶端具芽孔。

生境特点　夏秋季生于路边、林中的腐木上或草地上。

引证标本　炎陵县，神农谷国家森林公园，标本号GDGM52359。

用途与讨论　据文献记载幼时可食，但老后有毒，个体较小，不建议采食。

平盖靴耳　*Crepidotus applanatus* (Pers.) P. Kumm.

形态特征　子实体小型。菌盖宽1～3cm，扇形或近半圆形，扁平，黄白色至黄褐色，光滑，水浸状，边缘具不明显条纹，基部有白色绒毛。菌肉薄，白色至污白色，柔软。菌褶从基部放射状生出，不等长，初期白色，成熟后浅褐色或锈褐色。无菌柄或具短柄。担孢子4.5～7μm × 4.5～6.5μm，宽椭圆形，密被小刺或麻点，淡褐色或锈色。

生境特点　夏秋季群生或叠生或近覆瓦状生于阔叶树腐木或倒伏的阔叶树腐木上。

引证标本　崇义县，阳岭国家森林公园，标本号GDGM 54669。

用途与讨论　用途未明。

褐毛靴耳　*Crepidotus badiofloccosus* S. Imai

形态特征　子实体小型。菌盖直径1.5～3.5cm，近扇形或贝壳形，边缘内卷，黄白色至淡黄色，密被褐色或深褐色绒毛，基部密生黄褐色或黄白色丛毛。菌肉白色。菌褶黄白色至黄褐色。菌柄较短或无。担孢子5～7μm × 5.5～6.5μm，球形，具细小疣突，黄褐色。

生境特点　夏秋季群生于林中阔叶树枝上或腐木上。

引证标本　井冈山市，井冈山国家级自然保护区，标本号GDGM52329。

用途与讨论　用途未明。本种的典型特征是菌盖表面密被黄褐色至深褐色绒毛，菌褶淡黄色至淡黄褐色。

黏靴耳　*Crepidotus mollis* (Schaeff.) Staude

形态特征　子实体小型。菌盖宽1～2.5cm，扇形或贝壳形，污白色淡黄褐色，水浸状，黏，光滑或具绒毛，基部具长绒毛。菌肉薄，表皮下似胶质，近白色。菌褶延生，从基部辐射排列，不等长，初白色，后褐色至锈褐色。菌柄无。担孢子7.5～10μm×5～6.5μm，椭圆形或卵圆形，光滑，淡锈色。

生境特点　夏秋季叠生或群生于枯腐木上。

引证标本　井冈山市，井冈山国家级自然保护区，标本号GDGM50019。

用途与讨论　用途未明。

丛毛毛皮伞
Crinipellis floccosa T.H. Li, Y.W. Xia & W.Q. Deng

形态特征　子实体小型。菌盖直径1～2cm，钟形至近平展，中部具脐凸，白色至淡黄色，密被近辐射状排列的红褐色丛毛，中部颜色较深。菌褶离生，不等长，白色至奶白色。菌柄圆柱形，长2.5～3cm，直径1～3mm，灰白色或浅紫褐色，密被灰褐色至褐色丛毛，空心。担孢子5.5～8μm×4～5μm，宽椭圆形至椭圆形，无色，光滑。

生境特点　单生或丛生于阔叶林中的枯枝腐木上。

引证标本　崇义县，阳岭国家森林公园，标本号GDGM50000。

用途与讨论　用途未明。本种为近年报道于罗霄山脉地区的新种。

淡褐盖毛皮伞　*Crinipellis pallidipilus* Antonín, Ryoo & Ka

形态特征　子实体小型。菌盖直径2～5mm，初半球形，后平展，表面橙黄色，中部颜色较深呈黄褐色，具长绒毛。菌褶直生至近离生，白色，不等长。菌柄圆柱形，长3～5cm，直径1～1.5mm，表面灰褐色，具绒毛。担孢子8～10μm×5～6μm，卵圆形，光滑。

生境特点　夏秋季生于枯枝落叶上。

引证标本　汝城县，九龙江国家森林公园，标本号GDGM 55758。

用途与讨论　用途未明。本种为罗霄山脉地区发现的中国新记录种。

金黄鳞盖伞　*Cyptotrama asprata* (Berk.) Redhead & Ginns

形态特征　子实体小型。菌盖直径2～4cm，半球形至扁平，橘红色至淡黄色，被橘红色至橙色锥状鳞片，边缘内卷。菌肉薄，污白色至淡黄色。菌褶近直生，不等长，白色。菌柄圆柱形，长2～4cm，直径2.5～4mm，近白色至淡黄色，被淡黄色鳞片。担孢子7～9μm×5～6.5μm，近杏仁形，光滑，无色，非淀粉质。

生境特点　夏秋季生于腐木上。

引证标本　崇义县，阳岭国家森林公园，标本号GDGM 51457。

用途与讨论　用途未明。

蓝鳞粉褶蕈
Entoloma azureosquamulosum Xiao L. He & T.H. Li

形态特征 子实体小到中型。菌盖直径3～6cm，凸镜形，成熟时渐平展，具皮屑状小鳞片，中部蓝黑色至近黑色；边缘稍淡，带蓝绿色、黄色和褐色色调，具不明显沟纹或条纹。菌褶弯生，密，淡粉红色，伤后变粉色至浅红褐色，菌褶边缘齿状。菌柄长5～10cm，直径0.4～1cm，圆柱形，蓝色至深蓝色，具纵条纹，基部菌丝白色。担孢子6.5～7.5μm×6.5～7.5μm，多角形，常五角至七角形，淡粉色。

生境特点 散生于壳斗科、茶科植物和云南松等混交林中地上。

引证标本 崇义县，阳岭国家森林公园，标本号GDGM 53386。

用途与讨论 用途未明。本种为近年报道于中国华南地区的新种，在罗霄山脉地区系首次记录。

丛生粉褶蕈　*Entoloma caespitosum* W.M. Zhang

形态特征 子实体小到中型。菌盖直径3～5cm，斗笠形，中部具明显乳突，淡紫红色、粉红褐色至红褐色，光滑。菌肉淡粉红至淡紫红色。菌褶弯生至直生，不等长，初白色，后粉红色。菌柄圆柱形，长3～9cm，直径2～6mm，白色至近白色，空心，脆骨质，光滑。担孢子8.5～10.5μm×6～7.5μm，6～8角，近椭圆形，粉红色。

生境特点 丛生或簇生于阔叶林中地上。

引证标本 汝城县，九龙江国家森林公园，标本号GDGM 51507。

用途与讨论 用途未明。本种为早年间报道于中国华南地区的新种，在罗霄山脉地区系首次记录。

肉褐粉褶蕈 *Entoloma carneobrunneum* W.M. Zhang

形态特征　子实体小型。菌盖直径2～4cm，近圆锥形至平展，中部具脐凸，淡棕色至淡褐色，中央颜色稍深呈暗灰褐色，干，具绒毛。菌肉厚0.5～1.5mm，白色。菌褶宽，直生至近延生，不等长，淡粉红色或肉白色。菌柄圆柱形，长2～4cm，直径3～5mm，白色，空心，光滑。担孢子7.7～10μm×5～7.7μm，六角至七角形，光滑，淡粉红色。

生境特点　夏秋季散生于混交林中地上。

引证标本　汝城县，九龙江国家森林公园，标本号GDGM50085。

用途与讨论　用途未明。本种为早年间报道于中国华南地区的新种，在罗霄山脉地区系首次记录。

靴耳状粉褶蕈
Entoloma crepidotoides W.Q. Deng & T.H. Li

形态特征　子实体小型。菌盖直径4～15mm，靴耳状至贝壳状，幼时白色，成熟后带粉红色，被细微白绒毛。菌褶短延伸，不等长，初期白色，成熟后带粉色。无菌柄，具侧生基部。担孢子8～9μm×6～7μm，多角形，淡粉红色。

生境特点　群生于混交林中地上。

引证标本　炎陵县，桃源洞国家级自然保护区，标本号GDGM56036。

用途与讨论　用途未明。本种为近年报道于中国华南地区的新种。

生境特点 夏秋季单生至群生于针阔混交林中地上。
引证标本 汝城县，九龙江国家森林公园，标本号GDGM51537。
用途与讨论 有毒，可药用，具有抗肿瘤作用。

穆雷粉褶蕈 *Entoloma murrayi* (Berk. & M.A. Curtis) Sacc.

形态特征 子实体小型。菌盖直径2～4cm，斗笠形至圆锥形，顶部具明显乳突，淡黄色或鲜黄色，有时带柠檬黄色，光滑，具条纹或浅沟纹。菌肉薄，近无色。菌褶直生或弯生，不等长，与菌盖同色至带粉红色。菌柄圆柱形，长4～8cm，直径2～4mm，光滑至具纤毛，黄白色、浅黄色至接近菌盖颜色，有细条纹，空心。担孢子7～9.5μm，方形，厚壁，淡粉红色。

极脆粉褶蕈 *Entoloma praegracile* Xiao L. He & T.H. Li

形态特征　子实体小型。菌盖直径8～20mm，初凸镜形，后平展，淡橙黄色至橘红色，光滑，水浸状，具透明条纹。菌肉薄，与菌盖同色。菌褶直生带短延生小齿，不等长，初白色后变为粉红色。菌柄圆柱形，长4～5cm，直径1～2mm，与菌盖同色或较深，橙红色，光滑，空心，较脆，基部具白色菌丝体。担孢子9～10.5μm×6.5～8μm，具5～6角，淡粉红色。

生境特点　散生于阔叶林中地上。

引证标本　浏阳市，石柱峰风景区，标本号GDGM50744。

用途与讨论　用途未明。本种为近年报道于中国华南地区的新种，在罗霄山脉地区系首次记录。

方孢粉褶蕈
Entoloma quadratum (Berk. & M.A. Curtis) E. Horak

形态特征　子实体小型。菌盖直径1～4cm，圆锥形至近钟形，具明显尖突，橙黄色、橙红色、鲑鱼色至橙褐色，光滑，具条纹或沟纹。菌褶弯生或直生，稀，与菌盖同色，不等长。菌柄圆柱形，长3～6cm，直径2～4mm，圆柱形，空心，具纵条纹，与菌盖同色。担孢子7.5～10.5μm，方形，淡粉红色。

生境特点　散生于阔叶林中地上。

引证标本　桂东县，八面山国家级自然保护区，标本号GDGM52073。

用途与讨论　有毒。

变绿粉褶蕈
Entoloma virescens (Sacc.) E. Horak ex Courtec.

形态特征 菌盖直径2～3cm，初圆锥形或凸镜形，成熟后稍平展，被纤维状小鳞片纤毛，蓝色或蓝绿色，伤后变绿色至绿褐色，具不明显条纹。菌褶宽达4～6mm，弯生，稍稀，初蓝色，与盖面同色，成熟后略带粉色，具2～3行小菌褶。菌柄长4～7cm，直径3～5mm，具纵条纹或被纤毛，与菌盖同色或稍浅，伤后变绿色至绿褐色，基部稍膨大，具白色菌丝体。担孢子 9～12μm，立方体形，尖突明显，淡粉红色。

生境特点 夏秋季单生或群生于林中草地上。

引证标本 崇义县，阳岭国家森林公园，标本号GDGM 53176。

用途与讨论 用途未明。

冬菇 *Flammulina filiformis* (Z.W. Ge, X.B. Liu & Zhu L. Yang) P.M. Wang, Y.C. Dai, E. Horak & Zhu L. Yang

形态特征 子实体小型。菌盖直径1.5～4cm，初半球形，后凸镜形至近平展，金黄色、淡黄褐色至黄褐色，光滑，湿时黏。菌褶近贴生，乳白色至淡黄白色，不等长。菌柄圆柱形，长2～5cm，直径3～5mm，表面上部淡黄色，向基部逐渐呈黄褐色至深褐色。担孢子5～7μm × 3～3.5μm，近卵圆形至棒状，光滑。

生境特点 秋冬季生于阔叶树倒木或活立木上。

引证标本 汝城县，飞水寨景区，标本号GDGM56345。

用途与讨论 著名食用菌，商品名金针菇。近期研究表明，我国广泛栽培的金针菇并非*Flammulina velutipes*，而是本土物种冬菇 *F. filiformis*。

沟条盔孢伞 *Galerina vittiformis* (Fr.) Singer

形态特征　子实体小型。菌盖直径0.8~1.2cm，圆锥形至钟形，橘红色至黄褐色，光滑，具透明的放射状条纹。菌褶直生，稀，橘红色至黄褐色。菌柄圆柱形，长2.5~3cm，直径1~1.5mm，淡黄色至淡黄褐色，表面被微绒毛，空心。担孢子9~12μm×5.5~7μm，长椭圆形，表面具细疣或麻点，锈褐色，非淀粉质。

生境特点　散生于混交林内苔藓层上或苔藓覆盖的腐木上。
引证标本　炎陵县，神农谷国家森林公园，标本号GDGM50229。
用途与讨论　有毒。本种与苔藓盔孢菌*Galerina hypnorum*相似，但后者菌盖只有边缘有水浸状条纹，且有发育不完全的菌幕，担孢子椭圆形或卵圆形。

愉悦黏柄伞 *Gliophorus laetus* (Pers.) Herink

形态特征 子实体小到中型。菌盖直径2.5～5.5cm，平展至近漏斗形，淡黄色至暗橙色或粉色，黏，具明显条纹。菌褶延生，淡粉色，蜡质，不等长，菌褶间具横脉。菌柄近圆柱形，长3～3.5cm，直径3～4mm，淡粉绿色至黄绿色，光滑，黏，空心。担孢子6～6.5μm×4～4.5μm，卵圆形，光滑，薄壁。

生境特点 夏秋季散生于竹与阔叶混交林地上。
引证标本 炎陵县，桃源洞国家级自然保护区，标本号GDGM50243。
用途与讨论 用途未明。

橙褐裸伞 *Gymnopilus aurantiobrunneus* Z.S. Bi

形态特征 子实体小到中型。菌盖直径2～5cm，扁半球形至平展，浅黄褐色至锈褐色，干，被绒毛或鳞片。菌肉白色至淡黄色，伤不变色。菌褶直生，黄褐色或锈褐色，密，不等长。菌柄圆柱形，长2～4cm，直径3～8mm，黄褐色或紫褐色，上有鳞片或纤毛。担孢子5～8μm×4～5μm，椭圆形，具小疣或近光滑，无芽孔，锈褐色。

生境特点 夏秋季散生或群生于阔叶林中腐木上。
引证标本 崇义县，阳岭国家森林公园，标本号GDGM55774。
用途与讨论 可能有毒。

变色龙裸伞　*Gymnopilus dilepis* (Berk. & Broome) Singer

形态特征　子实体中型。菌盖直径3～7cm，凸镜形至近平展，橘黄色至橘红色，带紫褐色调，被红褐色鳞片。菌肉淡黄色至米色，苦。菌褶弯生至近延生，黄褐色至淡锈褐色。菌柄圆柱形，长3～6cm，直径0.3～0.7cm，黄褐色至紫褐色，被细小鳞片。菌环丝膜状，易消失。担孢子6～8.5μm × 4.5～6μm，椭圆形至卵形，表面有小疣，无芽孔，锈褐色。

生境特点　夏秋季生于林中腐木上。
引证标本　万载县，九龙原始森林公园，标本号GDGM 50663。
用途与讨论　有毒，在华南和华中地区经常引起中毒。

赭黄裸伞　*Gymnopilus penetrans* (Fr.) Murrill

形态特征　子实体中型。菌盖直径3～7cm，半球形或扁平至平展，黄褐色或赭黄色，表面平滑至粗糙，有鳞片。菌肉黄色。菌褶黄色，有深色斑点，直生，不等长。菌柄长3～7cm，直径0.3～0.6cm，有纵条及小鳞片，松软至变空心。担孢子6～8μm × 4.2～5μm，粗糙，具疣突，椭圆至宽卵圆形。

生境特点　单生或丛生于针叶树腐木上。
引证标本　平江县，幕阜山国家森林公园，标本号GDGM 50956。
用途与讨论　可能有毒，味苦。

双型裸脚伞 *Gymnopus biformis* (Peck) Halling

形态特征　子实体小型。菌盖直径1.5～2cm，平展，边缘常反卷成荷叶状，皱缩。棕褐色，中间具浅色突起。菌褶直生至离生，白色，稍密。菌柄近圆柱形，长2.3～3.3cm，直径1～2mm，与菌盖同色，被绒毛。担孢子6～8μm×3～4μm，长椭圆形或卵形。

生境特点　夏秋季散生于松树林地上。

引证标本　平江县，幕阜山国家森林公园，标本号GDGM50988。

用途与讨论　用途未明。本种可能为复合种群，存在多个形态相似的种类，在罗霄山脉地区分布的标本是否为真正的双型裸脚伞有待进一步分类学研究。

芸薹裸脚伞
Gymnopus brassicolens (Romagn.) Antonín & Noordel.

形态特征　菌盖长1～3cm，幼时钟形，成熟时凸镜形至平展，中部亮黄色至橙黄色，边缘颜色较淡，表面光滑。菌褶直生至附生，密集，白色。菌柄长1.5～3.5cm，圆柱形，中生，顶部亮黄色，越往下颜色越深，为褐色至黑褐色，表面光滑。担孢子4～6.5μm×2.5～3.5μm，椭圆形，光滑。

生境特点　群生于阔叶林中的落叶层上。

引证标本　井冈山市，井冈山国家级自然保护区，标本号GDGM50125。

用途与讨论　用途未明。

绒柄裸脚伞
Gymnopus confluens (Pers.) Antonín, Halling & Noordel.

形态特征　菌盖直径1.5~4cm，钟形至凸镜形，后渐平展，中部微突起，光滑，具放射状条纹或小纤维，淡褐色至淡红褐色。菌肉较薄，淡褐色。菌褶弯生至离生，密，不等长，浅灰褐色至米黄色，褶缘白色。菌柄长4~8.5cm，直径3~6mm，中生，圆柱形，表面光滑或具沟纹，淡红褐色，向基部颜色渐深，具白色绒毛。担孢子5.5~8.5μm×3~4.5μm，椭圆形，光滑，无色，非淀粉质。

生境特点　夏季或秋季群生或近丛生于林中腐枝层或落叶层上。
引证标本　分宜县，武功山国家森林公园，标本号GDGM54643。
用途与讨论　可药用。

生境特点 夏秋季簇生于林中地上。
引证标本 平江县,幕阜山国家森林公园,标本号GDGM50863。
用途与讨论 可食用,但也有中毒报道,建议不要采食。

栎生裸脚伞 *Gymnopus dryophilus* (Bull.) Murrill

形态特征 子实体小到中型。菌盖直径2～5cm,初凸镜形,后平展,赭黄色至棕褐色,中部颜色较深,光滑,水浸状。菌肉白色,伤不变色。菌褶离生,稍密,污白色至浅黄色,不等长,褶缘平滑。菌柄圆柱形,长3～5cm,直径2～5mm,黄褐色。担孢子4.3～6.3μm×2.7～3.2μm,椭圆形,光滑,无色,非淀粉质。

枝生裸脚伞 *Gymnopus ramulicola* T.H. Li & S.F. Deng

形态特征　子实体小型。菌盖直径5～25mm，初半球状至凸镜形，后渐平展，淡红色至粉红色，边缘微红色，老时呈橙黄色或淡橙色，干燥，被细绒毛，具不明显条纹。菌褶直生至近离生，淡黄色至淡橙褐色。菌柄圆柱形，中生，长12～23mm，直径2～3mm。担孢子6.5～8.5μm × 3.5～4.5μm，椭圆形至长椭圆形，光滑，壁薄，透明。

生境特点　群生于热带至亚热带阔叶林的枯枝上。
引证标本　崇义县，阳岭国家森林公园，标本号GDGM50060。
用途与讨论　用途未明。本种为近年报道于中国华南地区的新种，在罗霄山脉地区系首次记录。

乳菇状黏滑菇 *Hebeloma lactariolens* (Clémençon & Hongo) B.J. Rees & Orlovich

形态特征　子实体小型。菌盖直径1.5~3.5cm，初半球形，后凸镜形至近平展，淡黄色至黄褐色，边缘颜色稍淡，光滑或中部皱缩，湿时黏。菌褶直生至近弯生，红褐色，不等长。菌柄圆柱形，长3~4cm，直径2~5mm，淡黄色至淡褐色，被淡黄褐色绒毛。担孢子8~10μm×6~7μm，粗糙，具小疣，紫褐色。

生境特点　夏秋季散生于林中地上。
引证标本　汝城县，九龙江国家森林公园，标本号GDGM 53502。
用途与讨论　用途未明。

华丽海氏菇 *Heinemannomyces splendidissima* Watling

形态特征　子实体中型。菌盖直径3.5~5cm，凸镜形至近平展，淡红褐色，被平伏的毡状绒毛，边缘具有菌幕残余。菌肉白色，伤后变红。菌褶直生，密，不等长，幼时灰白色，后变蓝灰色或铅灰色，最后变黑。菌柄圆柱形，长3.8~6cm，直径0.3~0.6cm，乳黄色至橄榄褐色，被红褐色丛状绒毛。菌环上位，绒毛状，红褐色。担孢子6~8μm×3.6~4.5μm，椭圆形或卵圆形，光滑，蓝紫色。

生境特点　生于阔叶林地上。
引证标本　崇义县，阳岭国家森林公园，标本号GDGM 55682。
用途与讨论　用途未明。

皱波半小菇 *Hemimycena crispata* (Kühner) Singer

形态特征 子实体小型。菌盖直径4～8mm，初半球形，后渐凸镜形至近平展，白色，光滑，具放射状条纹。菌褶延生，白色，稀疏。菌柄圆柱形，长2～3cm，直径0.6～1.5mm，白色，空心，脆骨质，表面具白色粉末。担孢子7.5～10μm×3.5～5μm，长椭圆形，光滑，无色，非淀粉质。

生境特点 夏秋季单生或散生于阔叶林枯枝落叶层上。

引证标本 炎陵县，神农谷国家森林公园，标本号GDGM 55211。

用途与讨论 用途未明。

光柄径边菇
Hodophilus glabripes Ming Zhang, C.Q. Wang & T.H. Li

形态特征 子实体小型。菌盖直径1.5～3.5cm，半球形至平展，中部常凹陷，初期乳白色至黄白色，成熟后呈棕褐色至红褐色，水浸状，光滑或被细绒毛。菌肉白色至米黄色。菌褶短延伸，不等长，幼时乳白色至粉红色，成熟后黄褐色至红褐色。菌柄圆柱形，长8～10cm，直径0.3～0.5cm，表面光滑，乳白色至淡黄色。担孢子5～6.5μm×4～5μm，宽椭圆形至近球形，无色，光滑。

生境特点 单生或散生于阔叶林中地上。

引证标本 井冈山市，井冈山国家级自然保护区，标本号GDGM52374。

用途与讨论 用途未明。本种为作者近年报道于华南和罗霄山脉地区的新种。

肾形亚侧耳 *Hohenbuehelia reniformis* (G. Mey.) Singer

形态特征 子实体小型，侧耳状。菌盖直径1~3cm，半圆形至扇形，黄褐色至棕褐色，密被白色、灰白色至淡灰褐色的绒毛，近基部绒毛渐密。菌肉薄，分两层，上层是灰色的凝胶层，下层是白色肉质层，伤不变色。菌褶延生，白色至淡黄色。菌柄较短或无，背生在基物上，基部具白色绒毛。担孢子7.5~8μm×3~3.5μm，圆柱形或椭圆形，光滑，透明。

生境特点 夏秋季生于榆树、杨树等多种阔叶树腐木上。
引证标本 万载县，九龙原始森林公园，标本号GDGM 51035。
用途与讨论 用途未明。

马达加斯加湿伞 *Hygrocybe astatogala* (R. Heim) Heinem.

形态特征 子实体小到中型。菌盖直径2~5cm，圆锥形，中央钝圆，黄绿色至橙红色，被成簇的黑色绒毛，受伤或老时变黑，边缘常开裂。菌褶离生，白色至橙红色，受伤或老时变黑，蜡质，易碎，不等长，边褶缘具不规则锯齿。菌柄圆柱形，长2.5~8cm，直径0.3~0.5cm，与菌盖同色或颜色比菌盖稍深，表面被黑色簇状绒毛。担孢子9.5~11.5μm×8~10μm，近球形或宽椭圆形。

生境特点 散生于亚热带混交林地上。
引证标本 汝城县，九龙江国家森林公园，标本号GDGM 51553。
用途与讨论 可能有毒。

浅黄湿伞　*Hygrocybe flavescens* (Kauffman) Singer

形态特征　子实体小型。菌盖直径2~4.5cm，幼时半球形，成熟后平展，浅黄色至粉黄色，光滑，黏，边缘内卷。菌褶附生，蜡质，淡黄色，常比菌盖颜色浅。菌柄长2~3cm，直径5~7mm，圆柱状或扁圆柱状，浅黄色至橙黄色，中生，光滑，偶有透明状绒毛。担孢子7~8.5μm×4.5~6μm，椭圆形至宽椭圆形。

生境特点　散生于竹和阔叶混交林地上。

引证标本　井冈山市，井冈山国家级自然保护区，标本号GDGM50616。

用途与讨论　用途未明。

胶柄湿伞　*Hygrocybe glutinipes* (J.E. Lange) R. Haller Aar.

形态特征　子实体小型。菌盖直径1.2~3cm，初半球形，后平展，橘黄色至橘红色，具明显透明的放射状条纹，被一层黏液。菌褶弯生，粉红色至淡橘红色，蜡质，不等长。菌柄圆柱形，长2~5cm，直径2~4mm，橙黄色至淡黄色，黏。担孢子6.5~9μm×4~6μm，椭圆形至圆柱状，光滑，薄壁。

生境特点　夏秋季单生或散生于林中地上。

引证标本　井冈山市，井冈山国家级自然保护区，标本号GDGM79187。

用途与讨论　用途未明。

红紫湿伞　*Hygrocybe punicea* (Fr.) P. Kumm.

形态特征　子实体小到中型。菌盖直径4～7cm，凸镜形至近平展，橙红色至深红色，光滑，水浸状，边缘常开裂。菌褶弯生，不等长，橘黄色至橙黄色。菌柄圆柱形，长5～8cm，直径6～10mm，橙黄色至橙红色，具明显的纵向条纹。担孢子8～10μm × 4.5～6μm，长椭圆形至圆柱状，光滑，薄壁。

生境特点　散生于阔叶树与竹的混交林。

引证标本　炎陵县，桃源洞国家级自然保护区，标本号GDGM50048。

用途与讨论　有报道称本种可食用，不常见。

裂盖湿伞　*Hygrocybe rimosa* C.Q. Wang & T.H. Li

形态特征　子实体小型。菌盖直径2～4.5cm，初期尖锥状，后期凸镜形至近平展，表面干，橙红色至橙红色，具绒毛，边缘常放射开裂。菌褶离生，不等长，橘黄色至橙黄色。菌柄圆柱形，长2～7cm，直径3～6mm，淡黄色至橙黄色。担孢子7.5～11μm × 5～8μm，宽椭圆形光滑，薄壁。

生境特点　散生于阔叶林或草地上。

引证标本　汝城县，九龙江国家森林公园，标本号GDGM53053。

用途与讨论　有毒，误食后可引起胃肠炎型中毒。

红尖锥湿伞 *Hygrocybe rubroconica* C.Q. Wang & T.H. Li

形态特征 子实体小型。菌盖直径1~2cm，锥形，深红色，中部具尖锥，光滑，水浸状，受伤或成熟后变黑。菌褶弯生，不等长，橘黄色至橙黄色，伤后变黑。菌柄圆柱形，长2~3cm，直径2~4mm，橙红色至橘黄色，具不明显的纵向条纹，伤后变黑。担孢子8~11μm × 7~8.5μm，长椭圆形至圆柱状，光滑，薄壁。

生境特点 夏秋季散生于路边地上。
引证标本 汝城县，九龙江国家森林公园，标本号GDGM51527
用途与讨论 用途不明。本种为近年报道于罗霄山脉地区的新种。

稀褶湿伞　*Hygrocybe sparifolia* T.H. Li & C.Q. Wang

形态特征　菌盖直径8～25mm，幼时凸或中央微凹状，后中央深凹有的甚至直接与菌柄内腔相连，表面具深褐色的小纤毛，经常暴露出中央和边缘黄色部分，边缘先内卷后展开。菌褶贴生，弯生或短延生，幼时淡黄色至亮黄色或绿黄，成熟时变成近白色、黄白色或灰黄色，受伤时先变粉至淡红色然后变灰褐色。菌柄长2～3cm，直径2～5mm，中生，近圆柱状，中空，表面粉黄色或绿黄色。担孢子7.5～9.5μm×5～7μm，椭圆形至长椭圆形，薄壁。

生境特点　群生、簇生或散生于草地上。
引证标本　井冈山市，井冈山国家级自然保护区，标本号GDGM54882。
用途与讨论　用途未明。本种为近年报道于华南地区的新种，在罗霄山脉地区系首次记录。

胶黏盖蜡伞　*Hygrophorus glutiniceps* C.Q. Wang & T.H. Li

形态特征　子实体小型。菌盖直径8～40mm，半球形至平展，中部常凹陷，乳白色至淡黄色，表面覆盖一层黏液。菌褶贴生，幼时乳白色，后变淡黄棕色，蜡质。菌柄圆柱形，长2.5～6cm，直径3～6mm，表面具透明黏液。担孢子6～8.5μm × 4～6μm，光滑，近椭圆形。

生境特点　夏秋季散生于阔叶林中地上。

引证标本　崇义县，阳岭国家森林公园，标本号GDGM 53440。

用途与讨论　用途未明。本种为近年报道于罗霄山脉和华南地区的新种。

卵孢拟奥德蘑
Hymenopellis raphanipes (Berk.) R.H. Petersen

形态特征　子实体中型。菌盖直径4～10cm，初半球形，后平展，淡棕色至棕褐色，光滑或具绒毛，具皱纹，湿时黏。菌肉白色，伤不变色。菌褶离生，白色，稀。菌柄圆柱形，长13～20cm，直径0.5～1cm，白色至淡棕褐色，顶端近白色被绒毛或腺点，具长假根。担孢子12～16μm × 10～13μm，宽椭圆形，光滑，无色，非淀粉质。

生境特点　夏秋季散生或群生于阔叶林中地上，假根与地下腐木相连。

引证标本　汝城县，九龙江国家森林公园，标本号GDGM 53389。

用途与讨论　可食用，在中国华南及西南地区广泛栽培，商品名为黑皮鸡枞。

生境特点　夏秋季簇生至丛生于腐烂的木桩或倒木上。
引证标本　井冈山市，井冈山国家级自然保护区，标本号GDGM50684。
用途与讨论　有毒。

簇生垂幕菇　*Hypholoma fasciculare* (Huds.) P. Kumm.

形态特征　子实体小型。菌盖直径1~4cm，初圆锥形至钟形，后半球形至近平展，硫黄色至黄绿色，光滑，水浸状，盖缘初期具黄色丝膜状菌幕残片，后期消失。菌褶弯生，硫黄色至橄榄褐色。菌柄圆柱形，长1~5cm，直径1~4mm，硫黄色至黄褐色，中部常具菌幕残痕。担孢子5.5~6.5μm × 4~4.5μm，椭圆形至长椭圆形，光滑。

砖红垂幕菇　*Hypholoma lateritium* (Schaeff.) P. Kumm.

形态特征　子实体小到中型。菌盖直径2～7cm，初半球形，后凸镜形至近平展，淡红褐色至砖红色，边缘颜色浅，初期黄白色至淡黄色，被白色绒毛，边缘具菌幕残片，易脱落。菌褶弯生至近直生，初期黄白色至橄榄绿色，成熟后呈暗灰色至深紫褐色。菌柄圆柱形，长3～8cm，直径4～8mm，上部淡黄绿色，基部淡褐色至锈褐色。担孢子6～7μm×4～5μm，宽椭圆形至椭圆形，光滑，淡紫灰色。

生境特点　夏秋季丛生至簇生于腐木上。

引证标本　炎陵县，神农谷国家森林公园，标本号GDGM 50181。

用途与讨论　食药兼用，在西南食用菌市场可见。

黄鳞丝盖伞
Inocybe squarrosolutea (Corner & E. Horak) Garrido

形态特征　子实体小到中型。菌盖直径3～6cm，初期尖锥状，成熟后近平展，中部具凸起，菌盖表面黄色至橙黄色，被平复至近翘起的丛毛状鳞片，成熟后边缘常开裂。菌褶直生至近弯生，不等长，淡黄色至黄褐色，成熟后棕褐色。菌柄圆柱形，向基部稍膨大，长3～7cm，直径5～8mm，表面与菌盖同色，具绒毛。担孢子5.5～8μm×4.5～6μm，多角形，具疣突。

生境特点　夏秋季生于针阔混交林中地上。

引证标本　浏阳市，石柱峰风景区，标本号GDGM 51189。

用途与讨论　有毒。

毒蝇岐盖伞 *Inosperma muscarium* Y.G. Fan, L.S. Deng, W.J. Yu & N.K. Zeng

形态特征 子实体小到中型。菌盖直径3～6.5cm，幼时钟形至圆锥形，后平展，中部钝突，边缘初期内卷，后微上翘，表面干，易开裂，黄棕色至棕褐色，中部颜色稍深。菌肉白色至淡黄褐色。菌褶较密，贴生，初期白色，成熟后呈淡黄棕色。菌柄长4～7cm，直径3～8mm，圆柱形，等粗，实心，淡黄色至淡棕色，顶部具屑状鳞片，向下渐为纤维状鳞片。幼时可见菌幕残留。担孢子8～11μm×5～6μm，椭圆形，光滑，淡黄褐色。

生境特点 夏秋季生于阔叶林或针阔混交林中地上。

引证标本 井冈山市，井冈山国家级自然保护区，标本号GDGM50270。

用途与讨论 有毒，含有毒蕈碱类物质，误食后可引起神经精神型中毒。本种为2021年报道于中国华南地区的新种，罗霄山脉地区系首次记录。

红蜡蘑 *Laccaria laccata* (Scop.) Cooke

形态特征 子实体小型。菌盖直径2～4cm，近扁半球形至平展，淡红褐色至粉褐色，湿润时水浸状，光滑或具绒毛，边缘具条纹，波状。菌褶直生或近弯生，不等长，淡红褐色至淡紫红色，附白色粉末。菌柄圆柱形，长3～6cm，直径3～8mm，与菌盖同色，实心。担孢子7.5～11μm×7～9μm，近球形，具小刺，无色或带淡黄色。

生境特点 夏秋季生于林中地上。

引证标本 炎陵县，神农谷国家森林公园，标本号GDGM 50178。

用途与讨论 可食用。

酒红蜡蘑　*Laccaria vinaceoavellanea* Hongo

形态特征　子实体小到中型。菌盖直径2～5cm，扁半球形至平展，中部常下陷，肉褐色，常有细小鳞片，不黏，有长的辐射状沟纹。菌肉薄。菌褶直生至稍下延，与菌盖同色或色稍深。菌柄近圆柱形，长4～8cm，直径4～8mm，与菌盖同色。担孢子7.5～9μm×7.5～9μm，球形至近球形，具小刺，刺长1.5～2.5μm，近无色。

生境特点　夏秋季生于林中地上。

引证标本　崇义县，阳岭国家森林公园，标本号GDGM 53019。

用途与讨论　可食用。

纤细乳菇　*Lactarius gracilis* Hongo

形态特征　子实体小型。菌盖直径1.5～3cm，扁半球形至平展，棕褐色至淡红褐色，中央具深褐色尖突，边缘具丛毛。菌褶近离生，白色，具乳汁。菌柄圆柱形，长4～5cm，直径2～4mm，棕褐色至淡红褐色，基部有硬毛。担孢子7.5～8.5μm×6.5～7.5μm，宽椭圆形，粗糙，具网纹，淀粉质。

生境特点　夏秋季生于阔叶林或针阔混交林中地上。

引证标本　茶陵县，云阳山国家森林公园，标本号GDGM 52340。

用途与讨论　用途未明，建议不要食用。

近毛脚乳菇 *Lactarius subhirtipes* X.H. Wang

形态特征 子实体小到中型。菌盖直径2.5~5cm，扁半球形至平展，红褐色至橙褐色，中央下陷，无环纹。菌肉不辣。菌褶直生至延生。乳汁少，白色，不变色，稍苦涩。菌柄圆柱形或向上渐细，长3~8cm，直径3~6mm，与菌盖同色或稍浅，基部具硬毛。担孢子6.5~8μm × 6~7.5μm，近球形至宽椭圆形，近无色，有完整至不完整的网纹，淀粉质。

生境特点 夏秋季生于阔叶林中地上。

引证标本 浏阳市，大围山国家森林公园，标本号GDGM 55541。

用途与讨论 有毒。

亚环纹乳菇 *Lactarius subzonarius* Hongo

形态特征 子实体中型。菌盖直径 3~5cm，初半球形，后平展，中部常下凹，黄棕色至棕褐色，具明显同心环纹，光滑，湿时黏。菌褶直生或近下延，密，黄白色，伤后有白色乳汁流出，受伤不变色。菌柄圆柱形，长3~5cm，直径0.5~1cm，表面光滑，棕褐色。担孢子6.0~8.5μm × 5.5~7.5μm，近球形，具小刺。

生境特点 春秋季单生或散生于针叶林或混交林中地上。

引证标本 平江县，幕阜山国家森林公园，标本号GDGM 55292。

用途与讨论 可食用。

鲜艳乳菇
Lactarius vividus X.H. Wang, Nuytinck & Verbeken

形态特征 子实体中型。菌盖直径4～8cm，半球形至平展，中部下凹，边缘初期内卷，后平展，有时具辐射状沟纹，表面光滑，湿时黏，橙红色至土黄色，具同心环纹。菌肉橙红色，易碎，伤后变为蓝绿色。菌褶直生至近延生，橙红色，伤后亦变色。菌柄长2.5～6cm，直径1～2.5cm，与菌盖同色，松软至中空。担孢子8～10μm×6～8μm，椭圆形，近无色，有小疣和网纹。

生境特点 春秋季单生或散生于松树林地上。

引证标本 炎陵县，神农谷国家森林公园，标本号GDGM 54948。

用途与讨论 可食用。

辣流汁乳菇 *Lactifluus piperatus* (L.) Roussel

形态特征 子实体中到大型。菌盖直径5～13cm，初期扁半球形，中央呈脐状，后呈漏斗状，白色至淡黄白色，表面光滑，边缘初期内卷，后平展至微上翘，有时呈波状。菌肉厚，白色，坚脆，伤后不变色或微变浅土黄色，有辣味。菌褶近延生，白色或淡黄白色，窄，极密，不等长，分叉。乳汁白色，不变色。菌柄圆柱形，基部渐细，长3～6cm，直径1.5～3cm，与菌盖同色，实心，无毛。担孢子6.5～8.5μm×5.5～7μm，近球形或宽椭圆形，有小疣或稍粗糙，无色，淀粉质。

生境特点 夏秋季散生或群生于针叶林和针阔混交林中地上。

引证标本 宜春市，官山国家级自然保护区，标本号GDGM 51028。

用途与讨论 有毒，味道辛辣，误食易引起胃肠炎型中毒。

中华流汁乳菇
Lactifluus sinensis J.B. Zhang, Y. Song & L.H. Qiu

形态特征 子实体小到中型。菌盖直径3~6cm，初期扁半球形，后渐平展，棕褐色至深褐色，中部具乳突，表面干，光滑至皱缩，具不明显褐色条纹。菌肉白色，伤不变色。菌褶宽，稀，延生，不等长，白色。乳汁白色至乳白色，不变色或边淡黄白色。菌柄近柱形，长3~6cm，直径0.4~1cm，与菌盖同色，顶端菌褶延伸形成黑褐色条纹，实心。担孢子6~9μm×5~8μm，球形至近球形，具小刺和棱状网纹，无色，淀粉质。

生境特点 夏秋季散生于林中地上，有记载生于针叶树腐木上。

引证标本 桂东县，八面山国家级自然保护区，标本号GDGM52097。

用途与讨论 用途未明。

多汁流汁乳菇 *Lactifluus volemus* (Fr.) Kuntze

形态特征 子实体中型。菌盖直径5~10cm，初半球形，后平展至中部下凹，黄褐色至橙褐色，具绒毛，伤后有白色汁液流出，边缘初期内卷。菌肉淡黄色，脆，伤后不变色。菌褶直生至近延生，奶黄色至淡黄色，不等长，伤后有白色乳汁流出。菌柄圆柱形，短粗，长3~5cm，直径1~1.2cm，与菌盖同色。担孢子8~10.5μm×7.5~10μm，近球形或宽椭圆形，具网纹和细疣，淀粉质。

生境特点 夏秋季散生或群生于针叶林和针阔混交林中地上。

引证标本 炎陵县，神农谷国家森林公园，标本号GDGM52443。

用途与讨论 可食用。

香菇 *Lentinula edodes* (Berk.) Pegler

形态特征　子实体中到大型。菌盖直径5～12cm，扁半球形至平展，浅褐色、深褐色至深肉桂色，具淡黄色至黄褐色鳞片，边缘初时内卷，后平展。菌肉白色，柔软而有韧性。菌褶弯生，白色，密，不等长。菌柄圆柱形，长3～8cm，直径0.5～1cm，实心，坚韧，纤维质。菌环窄，易消失，菌环以下有纤毛状鳞片。担孢子4.5～7μm×3～4μm，椭圆形至卵圆形，光滑，无色。

生境特点　秋季散生、单生于阔叶树倒木上。
引证标本　萍乡市，武功山国家森林公园，标本号GDGM55728。
用途与讨论　著名食用菌。

漏斗多孔菌　*Lentinus arcularius* (Batsch) Zmitr

形态特征　子实体一年生，单生或数个簇生，肉质至革质。菌盖圆形，直径可达5cm，表面新鲜时乳黄色，干后黄褐色，被暗褐色或红褐色鳞片，边缘锐，干后略内卷。菌肉淡黄色至黄褐色，厚可达1mm。孔口表面干后浅黄色或橘黄色，多角形，每毫米1～4个。菌管与孔口表面同色，长可达2mm。菌柄长可达5cm，直径可达4mm，与菌盖同色，干后皱缩。担孢子8～10μm×2.5～3.5μm，圆柱形，略弯曲，无色，薄壁，光滑，非淀粉质，不嗜蓝。

生境特点　夏秋季单生至群生于阔叶树的腐木上。
引证标本　炎陵县，神农谷国家森林公园，标本号GDGM50308。
用途与讨论　用途未明。

翘鳞香菇 Lentinus squarrosulus Mont.

形态特征 子实体中型。菌盖直径3~7cm，浅漏斗状，黄白色，被同心环状排列的黄褐色丛毛或鳞片，边缘常内卷。菌褶延生，白色至淡黄色，密，分叉。菌柄圆柱形，长1~2.5cm，直径0.4~0.8cm，实心，与菌盖同色，常基部稍暗，被丛毛状小鳞片。担孢子5.5~8μm×1.5~2.5μm，长椭圆形，光滑，无色，非淀粉质。

生境特点 群生、丛生或近叠生于混交林或阔叶林中腐木上。

引证标本 汝城县，飞水寨景区，标本号GDGM50708。

用途与讨论 幼嫩时可食用。

灰褐鳞环柄菇 Lepiota fusciceps Hongo

形态特征 子实体小型。菌盖直径1~2.5cm，初期近球形到半球形，后近平展，中央稍凸，表面白色至污白色，有暗褐色鳞片，中央较为集中，边缘辐射状长沟纹。菌肉白色，薄。菌褶离生，不等长，白色。菌柄圆柱形，长1.5~4cm，直径1~3mm，白色至污白色，有纤毛状鳞片，松软至空心。菌环上位，白色。担孢子4.5~7μm×2.5~3.5μm，无色，光滑。

生境特点 夏秋季生于针阔混交林中枯枝落叶层。

引证标本 岳阳县，大云山国家森林公园，标本号GDGM51072。

用途与讨论 用途未明。

紫丁香蘑　*Lepista nuda* (Bull.) Cooke

形态特征　子实体中到大型。菌盖直径6～12cm，幼时半球形，后平展，中部稍凹陷，紫罗兰色至紫丁香色，边缘稍内卷，湿时水浸状。菌肉淡紫罗兰色，水浸状。菌褶直生至稍弯生，密，淡紫色。菌柄圆柱形，长4～7cm，直径0.6～1.5cm，紫罗兰色，实心。担孢子5～8μm×3～4.5μm，椭圆形，粗糙至具麻点，无色。

生境特点　夏秋季单生或散生于林中地上。

引证标本　浏阳市，大围山国家森林公园，标本号GDGM 55449。

用途与讨论　可食用。

花脸香蘑　*Lepista sordida* (Schumach.) Singer

形态特征　子实体中型。菌盖直径4～7cm，初半球形，后凸镜形至近平展，表面光滑，水浸状，紫罗兰色至淡紫色，边缘常开裂。菌肉淡紫色，水浸状。菌褶直生至稍弯生，淡紫色。菌柄圆柱形，长3～6cm，直径3～8mm，淡紫色。担孢子7～9μm×4～5.5μm，长椭圆形，粗糙具麻点，无色。

生境特点　夏秋季单生或散生于林中地上。

引证标本　汝城县，九龙江国家森林公园，标本号GDGM 55486。

用途与讨论　可食用。

易碎白鬼伞 *Leucocoprinus fragilissimus* (Ravenel ex Berk. & M.A. Curtis) Pat.

形态特征　菌盖直径2～4cm，平展，膜质，易碎，具放射状条纹，黄白色，被黄色至浅黄绿色小鳞片或粉末。菌褶离生，黄白色。菌柄圆柱形，长5～10cm，直径2～4mm，淡绿黄色，脆弱。菌环中上位，膜质，黄白色，易脱落。担孢子10～13μm×7～9μm，椭圆形至宽椭圆形，光滑，无色，拟糊精质。

生境特点　夏秋季单生于林中地上或草丛中地上。

引证标本　浏阳市，石柱峰风景区，标本号GDGM 51156。

用途与讨论　用途未明。

脱皮大环柄菇
Macrolepiota detersa Z.W. Ge, Zhu L. Yang & Vellinga

形态特征　菌盖直径8～20cm，白色至污白色，被褐色至浅褐色易脱落的壳状鳞片。菌褶白色至淡黄色。菌柄圆柱形，长10～30cm，直径1.5～3cm，棕褐色，被同色细小鳞片。菌环上位，白色，大，膜质，易破碎。担孢子14～16μm×9.5～10.5μm，椭圆形，顶部具有盖芽孔。

生境特点　夏秋季单色或散生于林下、林缘及路边地上。

引证标本　平江县，幕阜山国家森林公园，标本号GDGM 51071。

用途与讨论　可食用。形态上与大青褶伞*Chlorophyllum molybdites*较相似，但大青褶伞后期菌褶呈青绿色，采食时需注意区分。

纯白微皮伞 *Marasmiellus candidus* (Bolton) Singer

形态特征 子实体小型。菌盖直径0.5~1.5cm，初半球形，后渐平展，中部稍下凹，表面具条状沟纹，黄白色至淡黄色，边缘稍内卷。菌褶较稀，延生，污白色至淡粉色，不等长。菌柄圆柱形弯曲，长0.5~1.5cm，直径1~2mm，黄白色，表面被粉状颗粒，实心。担孢子12~15μm × 4~5.5μm，披针形至长椭圆形，光滑。

生境特点 夏秋季节生于枯枝或腐木。
引证标本 遂川县，白水仙风景区，标本号GDGM50091。
用途与讨论 用途未明。

伴索微皮伞
Marasmiellus rhizomorphogenus Antonín, Ryoo & H.D. Shin

形态特征 子实体小型。菌盖直径1～2cm，初半球形，后渐平展，中部稍下凹，边缘具条纹，表面黄白色至污白色。菌褶稀，直生至近延生，污白色至淡黄白色，不等长，边缘偶具横脉。菌柄圆柱形弯曲，长1～2cm，直径1～2mm，表面淡黄白色，被微绒毛，实心。担孢子13～15μm×4.5～6.5μm，近纺锤形，光滑。

生境特点 夏秋季生于阔叶树枯枝或腐木上。
引证标本 崇义县，阳岭国家森林公园，标本号GDGM 52891。
用途与讨论 用途未明。

美丽小皮伞　*Marasmius bellus* Berk.

形态特征 菌盖直径1.5～2.5cm，半球形至钟形，后平展具脐凸，膜质，浅黄色至黄白色，干，光滑或具绒毛，有条纹。菌褶直生，稀疏，窄，不等长，淡黄色。菌柄长3～6cm，直径1mm，上部白色，下部橙色至褐色，光滑至被不明显绒毛，纤维质，空心，基部菌丝白色。担孢子8～12μm×3～3.5μm，椭圆形，有偏生尖突，光滑，无色。

生境特点 群生或丛生于林中枯枝落叶层上。
引证标本 浏阳市，石柱峰风景区，标本号GDGM50740。
用途与讨论 用途未明。

伯特路小皮伞　*Marasmius berteroi* (Lév.) Murrill

形态特征　菌盖宽0.5～2cm，斗笠状、钟形至凸镜形，橙黄色、橙红色至橙褐色，表面干，被短绒毛，有沟纹，中部具脐凸。菌褶直生至弯生，不等长，稀疏，白色至浅黄色。菌柄长2～4cm，直径0.5～1.5mm，与菌盖同色或颜色稍深呈暗橙褐色，上部色稍浅，有光泽，基部菌丝白色。担孢子10～16μm×3～4.5μm，梭形至披针形，光滑，无色。

生境特点　夏秋季群生或散生于阔叶林中枯枝落叶上。
引证标本　井冈山市，井冈山国家级自然保护区，标本号GDGM54781。
用途与讨论　用途未明。

草生小皮伞　*Marasmius graminum* (Lib.) Berk.

形态特征　菌盖直径0.4～0.6cm，半球形或钟形，具脐凹，脐凹中部有小尖突，初期污白色至浅黄色，后期呈黄褐色、深橙色至褐色，表面光滑或具微绒毛，有放射状条纹或沟纹。菌褶离生，近柄处具明显项圈，稀疏，不等长，黄白色。菌柄长0.5～3cm，直径0.5～1mm，纤细，初上部色淡黄色，下部橙褐色至暗褐色。担孢子8～12μm×3.5～4.5μm，长梨核形，光滑，无色。

生境特点　群生或散生于枯死的草本植物上，常见于禾本科植物上。
引证标本　遂川县，白水仙风景区，标本号GDGM50077。
用途与讨论　用途未明。

红盖小皮伞　*Marasmius haematocephalus* (Mont.) Fr.

形态特征　菌盖直径1～2.5cm，初钟形，后凸镜形至平展具脐凸，红褐色至紫红褐色，干，密被微绒毛，具放射状条纹或沟纹。菌褶弯生至离生，稍稀，初白色，后淡黄白色，不等长。菌柄长3～5.5cm，直径0.5～1mm，深褐色或暗褐色，近顶部黄白色，纤维质，上下近等粗，基部具白色菌丝体。担孢子16～26μm × 4～5.6μm，近长梭形，光滑，无色。

生境特点　群生于阔叶林中枯枝腐叶上。

引证标本　崇义县，阳岭国家森林公园，标本号GDGM 53302。

用途与讨论　用途未明。

大盖小皮伞　*Marasmius maximus* Hongo

形态特征　子实体小到中型。菌盖直径2～6cm，初近钟形，后近平展，黄白色至黄棕色，表面干，具明显的放射状沟纹，中部具淡棕色至黄棕色突起。菌褶近离生，稀，不等长，淡黄绿色至黄白色。菌柄圆柱形，长5～10cm，直径2～3mm，表面具粉末状腺点，实心。担孢子8～10μm × 3～4μm，椭圆形，无色，光滑。

生境特点　春季或夏秋季散生、群生或有时近丛生于林中腐枝落叶层上。

引证标本　汝城县，九龙江国家森林公园，标本号GDGM 54027。

用途与讨论　可食用。

苍白小皮伞 *Marasmius pellucidus* Berk. & Broome

形态特征　子实体小型。菌盖直径3～4cm，幼时尖圆锥形至凸镜形或钟形，成熟时宽凸镜形、宽钟形至平展，中央黄白色、奶油色，边缘白色，中央常凹陷，光滑至有皱纹或有网纹，边缘有条纹至沟纹，透明，向下弯曲至上卷，水浸状，无毛，湿或干。菌褶直生至弯生，密。菌柄圆柱形，长5～9cm，直径1～1.5mm，顶端白色，基部褐色至深褐色，纤维质，空心，基部有白色绒毛。担孢子6～7μm×3～3.5μm，扁桃体形，无色，光滑，非淀粉质。

生境特点　春季或夏秋季丛生于林中腐枝落叶层上。
引证标本　汝城县，九龙江国家森林公园，标本号GDGM53465。
用途与讨论　用途未明。

紫条沟小皮伞　*Marasmius purpureostriatus* Hongo

形态特征　子实体小型。菌盖直径1~2.5cm，钟形至半球形，常凹陷，中部常突起，表面淡紫色至淡紫褐色，具放射状紫褐色沟纹。菌褶近离生，污白色至乳白色，稀疏，不等长。菌柄圆柱形，长4~11cm，直径1.5~2.5mm，表面光滑，深棕色至棕褐色。担孢子22~30μm × 5~7μm，长棒状，光滑，无色。

生境特点　夏秋季生于阔叶林中枯枝落叶上。

引证标本　汝城县，九龙江国家森林公园，标本号GDGM 51530。

用途与讨论　用途未明。

小型小皮伞
Marasmius pusilliformis Chun Y. Deng & T.H. Li

形态特征　子实体小型。菌盖直径1~5mm，钟形、凸镜形至平展，中央微凹陷，光滑，白色至灰白色，边缘有条纹或沟条纹。菌褶直生至近延生，稀，白色，不等长。菌柄圆柱形，长3~5mm，直径1~2mm，上部白色，下部棕褐色。担孢子9~11μm × 3.5~4.5μm，长椭圆形，光滑，无色，非淀粉质。

生境特点　群生或丛生于阔叶树的腐木或枯枝上。

引证标本　汝城县，九龙江国家森林公园，标本号GDGM 70372。

用途与讨论　用途未明。

生境特点　生于阔叶林中枯枝、腐叶上。
引证标本　崇义县，阳岭国家森林公园，标本号GDGM51621。
用途与讨论　用途未明。

轮小皮伞　*Marasmius rotalis* Berk. & Broome

形态特征　子实体小型。菌盖直径2.5～6mm，初半球形，后凸镜形，中央凹陷，黄白色至淡褐色，中央颜色较深，有条纹或沟纹。菌褶直生，近柄处形成一项圈，黄白色。菌柄长线状，长2～3cm，直径0.5～1mm，暗褐色至黑褐色。担孢子7～9μm×3～4μm，椭圆形，光滑，无色。

宽褶大金钱菌
Megacollybia platyphylla (Pers.) Kotl. & Pouzar

形态特征 子实体中型。菌盖直径5～8cm，扁半球形至平展，中部常凹陷，灰褐色至深灰褐色，光滑或具细条纹。菌肉白色，薄。菌褶弯生至近直生，白色，宽，稀，不等长。菌柄圆柱形，长5～10cm，直径0.5～1cm，白色至灰褐色，具纤毛或腺点，脆骨质。担孢子7～9μm×6～7.5μm，卵圆形至宽椭圆形，无色，光滑。

生境特点 夏秋季单生或散生于林中地上。

引证标本 平江县，幕阜山国家森林公园，标本号GDGM 55261。

用途与讨论 可食用。

糠鳞小蘑菇 *Micropsalliota furfuracea* R.L. Zhao, Desjardin, Soytong & K.D. Hyde

形态特征 子实体小型。菌盖直径2～3.5cm，初期钝圆锥形，后平展，污白色至稍带褐色，边缘有条纹，中央有较密的淡棕褐色小鳞片，边缘小鳞片糠麸状。菌肉白色，伤后变红褐色至暗褐色。菌褶离生，不等长，较密，棕黄褐色至棕褐色。菌柄长25～35mm，直径2.5～3.5mm，空心，纤维质，初期白色至淡黄色，伤后变红褐色，后期变暗褐色至暗紫褐色。菌环上位，单环。担孢子6～7.5μm×3～4μm，椭圆形，光滑，褐色。

生境特点 群生或丛生于阔叶林中地上。

引证标本 汝城县，九龙江国家森林公园，标本号GDGM 55751。

用途与讨论 用途未明。

黄鳞小菇 *Mycena auricoma* Har. Takah.

形态特征 子实体小型。菌盖直径1～2.8cm，初卵圆形，后渐凸镜形至近平展，淡黄色至米黄色，被淡黄色粉末，边缘色较浅，成熟后具白色沟纹。菌褶近离生，白色至淡黄色。菌柄圆柱形，长2～3cm，直径1～3mm，淡黄色至米黄色，空心。担孢子5～7μm×3～4μm，椭圆形至宽椭圆形，光滑，无色，淀粉质。

生境特点 夏秋季单生或散生于阔叶树腐木上。

引证标本 炎陵县，神农谷国家森林公园，标本号GDGM 52077。

用途与讨论 用途未明。

盔盖小菇 *Mycena galericulata* (Scop.) Gray

形态特征 子实体小型。菌盖直径1～3cm，钟形至凸镜形，铅灰色至棕灰色，中部色深，光滑或具浅透明沟纹。菌褶直生至弯生，白色，不等长，常具横脉。菌柄圆柱形，长3～6cm，直径2～3mm，淡灰色至灰色，光滑，空心。担孢子9.5～12μm×7.5～9μm，宽椭圆形，光滑，无色，淀粉质。

生境特点 夏秋季散生或群生于阔叶树腐木上。

引证标本 汝城县，飞水寨景区，标本号GDGM50706。

用途与讨论 用途未明。本种分布广泛，且子实体形态、颜色变化较大。

血红小菇 *Mycena haematopus* (Pers.) P. Kumm.

形态特征　子实体小型。菌盖直径2~4cm，圆锥形至近钟形，粉红色至淡紫红色，中部颜色稍深，光滑，伤后流出血红色汁液，边缘具透明条纹，常锯齿状。菌褶直生或近弯生，白色至灰白色，可见暗红色斑点。菌柄圆柱形，长3~6cm，直径2~3mm，与菌盖同色或稍淡，被白色粉末，空心。担孢子7.5~11μm×5~7μm，宽椭圆形，光滑，无色，淀粉质。

生境特点　夏秋季群生或簇生于腐木上。
引证标本　炎陵县，桃源洞国家级自然保护区，标本号GDGM58863。
用途与讨论　有毒。

洁小菇 *Mycena pura* (Pers.) P. Kumm.

形态特征　子实体小型。菌盖直径2.5~4cm，初半球形，后凸镜形至近平展，幼时紫红色，成熟后稍淡，中部色深，边缘色淡，具条纹。菌褶直生或近弯生，具横脉，不等长，灰白色至淡紫灰色。菌柄圆柱形，长3~6cm，直径3~5mm，与菌盖同色或稍淡，光滑，空心，基部被白色毛状菌丝体。担孢子6.5~8μm×4~5μm，椭圆形，光滑，无色，淀粉质。

生境特点　夏秋季散生于混交林或针叶林中地上。
引证标本　井冈山市，井冈山国家级自然保护区，标本号GDGM50261。
用途与讨论　有毒。

灰黑新湿伞
Neohygrocybe griseonigra C.Q. Wang & T.H. Li

形态特征　子实体小型。菌盖直径25～35mm，半球形至平展，中部具乳突，常穿孔，表面干，具放射状条纹，具绒毛，灰褐色至黑褐色。菌褶贴生，脆，白色至灰白色，受伤后变后变淡红褐色至灰褐色，蜡质。菌柄圆柱形，长2.5～5cm，直径3～6mm，中生，表面灰褐色至深灰黑色，具纵纹。担孢子7～9μm × 4.5～6.5μm，光滑，近椭圆形。

生境特点　夏秋季散生于阔叶林中地上。
引证标本　井冈山市，井冈山国家级自然保护区，标本号GDGM44492。
用途与讨论　用途未明。本种为近年报道于华南地区的新种，罗霄山脉地区系首次记录。

洁丽新香菇 *Neolentinus lepideus* (Fr.) Redhead & Ginns

形态特征　子实体中到大型。菌盖直径5～16cm，初半球形，后平展或中部下凹，淡黄色至淡黄褐色，被棕褐色鳞片，边缘常波状或开裂。菌肉白色至奶油色。菌褶直生或延生，表面奶黄色至淡黄褐色，密，不等长，褶缘锯齿状。菌柄近圆柱形，长4～7cm，直径0.8～3cm，上部奶黄色至浅黄褐色，被绒毛或鳞片。担孢子9～13μm×3.5～5.5μm，近圆柱形，薄壁。

生境特点　夏秋季近丛生于针叶树的腐木上。

引证标本　汝城县，九龙江国家森林公园，标本号GDGM 50489。

用途与讨论　幼时可食用。

亚黏小奥德蘑 *Oudemansiella submucida* Corner

形态特征　子实体中型。菌盖直径3～7cm，半球形至近平展，乳白色，中部颜色稍深呈淡黄色，黏，光滑。菌褶离生，变色，稀。菌柄圆柱形，长2～8cm，直径2～8mm，近白色至棕褐色，被白色绒毛。菌环中上位，膜质。担孢子18～24μm×16～21μm，近球形至宽椭圆形。

生境特点　夏秋季生于亚热带林中腐木上。

引证标本　崇义县，阳岭国家森林公园，标本号GDGM 50604。

用途与讨论　可食用。

粪生斑褶菇 *Panaeolus fimicola* (Pers.) Gillet

形态特征　子实体小型。菌盖直径15～40mm，初圆锥形至钟形，后凸镜形至近平展，灰褐色至茶褐色。菌褶直生，灰褐色至黑褐色，具黑色斑点。菌柄圆柱形，长2.5～10cm，直径2～3mm，棕褐色至红褐色，中空。担孢子12.5～15μm×8.5～11.5μm，柠檬形，光滑，褐色至黑褐色。

生境特点　夏季生于马粪堆及其周围地上。

引证标本　岳阳县，大云山国家森林公园，标本号GDGM 50821。

用途与讨论　有毒。

网孔扇菇
Panellus pusillus (Pers. ex Lév.) Burds. & O.K. Mill.

形态特征　子实体小型，一年生。菌盖直径1～2.5cm，半圆形至圆形，初期白色至奶油色，干后浅黄色，光滑。菌管近圆形，乳白色至浅黄色，孔口与菌管同色，伤不变色。担孢子3.5～4.5μm×2～2.5μm，长椭圆形，无色，薄壁，光滑，淀粉质，不嗜蓝。

生境特点　夏秋季群生于阔叶树腐木上。

引证标本　井冈山市，井冈山国家级自然保护区，标本号GDGM46304。

用途与讨论　可药用。

鳞皮扇菇 *Panellus stipticus* (Bull.) P. Karst.

形态特征　子实体小型。菌盖宽1~2.5cm，扇形至平展，浅土黄色至淡黄棕色，边缘稍内卷，干，被细绒毛，成熟时具褶皱或开裂成小鳞片。菌褶直生，密，常分叉，褶间有横脉，白色至淡黄棕色。菌柄侧生，短，基部渐细，淡肉桂色。担孢子4~6μm×2~2.5μm，椭圆形，光滑，无色，淀粉质。

生境特点　春秋季群生于阔叶树的树桩、树干及枯枝上。
引证标本　九江市，庐山仙人洞，标本号GDGM56210。
用途与讨论　有毒，可药用。

褐绒革耳　*Panus fulvus* (Berk.) Pegler & R.W. Rayner

形态特征　子实体中型。菌盖直径6~8cm，漏斗形，栗褐色至暗褐色，革质，密被绒毛，边缘具放射状条纹。菌褶延生，淡黄色至淡粉红色，时有分叉。菌柄圆柱形，长5~8cm，直径0.5~0.6cm，质韧，暗褐色，密被绒毛。孢子5~7.5μm × 2.8~3.5μm，近圆柱形。

生境特点　夏秋季单生或散生于阔叶树的枯木、树桩下。
引证标本　遂川县，白水仙风景区，标本号GDGM50538。
用途与讨论　用途未明。

新粗毛革耳
Panus neostrigosus Drechsler-Santos & Wartchow

形态特征　子实体中型。菌盖直径3~8cm，漏斗状，淡棕褐色至紫褐色，被密绒毛，边缘内卷。菌褶延生，黄白色至浅黄褐色，不等长，褶缘常带紫色。菌柄圆柱形，长1~2cm，直径3~10mm，偏生至侧生，纤维质，实心，与盖同色，被绒毛。担孢子3.5~6μm × 2~3μm，卵形至椭圆形，无色，光滑。

生境特点　群生于针阔混交林中腐木上。
引证标本　衡东县，武家山森林公园，标本号GDGM 50643。
用途与讨论　幼时可食用。

詹尼暗金钱菌 *Phaeocollybia jennyae* (P. Karst.) Romagn.

形态特征 子实体小到中型。菌盖直径1.5~4cm，圆锥形至近平展，中部具脐凸，橙褐色或淡红褐色，光滑或被绒毛。菌褶直生，密，初近白色，后变锈色，不等长。菌柄圆柱形，长4~5cm，直径3~4mm，基部具假根，表面红褐色，光滑，空心。担孢子4.5~6μm×3~4.5μm，卵圆形，具麻点，锈褐色。

生境特点 夏秋季单生至散生于混交林或阔叶林中地上。

引证标本 汝城县，九龙江国家森林公园，标本号GDGM55711。

用途与讨论 有毒。

多脂鳞伞 *Pholiota adiposa* (Batsch) P. Kumm.

形态特征 子实体中到大型。菌盖直径5~12cm，初半球形，后凸镜形至近平展，橙黄色至黄褐色，黏至胶黏，被棕褐色丛毛，边缘初内卷，常挂有纤毛状菌幕残片。菌褶弯生至近直生，密，黄色至锈黄色。菌柄圆柱形，长4~11cm，直径0.6~1.3cm，表面黏，与菌盖同色。担孢子6~7.5μm×3~4.5μm，卵圆形至椭圆形，薄壁，光滑，锈褐色。

生境特点 春末至秋季群生、丛生于阔叶树倒木上。

引证标本 汝城县，飞水寨景区，标本号GDGM50719。

用途与讨论 可食用。

红顶鳞伞 *Pholiota astragalina* (Fr.) Singer

形态特征 子实体小到中型。菌盖直径3～5cm，初半球形，后凸镜形至近平展，中央颜色稍深呈橙红色至粉红色，边缘颜色稍淡呈橙黄色，表面黏，光滑。菌褶直生至近弯生，密，橙黄色。菌柄圆柱形，长3～8cm，直径0.4～0.8cm，表面干，淡黄色至淡橙色。担孢子5～7.5μm × 3～4.5μm，椭圆形，光滑，黄棕色。

生境特点 夏秋季散生或群生于混交林中地上或倒木上。
引证标本 平江县，幕阜山国家森林公园，标本号GDGM50822。
用途与讨论 食毒未明。

小孢鳞伞　*Pholiota microspora* (Berk.) Sacc.

形态特征　子实体小到中型。菌盖直径4～8cm，初半球形，后凸镜形至近平展，橙黄色至黄褐色，胶黏，边缘初内卷，常挂有纤毛状菌幕残片。菌褶弯生至近直生，浅黄色至锈黄色。菌柄圆柱形，长3～6cm，直径0.5～1.2cm，表面黏，淡黄色。担孢子4～6μm × 2.5～3μm，卵圆形至椭圆形，薄壁，光滑，黄褐色。

生境特点　夏秋季生于阔叶树倒木上。
引证标本　九江市，中国科学院庐山植物园，标本号GDGM56258。
用途与讨论　可食用。

巨大侧耳　*Pleurotus giganteus* (Berk.) Karun. & K.D. Hyde

形态特征　子实体中到大型。菌盖直径5～18cm，幼时近扁平，后渐呈漏斗形，淡黄色至淡黄褐色，常附有灰白色或灰黑色鳞片，边缘强烈内卷然后延伸。菌褶延生，不等长，白色至淡黄色。菌柄圆柱形，长5～25cm，直径0.6～2cm，表面与菌盖同色，具绒毛，基部向下延伸呈假根状。担孢子6.5～10μm × 5.5～7.5μm，椭圆形，光滑，无色。

生境特点　夏秋季单生或丛生于常绿阔叶林地下腐木上。
引证标本　萍乡市，武功山国家森林公园，标本号GDGM54978。
用途与讨论　可食用，已人工栽培，商品名为猪肚菇。

糙皮侧耳　*Pleurotus ostreatus* (Jacq.) P. Kumm.

形态特征　子实体中到大型。菌盖宽4～12cm，平展呈扇形或贝壳形，浅灰色至灰褐色，湿时黏，被纤维状绒毛。菌肉白色，伤不变色。菌褶延生，白色至淡黄色。菌柄短或无柄，如有则侧生或偏生，长1～3cm，直径1～2cm，表面密生绒毛。担孢子10～11.5μm×3.5～5μm，圆柱形至长椭圆形，光滑。

生境特点　春秋季生于阔叶树的倒木或树桩上。

引证标本　浏阳市，大围山国家森林公园，标本号GDGM55375。

用途与讨论　食药兼用。已广泛人工栽培。

硬毛光柄菇　*Pluteus hispidulus* (Fr.) Gillet

形态特征　菌盖直径1～2cm，初圆锥形至凸镜形，后平展；中央暗色鳞片较密，深褐色或橄榄黑色；边缘灰色或淡褐色，可见灰白色至粉色的底色，被纤毛或浅褐色小鳞片。菌褶离生，初期白色，后淡粉色至粉红色，不等长。菌柄圆柱形，长1.6～3cm，直径1～2mm，白色或浅灰色，具丝绢状光泽，有条纹，空心，基部有白色菌丝体。担孢子5～7μm×4.5～6μm，近球形至卵形，光滑，淡粉红色。

生境特点　夏秋季生于阔叶树腐木上。

引证标本　崇义县，阳岭国家森林公园，标本号GDGM53183。

用途与讨论　用途未明。

变色光柄菇 *Pluteus variabilicolor* Babos

形态特征 子实体小型。菌盖直径1.5~4cm，初半球形至凸镜形，后平展，中部稍突起，鲜黄色至橙黄色，中部色深，具皱纹，边缘有细条纹，水浸状。菌肉白色至淡黄色，薄。菌褶离生，不等长，白色至粉红色。菌柄圆柱形，长3~6cm，直径2~4mm，具条纹，黄色。担孢子5.5~7μm × 4.5~5.5μm，宽椭圆形至近球形。

生境特点 生于栎树和栗木的腐木上。

引证标本 炎陵县，桃源洞国家级自然保护区，标本号GDGM55228。

用途与讨论 用途未明。

黄盖小脆柄菇 *Psathyrella candolleana* (Fr.) Maire

形态特征 子实体小到中型。菌盖直径2~7cm，初半球形，后平展，黄白色至浅褐色，边缘具花边状菌幕残片，成熟后易开裂。菌肉薄，污白色至灰棕色。菌褶直生，淡褐色至深紫褐色，边缘齿状。菌柄圆柱形，长4~7cm，直径3~5mm，淡黄白色，具白色纤毛。担孢子6.5~8.5μm × 3.5~5μm，椭圆形至长椭圆形，光滑，淡棕褐色。

生境特点 夏秋季簇生于林中地上、田野、路旁等，罕生于腐朽的木桩上。

引证标本 井冈山市，井冈山国家级自然保护区，标本号GDGM50259。

用途与讨论 有毒。

淡紫假小孢伞
Pseudobaeospora lilacina X.D. Yu & S.Y. Wu

形态特征　子实体小型。菌盖直径1～3cm，平展到稍凸，边缘稍内卷，水浸状，表面浅紫红色，中央颜色稍深，老后淡黄色、淡黄褐色。菌肉薄，白色或略带菌盖色。菌褶直生，不等长，淡紫色。菌柄长2～3cm，直径2～5mm，圆柱形，基部略膨大，中生，有时弯曲，具条纹，浅黄褐色，被粉末状到絮状鳞片。担孢子3～5μm×2.5～3.5μm，宽椭圆形至椭圆形，无色，表面粗糙，具明显的脐状附属物。

生境特点　单生或散生于裸露地面或草地上。

引证标本　萍乡市，武功山国家森林公园，标本号GDGM54921。

用途与讨论　用途未明。本种为近年报道于广东地区的新种，在罗霄山脉地区系首次记录。与紫晶蜡蘑形态较相似，不同点在于本种孢子光滑。

小伏褶菌　*Resupinatus applicatus* (Batsch) Gray

形态特征　子实体小型。菌盖直径0.7～1.3cm，贝壳形，灰棕色至黑棕色，光滑或具绒毛，湿时黏，边缘具透明状条纹。菌肉薄，凝胶状，灰褐色。菌褶延生，淡灰色至灰棕色。无菌柄。担孢子4.5～6μm×4～5μm，球形或近球形，无色，非淀粉质，光滑。

生境特点　散生或群生于阔叶树腐木上。

引证标本　九江市，庐山山南国家森林公园，标本号GDGM53537。

用途与讨论　用途未明。

瘦脐菇 *Rickenella fibula* (Bull.) Raithelh.

形态特征 子实体小型。菌盖直径 0.3～1cm，浅半球形，淡黄色至橙黄色，中央脐状，中央颜色为较深的橙红色，黏，具明显透明条纹。菌褶延生，不等长，白色至乳黄色。菌柄圆柱形，长0.7～5cm，直径1～2mm，乳黄色至浅橙黄色，被细绒毛。担孢子4～6μm×2～2.5μm，椭圆形，光滑，非淀粉质。

生境特点 夏秋季单生或散生于倒木上、苔藓层中。
引证标本 井冈山市，井冈山国家级自然保护区，标本号GDGM44346。
用途与讨论 用途未明。

褐岸生小菇
Ripartitella brunnea Ming Zhang, T.H. Li & T.Z. Wei

形态特征 子实体中型。菌盖直径4～10cm，扁平，浅棕色到红棕色，密被棕色到暗褐色鳞片，边缘幼时内卷，后平展。菌褶直生，不等长，白色至淡黄白色。菌柄长1.5～2.5cm，直径5～8mm，中生到稍偏生，圆柱形，被褐色到暗褐色浓密鳞片，基部有白色菌丝。菌环上位，淡黄白色到黄棕色，易消失。担孢子4.5～6μm×3.5～4μm，宽椭圆形至近球形，无色，表面密布小疣，淀粉质。

生境特点 散生或群生于混交林腐木上。
引证标本 炎陵县，桃源洞国家级自然保护区，标本号GDGM55115。
用途与讨论 可食用。本种为近年报道于罗霄山脉地区的新种。

白龟裂红菇　*Russula alboareolata* Hongo

形态特征　子实体中型。菌盖直径4～8cm，扁半球形至凸镜形，中央微凹，白色至淡黄色，湿时黏，常龟裂，具明显条纹。菌肉白色至微粉红，伤不变色。菌褶贴生，白色至粉白色，等长。菌柄圆柱形，长3～5cm，直径0.8～1.2cm，白色，光滑。担孢子6～7.5μm×6～7μm，宽椭圆形至近圆形，具小疣和不完整弱网纹，近无色，淀粉质。

生境特点　单生于针叶林、阔叶林或混交林中地上。

引证标本　崇义县，阳岭国家森林公园，标本号GDGM 50605。

用途与讨论　用途未明。

姜黄红菇　*Russula flavida* Frost ex Peck

形态特征　子实体小到中型。菌盖直径3～7cm，初扁半球形，后平展至浅漏斗状，亮黄色至姜黄色，被粉状，边缘具条纹。菌肉白色，麻辣，有不愉快的气味。菌褶直生至近离生，污白色至带粉红白色，等长，褶间有横脉或分叉。菌柄圆柱形，长3～7cm，直径0.8～2cm，常具纵条沟，金黄色至深姜黄色，内部松软。担孢子7.5～9μm×6～7.5μm，近球形，有刺棱及网纹，近无色至淡黄色，淀粉质。

生境特点　夏秋季单生或群生于混交林中地上。

引证标本　崇义县，阳岭国家森林公园，标本号GDGM 51465。

用途与讨论　有毒。

生境特点 夏秋季单生或散生于阔叶林中地上。
引证标本 崇义县，阳岭国家森林公园，标本号GDGM52584。
用途与讨论 用途未明。本种为近年报道于广东的新种，在罗霄山脉地区系首次记录。

紫疣红菇 *Russula purpureoverrucosa* Fang Li

形态特征 子实体小到中型。菌盖直径3～7cm，初扁半球形，后凸镜形至近平展，边缘常上翘，紫红色至淡紫色，中央颜色稍深呈深紫色，干，粗糙，具不规则的细小疣斑。菌肉白色，伤不变色。菌褶贴生，白色，近菌盖边缘处呈淡紫色，偶有分叉，伤后不变色。菌柄圆柱形，长3～6cm，直径0.8～1.3cm，表面干，与菌盖同色或上部颜色稍淡，具细疣，内部菌肉松软，质地脆。担孢子6～9μm×4.5～6.5μm，近球形至卵圆形，具明显刺棱，淀粉质。

点柄黄红菇 *Russula senecis* S. Imai

形态特征 子实体中型。菌盖直径4~7cm，初半球形至凸镜形，后渐平展，中部稍凹陷，淡黄棕色，表面常开裂。菌褶直生至稍延生，污白色至淡黄褐色，边缘具褐色斑点，等长或不等长。菌柄圆柱形，长5~10cm，直径0.5~1cm，淡黄色至肉桂褐色，具暗褐色小疣点，内部松软至空心，质地脆。担孢子8.5~10.5μm×8~9μm，近球形至卵圆形，具明显刺棱，浅黄色，淀粉质。

生境特点 夏秋季单生或群生于针阔混交林中地上。

引证标本 平江县，幕阜山国家森林公园，标本号GDGM51575。

用途与讨论 有毒。

绿桂红菇 *Russula viridicinnamomea* F. Yuan & Y. Song

形态特征 子实体中到大型。菌盖直径4~8cm，初扁半球形，后平展，中央凹陷，灰绿色至淡黄绿色，中部常褪色呈淡黄色，表面光滑，干或湿时稍粘，边缘全，常开裂。菌褶直生，等长，初期白色，后污白色至黄色。菌柄圆柱形，长3~6cm，直径0.6~1.5cm，幼时内实，老后中空，白色。担孢子5~7μm×4~6μm，近球形至卵圆形，表面具小疣，淀粉质。

生境特点 夏秋季单生或散生于阔叶林或针阔混交林中地上。

引证标本 桂东县，八面山国家级自然保护区，标本号GDGM52763。

用途与讨论 可食用。

红边绿菇 *Russula viridirubrolimbata* J.Z. Ying

形态特征　子实体中型。菌盖直径4～8cm，初期扁半球形，后平展，中部略下凹，表面不黏，中部浅棕绿色或灰绿色，边缘粉红色至浅红色，中部有细裂纹，向外斑块状龟裂，靠近边缘渐小，边缘开裂。菌肉白色，不变色。菌褶白色，直生，稍密，等长，有的分叉，菌褶间有横脉。菌柄长3～6cm，直径1～1.5cm，白色，中空。担孢子6～8μm×5～7μm，近球形，具小疣。

生境特点　夏秋季单生至群生于针阔混交林。

引证标本　崇义县，阳岭国家森林公园，标本号GDGM52895。

用途与讨论　可食用。

裂褶菌 *Schizophyllum commune* Fr.

形态特征　子实体小型。菌盖宽5～20mm，扇形，灰白色至黄棕色，被绒毛或粗毛，边缘内卷，常呈瓣状，有条纹。菌肉厚约1mm，白色，韧，无味。菌褶白色至棕黄色，不等长，褶缘中部纵裂成深沟纹。菌柄常无。担孢子5～7μm×2～3.5μm，椭圆形或腊肠形，光滑，无色，非淀粉质。

生境特点　散生至群生，常叠生于腐木上或腐竹上。

引证标本　浏阳市，大围山国家森林公园，标本号GDGM55456。

用途与讨论　幼嫩时可食用。

白漏斗辛格杯伞 *Singerocybe alboinfundibuliformis* (Seok, Yang S. Kim, K.M. Park, W.G. Kim, K.H. Yoo & I.C. Park) Zhu L. Yang, J. Qin & Har. Takah.

形态特征　子实体小到中型。菌盖直径2～4cm，中央下陷至菌柄基部，白色至米色，边缘有辐射状透明条纹。菌肉薄，白色，无特殊气味。菌褶下延，白色，低矮。菌柄圆柱形，长3～6cm，直径 3～7mm，白色至米色，中空。担孢子6～8μm×4～5μm，椭圆形，光滑，无色，非淀粉质。

生境特点　夏秋季生于针叶林或针阔混交林中地上或腐殖质上。

引证标本　汝城县，九龙江国家森林公园，标本号GDGM 55386。

用途与讨论　可食用。

绒柄华湿伞 *Sinohygrocybe tomentosipes* C.Q. Wang, Ming Zhang & T.H. Li

形态特征　子实体小到中型。菌盖直径2.5～6cm，凸至平展，中央常微凹，干燥，但湿时稍黏，淡黄色至亮黄色、深黄色，或浅橙色至深橙色，干燥时颜色变浅；边缘平整，成熟时上卷或偶分裂。菌肉与菌盖和菌褶同色，切开不变色。菌褶宽可达7mm，贴生、弯生或延生，稀疏，与菌盖同色，厚。菌柄长4～6.5cm，直径0.5～1.2cm，中生，圆柱状，密被白色的纵向纤维。气味不明显。担孢子8～10μm×5～7μm，椭圆形到宽椭圆形，卵圆形，薄壁。

生境特点　群生、簇生或散生于阔叶林。

引证标本　炎陵县，桃源洞国家级自然保护区，标本号GDGM50075。

用途与讨论　用途未明。本种为近年报道于罗霄山脉地区的新种。

冠囊松果伞（参照种） *Strobilurus* cf. *stephanocystis* (Kühner & Romagn. ex Hora) Singer

形态特征 子实体小到中型。菌盖直径2~4cm，凸至平展，浅黄褐色至棕褐色，具辐射状条纹。菌褶弯生，白色至乳白色，不等长。菌柄圆柱形，长5~9cm，直径0.2~0.3cm，黄褐色至浅棕色，近光滑或具细小腺点，基部具白色绒毛，具假根。担孢子4.5~6μm×2~3μm，长椭圆形至近圆柱形，光滑，非淀粉质。

生境特点 夏秋季生于针叶林或针阔混交林中地上。

引证标本 桂东县，八面山国家级自然保护区，标本号GDGM50373。

用途与讨论 用途未明。本种在形态上与冠囊松果伞*Strobilurus stephanocystis*较为相似，但不同点在于冠囊松果伞的孢子较大，为6~9μm×3~4μm，主要分布在欧洲赤松林中。

铜绿球盖菇 *Stropharia aeruginosa* (Curtis) Quél.

形态特征 子实体小到中型。菌盖直径3~7cm，初期半球形，后凸镜形至近平展，铜绿色至淡绿色，光滑，具黏液。菌褶直生至弯生，污白色至灰紫色，成熟后呈紫褐色。菌柄圆柱形，长5~8cm，直径0.5~0.8cm，表面白色，具菌环，基部具白色菌索。担孢子8~10μm×5~6μm，椭圆形至近圆柱形，光滑，淡紫褐色。

生境特点 夏秋季单生或散生于混交林中地上。

引证标本 九江市，中国科学院庐山植物园，标本号GDGM45236。

用途与讨论 有毒。

间型鸡枞
Termitomyces intermedius Har. Takah. & Taneyama

形态特征 子实体中到大型。菌盖直径6~10cm，初圆锥状，后渐平展，中央具乳突，灰白色至淡黄色，中部呈灰褐色至棕褐色，光滑，常沿菌褶方向呈不规则开裂。菌褶离生，白色至淡粉色。菌柄圆柱形，长13~20cm，直径5~10mm，白色至淡黄色，光滑或具纤维状绒毛，实心，撕裂呈纤维状，基部向下延伸成假根，与白蚁巢相连。担孢子7~8μm×4~5μm，椭圆形，光滑。

生境特点 散生至群生于地上，地下与白蚁巢相连。
引证标本 萍乡市，武功山国家森林公园，标本号GDGM55000。
用途与讨论 可食用。本种在中国华南地区广泛分布，在罗霄山脉地区系首次记录。

黑柄四角孢伞　*Tetrapyrgos nigripes* (Fr.) E. Horak

形态特征　子实体小型。菌盖直径5~10mm，凸镜形至平展，白色至淡灰色，中央凹陷呈暗褐色至近黑色，边缘有辐射状沟纹。菌褶直生至近延生，白色至灰白色，稀。菌柄圆柱形，长10mm，直径0.5~1mm，暗灰色至黑色，顶端近白色。担孢子长8~9μm，具3~5叉，叉长达7μm，直径达4μm，无色，非淀粉质。

生境特点　夏季生于热带和亚热带林中腐树枝上。

引证标本　平江县，幕阜山国家森林公园，标本号GDGM 50946。

用途与讨论　用途未明。

油黄口蘑　*Tricholoma equestre* (L.) P. Kumm.

形态特征　子实体中型。菌盖宽4~6cm，扁半球形至平展，柠檬黄色、淡黄色，具褐色鳞片，黏，边缘平滑易开裂。菌肉白色至带淡黄色。菌褶弯生，淡黄色至柠檬黄色，不等长，边缘锯齿状。菌柄圆柱形，长3~6cm，直径9~20mm，淡黄色，具纤毛状小鳞片，内实至松软，基部稍膨大。担孢子5~7.5μm×4~5.5μm，卵圆形至宽椭圆形，光滑，无色。

生境特点　秋冬季单生或群生于针叶林中地上。

引证标本　桂阳县，洋市镇，标本号GDGM45912。

用途与讨论　谨慎采食，有地方有采食习惯，但有文献记载该菌有毒，误食可导致神经精神型中毒，建议避免采食。

华苦口蘑
Tricholoma sinoacerbum T.H. Li, Hosen & Ting Li

形态特征 子实体中到大型。菌盖直径5～12cm，初期半球形至凸镜形，成熟后渐平展，乳白色至淡黄色，通常中部颜色稍深。菌肉白色，伤不变色。菌褶致密，贴生，白色至淡黄白色。菌柄中生，长7～12cm，直径1～1.8cm，白色至污白色。基部菌丝白色。气味强烈，味道苦。担孢子4～5μm×3.5～4μm，宽椭圆形至卵圆形，薄壁，光滑，非淀粉质。

生境特点 单生或散生于亚热带常绿阔叶林中地上。

引证标本 井冈山市，井冈山国家级自然保护区，标本号GDGM50281。

用途与讨论 可能有毒，味道较苦。本种为近年报道于广东的新种，在罗霄山脉地区系首次记录。

棕灰口蘑 *Tricholoma terreum* (Schaeff.) P. Kumm.

形态特征 子实体中型。菌盖直径3～6cm，扁半球形至平展，淡灰色至灰褐色，有纤丝状绒毛。菌肉白色。菌褶弯生，不等长，白色至米色。菌柄圆柱形，长3～5.5cm，直径0.4～1cm，白色至污色，近光滑。担孢子5.5～7μm×4～5μm，椭圆形至宽椭圆形，光滑，无色，非淀粉质。

生境特点 夏季生于林中地上。

引证标本 桂阳县，洋市镇，标本号GDGM48800。

用途与讨论 可食用。

蔚蓝黄蘑菇
Xanthagaricus caeruleus Iqbal Hosen, T.H. Li & Z.P. Song

形态特征 子实体小型。菌盖直径1～1.5cm，近圆锥形至半球形，淡紫色至紫罗兰色，被有毡毛状鳞片，边缘稍有菌幕残余。菌肉薄，白色，伤后变为浅蓝色或灰蓝色。菌褶离生，不等长，幼时灰白色，后渐变为浅蓝色、浅灰蓝色至墨蓝色。菌柄圆柱形，长2.2～3.5cm，直径1.5～2mm，中生，淡黄白色，被浅灰蓝色或浅灰褐色絮状鳞片。担孢子5～6μm×3～3.5μm，椭圆形至宽椭圆形，灰绿色到灰蓝色，淀粉质。

生境特点 夏季单生或散生于地面上。

引证标本 汝城县，九龙江国家森林公园，标本号GDGM 50794。

用途与讨论 用途未明。本种为近年报道于罗霄山脉地区的新种。

黄丛毛黄蘑菇 *Xanthagaricus flavosquamosus* T.H. Li, Iqbal Hosen & Z.P. Song

形态特征 子实体小型。菌盖直径5～15mm，半球形至凸镜形，黄色至芥末黄，被褐色丛毛，中部黑褐色，边缘稍内卷，有破碎的片状附属物。菌褶离生，在菌柄周围凹陷，密集，边缘具小菌褶，黄白色。菌柄圆柱形，长2～3cm，直径1.5～2mm，淡黄色至灰黄色，等长，稍弯曲，被有零星细小鳞片，基部有白色菌丝。担孢子5～5.5μm×3～3.5μm，宽椭圆形至椭圆形，具小疣，淡黄色至黄褐色，淀粉质。

生境特点 群生或散生于松树林地上。

引证标本 汝城县，九龙江国家森林公园，标本号GDGM 50924。

用途与讨论 用途未明。本种为近年报道于罗霄山脉地区的新种。

黄干脐菇
Xeromphalina campanella (Batsch) Kühner & Maire

形态特征 子实体小型。菌盖直径1～2.3cm，初半球形，后平展至中部凹陷，橙黄色，光滑，边缘具明显的条纹。菌褶直生至延生，淡黄色，不等长，褶间有横脉相连。菌柄圆柱形，长1～3cm，直径1～2mm，上部呈淡黄色，下部呈暗红褐色，空心。担孢子6～7.5μm×2～3.5μm，椭圆形，光滑，无色，淀粉质。

生境特点 夏秋季群生于林中腐木上。
引证标本 平江县，幕阜山国家森林公园，标本号GDGM 50639。
用途与讨论 用途未明。

中华干蘑 *Xerula sinopudens* R.H. Petersen & Nagas.

形态特征 子实体小型。菌盖直径1～3.5cm，扁半球形至凸镜形，淡灰色至淡黄褐色，密被灰褐色至褐色绒毛。菌肉薄，白色至灰白色，伤不变色。菌褶弯生至近直生，白色至淡黄色，稀。菌柄圆柱形，长3～10cm，直径3～5mm，被褐色绒毛，具假根。担孢子10.5～13.5μm×9.5～12.5μm，近球形至宽椭圆形，光滑，无色。

生境特点 夏季生于热带和亚热带林中地上。
引证标本 井冈山市，井冈山国家级自然保护区，标本号GDGM54749。
用途与讨论 可食用。

4.7 牛肝菌类

疣柄拟粉孢牛肝菌
Abtylopilus scabrosus Yan C. Li & Zhu L. Yang

形态特征 子实体大型。菌盖直径10～35cm，初期半球形，后凸镜形至近平展，表面干，红褐色至深褐色，具微绒毛，受伤后变红黑色。菌肉白色至灰白色，伤变红后变黑。菌管近柄处凹陷，灰白色至灰粉色，管口小，伤后变红黑色。菌柄中生，圆柱形，长8～15cm，直径2～4cm，向基部膨大，表面与菌盖同色或颜色稍深呈近黑褐色，密被细小腺点。担孢子8～11μm × 3.5～4.5μm，椭圆形或近圆柱形，光滑。

生境特点 夏秋季散生于阔叶林中地上。
引证标本 汝城县，九龙江国家森林公园，标本号GDGM53375。
用途与讨论 用途不明。拟粉孢牛肝菌属*Abtylopilus*为新近发表的牛肝菌新属，子实层体淡灰色至淡粉色，菌肉受伤后变红后边黑。在罗霄山脉地区系首次记录。

黑紫黑孔牛肝菌 *Anthracoporus nigropurpureus* (Hongo) Y, C. Li & Zhu L. Yang

形态特征 子实体小到中型。菌盖直径5～10cm，半球形至平展，黑褐色至紫黑色，干，具绒毛，常有细裂纹。菌肉白色至灰白色，伤后变粉红色至黑色。菌管直生至离生，灰白色至淡粉色。孔口灰黑色至紫灰色，伤后变粉红色。菌柄圆柱形，长5～9cm，直径1.2～2cm，表面与菌盖同色，具灰黑色腺点或网纹。担孢子8～10μm×4～5.5μm，光滑，长椭圆形，近无色至淡粉红色。

生境特点 单生或散生于壳斗科等植物林中地上。
引证标本 汝城县，九龙江国家森林公园，标本号GDGM 53450。
用途与讨论 有毒。

重孔金牛肝菌 *Aureoboletus duplicatoporus* (M. Zang) G. Wu & Zhu L. Yang

形态特征 子实体小到中型。菌盖直径3～8cm，初期半球形，后凸镜形至渐平展，淡棕色至棕褐色，湿时黏，密被绒毛。菌肉淡粉色至近紫红色，伤不变色。菌管近柄处凹陷，金黄色至鲜黄色。菌孔多角形，与菌管同色，伤不变色。菌柄圆柱形，长5～8cm，直径1～1.2cm，表面光滑，淡棕色，具紫红色斑块。担孢子11～14μm×4.5～5.5μm，椭圆形或近纺锤形，光滑。

生境特点 夏秋季散生于阔叶林中地上。
引证标本 崇义县，阳岭国家森林公园，标本号GDGM 52898。
用途与讨论 可食用。本种在罗霄山脉地区系首次记录，典型特征是子实层体金黄色，伤不变色。

胶黏金牛肝菌
Aureoboletus glutinosus Ming Zhang & T.H. Li

形态特征 子实体小型。菌盖直径1~2cm，初期半球形，后凸镜形至渐平展，栗褐色至深红褐色，黏，具不规则皱纹，被绒毛，边缘具淡黄色菌幕残余。菌肉白色，近皮层处淡红色至粉红色，伤不变色。菌管近柄处凹陷，淡黄绿色至橄榄绿色。孔口多角形，伤不变色。菌柄圆柱形，长15~40mm，直径2~4mm，实心，表面淡棕色，覆盖一层黏液。担孢子10~13.5μm × 4.5~5μm，长椭圆形，光滑，淡棕色。

生境特点 夏秋季单生或散生于阔叶林中地上。

引证标本 汝城县，九龙江国家森林公园，标本号GDGM 44476。

用途与讨论 用途未明。本种为2019年作者发现于罗霄山脉地区的金牛肝菌属新种，主要特征是子实体较小，表面覆盖一层黏液。

长柄金牛肝菌
Aureoboletus longicollis (Ces.) N.K. Zeng & Ming Zhang

形态特征 子实体中型。菌盖直径5~10cm，初半球形，渐凸镜形至近平展，红褐色至棕褐色，黏，具不规则皱纹，被绒毛，边缘颜色稍浅，常附有白色菌幕残余。菌肉淡黄色，伤不变色。菌管近柄处凹陷，淡黄绿色至橄榄绿色。孔口多角形，与菌管同色，伤不变色或变淡蓝色。菌柄圆柱形，长7~15cm，直径5~10mm，表面淡红褐色，覆盖有一层黏液层，光滑，基部略膨大。菌环白色，活动，易脱落。担孢子13~15μm × 9.5~11μm，宽椭圆形至近球形，有纵条纹。

生境特点 夏秋季单生至散生于阔叶林中地上。

引证标本 崇义县，阳岭国家森林公园，标本号GDGM 53344。

用途与讨论 用途未明。本种原描述于马来西亚，典型特征是子实体表面具黏液，菌柄较长，有菌环残余，孢子表面具纵条纹。分子系统学研究表明其为金牛肝菌属成员。

小橙黄金牛肝菌 *Aureoboletus miniatoaurantiacus* (C.S. Bi & Loh) Ming Zhang, N.K. Zeng & T.H. Li

形态特征 子实体小到中型。菌盖直径2.5～10cm，初半球形，后渐平展，橙黄色至橘红色，干燥或湿时黏，被绒毛。菌肉白色，伤不变色。菌管近柄处凹陷，淡黄绿色。孔口多角形，淡黄绿色至橙黄色，伤不变色。菌柄圆柱形，长5～8cm，直径1～1.2cm，光滑或具纵条纹，实心，表面与菌盖同色。担孢子11～14μm × 4.5～5.2μm，宽椭圆形，光滑，淡棕色。

生境特点 夏秋季单生或散生于阔叶林中地上。

引证标本 崇义县，阳岭国家森林公园，标本号GDGM 53350。

用途与讨论 用途未明。本种在华南地区分布广泛，分子系统学研究表明其为金牛肝菌属成员，主要区别特征是子实体橙黄色至橘红色，菌盖表面具绒毛，孢子宽椭圆形。

萝卜味金牛肝菌 *Aureoboletus raphanaceus* Ming Zhang & T.H. Li

形态特征 子实体小到中型。菌盖直径3～8cm，初半球形，后渐平展，淡黄色至黄白色，附有淡灰绿色至淡褐色绒毛，干或湿时黏。菌肉白色，近皮层处淡粉红色，伤不变色。菌管近柄处凹陷，淡黄色至亮黄色。孔口小，多角形，伤不变色。菌柄圆柱形，长20～50mm，直径8～12mm，实心，与菌盖同色，表面具长条纹或粉霜。气味明显，为白萝卜味。担孢子7～10μm × 5～6μm，宽椭圆形至卵圆形，光滑，淡棕色。

生境特点 夏秋季单生或散生于阔叶林中地上。

引证标本 崇义县，阳岭国家森林公园，标本号GDGM 45911。

用途与讨论 用途未明。本种为作者2019年报道于罗霄山脉地区的新种，主要特征是子实体淡黄白色，伤不变色，具明显的白萝卜气味。

红盖金牛肝菌
Aureoboletus rubellus J.Y. Fang, G. Wu & K. Zhao

形态特征 子实体小到中型。菌盖直径3～5cm，初半球形，后凸镜形至渐平展，红褐色至红棕色，干燥，密被绒毛。菌肉近白色，伤不变色。菌管近柄处凹陷，金黄色至鲜黄色，伤不变色。孔口多角形，与菌管同色。菌柄圆柱形，长4～7cm，直径5～8mm，表面淡黄褐色，光滑或具绒毛。担孢子8.5～11μm×5～6μm，宽椭圆形，光滑。

生境特点 单生或散生于阔叶林中地上。

引证标本 井冈山市，井冈山国家级自然保护区，标本号GDGM52376。

用途与讨论 用途未明。本种为近年来报道于罗霄山脉地区的金牛肝菌新种，主要特征是菌盖表面具绒毛，易开裂，菌管金黄色，伤不变色，担孢子宽椭圆形。

东方褐盖金牛肝菌
Aureoboletus sinobadius Ming Zhang & T.H. Li

形态特征 子实体中到大型。菌盖直径5～12cm，初半球形，后凸镜形至渐平展，红褐色至栗褐色，黏，常具不规则皱纹，被绒毛。菌肉白色，近皮层处淡粉红色，伤不变色。菌管近柄处凹陷，鲜黄色至亮黄色。孔口小，多角形，伤不变色。菌柄圆柱形，长4～8cm，直径5～10mm，表面与菌盖同色或稍淡，光滑，黏。担孢子13～14μm×4.5～5.5μm，长椭圆形，光滑，淡黄褐色。

生境特点 夏秋季单生或散生于阔叶林中地上。

引证标本 汝城县，九龙江国家森林公园，标本号GDGM44730。

用途与讨论 用途未明。本种为作者2019年报道于华南及罗霄山地区的金牛肝菌新种。

毛柄金牛肝菌
Aureoboletus velutipes Ming Zhang & T.H. Li

形态特征　子实体小型。菌盖直径2～4cm，初凸镜形，后渐平展，表面黄褐色至棕褐色，附有红褐色至栗褐色绒毛，干，常开裂。菌肉白色，伤后变淡紫红色。菌管近柄处凹陷，淡黄色至橄榄绿色。孔口多角形，与菌管同色，伤不变色。菌柄圆柱形，长30～40mm，直径5～10mm，表面与菌盖同色或稍淡，干，具绒毛或不规则网纹。担孢子10～13μm×5～6μm，长椭圆形，光滑，淡黄褐色。

生境特点　夏秋季单生或散生于阔叶林中地上。

引证标本　井冈山市，井冈山国家级自然保护区，标本号GDGM52409。

用途与讨论　用途未明。本种为作者2019年报道于华南及罗霄山地区的金牛肝菌新种，主要特征是菌盖和菌柄表面具绒毛。

纺锤孢南方牛肝菌　*Austroboletus fusisporus* (Kawam. ex Imazeki & Hongo) Wolfe

形态特征　子实体小型。菌盖直径1.5～3.5cm，近圆锥形至平展，中央常突起，干或稍黏，表面淡棕色至黄褐色，被绒毛，边缘延伸，有灰白色菌幕残余。菌肉白色，伤不变色。菌管近柄处凹陷，淡粉色至淡紫红色。菌孔多角形，与菌管同色，伤不变色或变淡粉紫色。菌柄圆柱形，长3～8cm，直径3～5mm，向基部具明显不规则的纵条纹或网纹。担孢子12～14μm×8～10μm，纺锤形，粗糙，中部呈火山石样，两端近平滑，淡棕色。

生境特点　夏秋季单生或散生于针阔混交林中地上。

引证标本　井冈山市，井冈山国家级自然保护区，标本号GDGM52733。

用途与讨论　用途未明。

黄肉条孢牛肝菌 *Boletellus aurocontextus* Hirot. Sato

形态特征 子实体小到中型。菌盖直径4.5~9cm，扁平至平展，表面黄棕色、紫褐色至暗红色，被长绒毛或鳞片，成熟后常开裂，边缘有开裂的菌幕残余。菌肉淡黄色，伤后变蓝色。菌管近柄处凹陷，黄绿色至鲜黄色，伤后变蓝。菌孔不规则多角形，黄绿色至橙黄色，伤后变蓝色。菌柄圆柱形，长6~8cm，直径0.6~1cm，顶部淡黄色，下部与菌盖同色，表面具不明显的纵条纹。担孢子18~23μm×8~10μm，长椭圆形至近梭形。

生境特点 夏秋季生于阔叶林中活立木或腐木上。

引证标本 崇义县，阳岭国家森林公园，标本号GDGM 53291。

用途与讨论 有毒。本种2015年报道于日本，在中国长期以来一直被误认为是木生条孢牛肝菌*Boletellus emodensis*，最新分子系统学研究表明中国热带、亚热带地区的标本是黄肉条孢牛肝菌。

隐纹条孢牛肝菌
Boletellus indistinctus G. Wu, Fang Li & Zhu L. Yang

形态特征 子实体中到大型。菌盖直径5~11cm，初半球形，后凸镜形至近平展，橙红色、粉红色至玫红色，被绒毛。菌肉淡黄色，伤后变蓝。菌管近柄处凹陷，淡黄色至橄榄绿色。孔口与菌管同色，伤后变蓝。菌柄圆柱形，长4~13cm，直径1~2cm，表粉红色至玫红色，被不明显网纹，基部菌丝白色。担孢子11~14μm×5~6μm，长椭圆形至近梭形，光滑。

生境特点 夏秋季生于针阔混交林中地上。

引证标本 崇义县，阳岭国家森林公园，标本号GDGM 54860。

用途与讨论 用途未明。本种为近年报道于中国的新种，罗霄山脉地区系首次记录。

灰盖牛肝菌
Boletus griseiceps B. Feng, Y.Y. Cui, J.P. Xu & Zhu L. Yang

形态特征　子实体中到大型。菌盖直径8～13cm，初半球形，后凸镜形至近平展，棕灰色至棕褐色，被绒毛。菌肉白色，伤不变色。菌管近柄处凹陷，管口初期覆盖一层白色菌丝，成熟后呈淡黄色至淡黄绿色，伤不变色。菌柄圆柱形，长5～9cm，直径1.5～2.5cm，表面淡灰色至淡灰黄色，具明显的网纹，基部菌丝白色。担孢子7～9.5μm×4～5.5μm，长椭圆形至近梭形，光滑。

生境特点　夏秋季生于阔叶林中地上。

引证标本　崇义县，阳岭国家森林公园，标本号GDGM 80826。

用途与讨论　可食用。本种为近年报道于中国的新种，罗霄山脉地区系首次记录，其主要特征是菌盖棕灰色，管口初期具白色菌丝，菌柄表面具网纹，在华南地区常被误认为是美味牛肝菌 *Boletus edulis*。

辐射状辣牛肝菌
Chalciporus radiatus Ming Zhang & T.H. Li

形态特征　子实体小型。菌盖直径1～3cm，初半球形，后凸镜形至近平展，淡棕色至淡红棕色，干，被绒毛。菌肉淡黄色至黄色，伤后变蜡黄色至亮黄色。菌管延生，淡黄棕色至红棕色，伤不变色。孔口多角形至不规则形，常放射状排列，成熟后分化成近褶状，中部具低横脉相连。菌柄圆柱，长3～4cm，直径3～8mm，表面淡黄红色至红棕色，密被棕色至红棕色腺点。担孢子7～8μm×3～4μm，圆柱形至椭圆形，光滑。

生境特点　夏秋季生于混交林中地上。

引证标本　汝城县，九龙江国家森林公园，标本号GDGM 43285。

用途与讨论　用途未明。本种为作者2017年报道于罗霄山脉地区的新种，主要特征是菌肉伤后呈亮黄色，红棕色菌管放射状排列，伤不变色。

绿盖裘氏牛肝菌 *Chiua viridula* Y.C. Li & Zhu L. Yang

形态特征 子实体小到中型。菌盖直径3～6cm，扁半球形至平展，暗绿色至芥黄色，具绒毛状鳞片。菌肉黄色至亮黄色，伤不变色。菌管近柄处凹陷，淡粉色至淡粉紫色。菌孔多角形，与菌管同色，伤不变色。菌柄圆柱形，长3～7cm，直径0.5～1.5cm，表面黄色至淡黄绿色，基部亮黄色，具网纹。担孢子9.5～12.5μm × 4～5.5μm，近纺锤形至椭圆形，光滑。

生境特点 夏秋季生于针叶林或针阔混交林中地上。

引证标本 汝城县，九龙江国家森林公园，标本号GDGM 43300。

用途与讨论 食毒未明，避免采食。在形态上，本种与裘氏牛肝菌*Chiua virens*较为相似，后者可引起胃肠炎型中毒。

红褶牛肝菌
Erythrophylloporus cinnabarinus Ming Zhang & T.H. Li

形态特征 子实体小型。菌盖直径1.5～4cm，初半球形，后平展至中部稍凹陷，淡橙红色至橙红色，干，具绒毛。菌肉金黄色，伤后变蓝黑色。菌褶延生，橙红色至深红色，伤后变蓝黑色。菌柄圆柱形，长2～4cm，直径2～5mm，表面橘红色至深红色，伤变蓝黑色。担孢子5.5～6.5μm × 4.5～5μm，宽椭圆形，光滑。

生境特点 夏秋季生于阔叶林中地上。

引证标本 汝城县，九龙江国家森林公园，标本号GDGM 46541。

用途与讨论 用途未明。红褶牛肝菌属*Erythrophylloporus*是2019年发表的新属，典型特征是子实层体菌褶状，橙红色至深红色，孢子宽椭圆形。

绿盖黏小牛肝菌　*Fistulinella olivaceoalba* T.H.G. Pham, Yan C. Li & O.V. Morozova

形态特征　子实体小到中型。菌盖直径3~6cm，半球形至近平展，淡黄绿色至芥黄色，黏，具绒毛。菌肉淡黄色，伤不变色。菌管近柄处凹陷，淡粉色至棕褐色。孔口多角形，与菌管同色，伤不变色。菌柄圆柱形，长5~8cm，直径0.4~0.7cm，表面白色至淡黄绿色，光滑，黏。担孢子12.5~14μm×4.5~5.5μm，近纺锤形至椭圆形，光滑。

生境特点　夏秋季生于针阔混交林中地上。
引证标本　井冈山市，井冈山国家级自然保护区，标本号GDGM54715。
用途与讨论　用途未明。本种为近年报道于越南的新种，罗霄山脉地区系首次记录，典型特征是子实体黏滑，菌管淡粉色至淡棕色，伤不变色，孢子光滑。

胶黏铆钉菇　*Gomphidius glutinosus* (Schaeff.) Fr.

形态特征　子实体中型。菌盖直径3~8cm，初半球形，后平展至中部脐凸，淡橘红色至褐色，具绒毛，附有一层黏液。菌肉白色，伤不变色。菌褶延生，初期灰白色，成熟后呈烟灰色，伤不变色。菌柄中生，圆柱形，长5~8cm，直径0.8~1.3cm，表面淡黄色至淡粉色，光滑或具绒毛，黏，具菌环。担孢子17~20μm×5~6μm，长椭圆形至棒状。

生境特点　夏秋季生于针叶林或针阔混交林中地上。
引证标本　炎陵县，神农谷国家森林公园，标本号GDGM50190。
用途与讨论　可食用。

长囊体圆孔牛肝菌
Gyroporus longicystidiatus Nagas. & Hongo

形态特征 子实体中到大型。菌盖直径5～10cm，半球形至近平展，黄褐色至棕褐色，被绒毛或细小鳞片。菌肉白色，伤不变色。菌管白色至米黄色，伤后不变色或变淡褐色。菌柄圆柱形，长5～10cm，直径1.5～2cm，表面与菌盖同色，被绒毛或腺点，空心。担孢子7.5～9μm×4.5～6μm，椭圆形，近无色。

生境特点 夏秋季散生于针阔混交林中地上。

引证标本 汝城县，九龙江国家森林公园，标本号GDGM 53500。

用途与讨论 用途未明。本种的主要特征是子实体受伤后不变色，较易与蓝圆孔牛肝菌*Gyroporus cyanescens*区分。

深褐圆孔牛肝菌
Gyroporus memnonius N.K. Zeng, H.J. Xie & M.S. Su

形态特征 子实体小到中型。菌盖直径4～6cm，半球形至近平展，深褐色，表面干，常龟裂，具微绒毛。菌肉白色，伤不变色。菌管初期白色至淡黄色，成熟后淡黄绿色，伤不变色。菌柄近圆柱形，长4～8cm，直径0.8～1.2cm，菌盖同色，被细小鳞片，中空。担孢子8～10μm×4～5μm，椭圆形至宽椭圆形，光滑，近无色。

生境特点 夏秋季生于针叶林或针阔混交林中地上。

引证标本 崇义县，阳岭国家森林公园，标本号GDGM 43438。

用途与讨论 用途未明。本种为近年报道于中国南方地区的新种，罗霄山脉地区系首次记录。

帕拉姆吉特圆孔牛肝菌
Gyroporus paramjitii K. Das, D. Chakraborty & Vizzini

形态特征 子实体小到中型。菌盖直径3～6cm，半球形至近平展，表面干，栗褐色至暗肉桂色，表皮常龟裂，边缘向下弯曲。菌肉白色，伤不变色。菌管初期白色至淡黄色，成熟后淡黄绿色，伤不变色。菌柄近圆柱形，长3～4cm，直径5～12mm，表面与菌盖同色，被细小鳞片，中空。担孢子7～9μm×5～6μm，椭圆形至宽椭圆形，光滑，近无色。

生境特点 夏秋季生于针叶林或针阔混交林中地上。

引证标本 炎陵县，神农谷国家森林公园，标本号GDGM52188。

用途与讨论 用途未明。本种是2017年报道于印度的新种，罗霄山脉地区系首次记录。

血色庭院牛肝菌 *Hortiboletus rubellus* (Krombh.) Simonini, Vizzini & Gelardi

形态特征 子实体小到中型。菌盖直径2～5cm，初半球形，后渐平展，深红色至酒红色，密布细小的绒毛，常开裂。菌肉白色至淡黄色，伤后变蓝。菌管近柄处凹陷，淡黄绿色至橄榄绿色。孔口圆形或多角形，淡黄色，伤后变蓝。菌柄圆柱形，长5～7cm，直径0.5～1cm，顶端柠檬黄色，向基部淡红色至酒红色，具网纹、纵条纹或腺点，实心。担孢子10～13μm×4～5μm，长椭圆形，光滑，淡黄色。

生境特点 夏秋季单生或散生于阔叶林中地上。

引证标本 鹰潭市，天门山风景区，标本号GDGM46270。

用途与讨论 可食用。

芝麻厚瓤牛肝菌 *Hourangia nigropunctata* (W.F. Chiu) Xue T. Zhu & Zhu L. Yang

形态特征　子实体小到中型。菌盖直径3~5cm，初半球形，渐凸镜形至平展，黄褐色至深褐色，具绒毛，干，易开裂。菌肉白色至淡黄色，伤后变粉红至红黑。菌管近柄处凹陷，淡黄色至橄榄绿色，厚度常为菌肉厚度的3~5倍。孔口多角形，与菌管同色，伤后变蓝。菌柄圆柱形，2~6cm，直径3~10mm，表面黄褐色至棕褐色，常具淡红色腺点。担孢子7.5~9μm×3.5~4μm，光滑，长椭圆形。

生境特点　夏秋季生于阔叶林中地上。
引证标本　井冈山市，井冈山国家级自然保护区，标本号GDGM54675。
用途与讨论　有毒。厚瓤牛肝菌属*Hourangia*是近年基于分子系统学研究建立的牛肝菌新属，典型特征是菌管厚度为菌肉厚度的3~5倍。本种系首次记录于罗霄山脉地区。

柯氏尿囊菌
Meiorganum curtisii (Berk.) Singer, J. García & L.D. Gómez

形态特征 子实体一年生，平伏至覆瓦状，肉质，干后易碎。菌盖近扇形，直径可达8cm，黄棕色至黄褐色，被细绒毛；边缘薄，波状，稍内卷，鲜黄色。菌褶黄褐色至蜜褐色，较密，波状，分叉交织成网状。菌肉薄，3～5mm，淡黄褐色。担孢子3～4μm×1.5～2μm，长椭圆形至圆柱形，薄壁，光滑，非淀粉质，嗜蓝。

生境特点 秋季生于针叶树倒木上。

引证标本 桂东县，八面山国家级自然保护区，标本号GDGM50379。

用途与讨论 有毒。

青木氏小绒盖牛肝菌
Parvixerocomus aokii (Hongo) G. Wu, N.K. Zeng & Zhu L. Yang

形态特征 子实体小型。菌盖直径1～2.5cm，凸镜形至近平展，红色至紫红色，干，具绒毛。菌肉淡黄色，伤后变蓝。菌管近柄处凹陷，淡黄色至橄榄绿色，伤后变蓝。孔口多角形，与菌管同色。菌柄圆柱形，长1.5～3cm，直径2～3mm，表面淡橙红色至淡紫红色，具不明显的条纹或麸糠状颗粒。担孢子8～12μm×3.5～5.5μm，椭圆形至近棒状，光滑，淡棕色。

生境特点 夏秋季单生或散生于阔叶林中地上。

引证标本 汝城县，九龙江国家森林公园，标本号GDGM 50621。

用途与讨论 用途未明。本种的典型特征是子实体较小，菌盖紫红色，触摸后变蓝黑，菌管受伤后变蓝。

褐糙粉末牛肝菌
Pulveroboletus brunneoscabrosus Har. Takah.

形态特征 子实体小到中型。菌盖直径3～7cm，初半球形，后凸镜形至近平展，表面干，湿时稍黏，附有柠檬黄色、黄褐色至褐色的粉末状物质，常开裂形成不规则的鳞片状，边缘有菌幕残余。菌肉淡黄色，伤变蓝。菌管近菌柄处凹陷，青黄色至淡黄褐色。孔口多角形，与菌管同色，伤后变蓝。菌柄圆柱形，长6～10cm，直径1.5～2cm，表面附有与菌盖同色的粉末状物质，上部有菌环残余，基部菌丝体白色。担孢子7～10μm×4～5μm，宽椭圆形，光滑，淡黄色。

生境特点 单生或散生于林中地上。

引证标本 汝城县，九龙江国家森林公园，标本号GDGM 55163。

用途与讨论 可能有毒。本种与疸黄粉末牛肝菌 *Pulveroboletus icterinus* 较为相似，而后者有毒，建议避免采食。

疸黄粉末牛肝菌
Pulveroboletus icterinus (Pat. & C.F. Baker) Watling

形态特征 子实体小到中型。菌盖直径3～6cm，扁半球形至凸镜形，表面覆有一层硫黄色粉末，边缘有菌幕残余，硫黄色。菌肉淡黄色，伤后变淡蓝色。菌管橙黄色至淡黄绿色，伤后变蓝。菌柄圆柱形，长4～8cm，直径6～8mm，覆有硫黄色粉末，上部具易脱落的粉末状菌环。担孢子8～10μm×3.5～5.5μm，椭圆形，光滑，淡棕色。

生境特点 夏秋季单生于针阔混交林中地上。

引证标本 桂东县，八面山国家级自然保护区，标本号GDGM52694。

用途与讨论 有毒。本种在中国常被误认为是原报道于北美的黄粉末牛肝菌 *Pulveroboletus ravenelii*，最近研究表明黄粉末牛肝菌在中国尚不存在。

黑网柄牛肝菌
Retiboletus nigrogriseus N.K. Zeng, S. Jiang & Zhi Q. Liang

形态特征 子实体中到大型。菌盖直径8～14cm，凸镜形至近平展，暗灰色至灰褐色，光滑或被微绒毛。菌肉污白色，伤后变淡蓝灰色至灰黑色。菌管粉灰色至粉褐色，伤后变蓝灰色至灰黑色。菌柄圆柱形，长8～15cm，直径1～2.5cm，淡绿褐色至黑灰色，具明显粗网纹，伤后变黑色。担孢子8.5～11.5μm × 3.5～4.5μm，长椭圆形至近梭形，光滑，淡棕色。

生境特点 夏秋季单生或散生于阔叶林或针阔混交林中地上。

引证标本 汝城县，九龙江国家森林公园，标本号GDGM 80778。

用途与讨论 用途未明。

假灰网柄牛肝菌
Retiboletus pseudogriseus N.K. Zeng & Zhu L. Yang

形态特征 子实体小到中型。菌盖直径4～7cm，凸镜形至近平展，淡灰褐色、灰褐色至灰黑色，被绒毛。菌肉白色至污白色，伤后变淡黄褐色。菌管污白色至淡灰粉色，伤后变淡褐色。菌柄圆柱形，长4～8cm，直径0.8～1.3cm，灰褐色至黑褐色，具明显黑色粗网纹。担孢子9.5～11.5μm × 4～4.5μm，长椭圆形至近梭形，光滑，淡棕色。

生境特点 夏秋季单生或散生于阔叶林或针阔混交林中地上。

引证标本 崇义县，阳岭国家森林公园，标本号GDGM 53282。

用途与讨论 用途未明。本种为近年发表于中国福建的新种，罗霄山脉地区系首次记录，主要特征是子实体灰褐色至灰黑色，菌柄具明显黑色网纹。

中华网柄牛肝菌
Retiboletus sinensis N.K. Zeng & Zhu L. Yang

形态特征 子实体小到中型。菌盖直径4~9cm，凸镜形至近平展，橄榄褐色至黄褐色，被细绒毛。菌肉淡黄色，伤不变色或变淡黄褐色。菌管浅黄色至米黄色，伤变淡黄褐色。菌柄圆柱形，长4~10.5cm，直径1~1.5cm，黄色至淡黄褐色，具明显粗网纹。担孢子8.0~10.5μm×3.5~4μm，长椭圆形至近梭形，光滑，淡棕色。

生境特点 夏秋季单生或散生于阔叶林中地上。

引证标本 崇义县，阳岭国家森林公园，标本号GDGM 53140。

用途与讨论 可食用。本种为近年发表于中国福建的新种，罗霄山脉地区系首次记录，主要特征为子实体黄褐色，菌柄具明显黄色网纹。

灰盖罗扬牛肝菌
Royoungia grisea Y.C. Li & Zhu L. Yang

形态特征 子实体小到中型。菌盖直径3~7cm，初半球形，后凸镜形至近平展，粉灰色至淡橙褐色，表面干，具绒毛。菌肉黄白色，伤不变色。菌管淡粉色，伤不变色。菌柄中生，长3~6cm，直径1~1.5cm，向基部稍膨大，表面淡黄色，具不规则粉红色网纹和腺点。担孢子11.5~14μm×5.5~6.5μm，光滑，近椭圆形。

生境特点 生于针阔混交林中地上。

引证标本 汝城县，九龙江国家森林公园，标本号GDGM å44746。

用途与讨论 用途未明。本种为近年报道于中国的新种，罗霄山脉地区系首次记录。

红褐罗扬牛肝菌 *Royoungia rubina* Y.C. Li & Zhu L. Yang

形态特征　子实体小型。菌盖直径1~1.5cm，初半球形，后凸镜形至近平展，表面红褐色至棕褐色，具绒毛。菌管淡粉色至粉红色，伤不变色。菌柄中生，长1~2.5cm，直径2~3mm，表面具红褐色腺点，基部菌丝鲜黄色。担孢子9.5~11μm×4.5~5μm，光滑，长椭圆形。

生境特点　夏秋季生于阔叶林中地上。

引证标本　崇义县，阳岭国家森林公园，标本号GDGM 43232。

用途与讨论　用途未明。本种的典型特征是子实体较小，子实层体粉红色，菌柄表面具红褐色腺点。

阔裂松塔牛肝菌 *Strobilomyces latirimosus* J.Z. Ying

形态特征　子实体中型。菌盖直径4~9cm，初半球形，后凸镜形至近平展，表面污白色至淡灰色，被黑灰色至近黑色丛毛或鳞片，常龟裂，边缘有灰白色至灰黑色菌幕残余。菌肉白色至污白色，伤变红褐色至黑灰色。菌管近柄处下凹，灰褐色，伤变褐色至近黑色。菌柄圆柱形，长5~10cm，直径0.6~1.2cm，上部被淡灰色绒毛，下部被灰黑色丛毛。担孢子7.5~9μm×7~8μm，近球形，有不完整网纹及疣突，褐色至深褐色。

生境特点　夏秋季生于壳斗科植物组成的阔叶林中地上。

引证标本　汝城县，九龙江国家森林公园，标本号GDGM 53313。

用途与讨论　用途未明。

黏盖乳牛肝菌　*Suillus bovinus* (Pers.) Roussel

形态特征　子实体小到中型。菌盖直径3～9cm，初半球形，后渐平展，黄棕色至黄褐色，胶黏，有光泽，光滑。菌肉淡黄色至奶油色，伤不变色。菌管延生，淡黄褐色。菌孔多角形或不规则形，常呈放射状排列，与菌管同色，伤不变色。菌柄圆柱形，长3～5cm，直径0.5～1.3cm，表面光滑，与菌盖同色。担孢子7.8～10μm×3～4μm，椭圆形至长椭圆形，光滑，浅黄色。

生境特点　夏秋季散生或群生于针叶林中地上。
引证标本　桂东县，八面山国家级自然保护区，标本号GDGM52230。
用途与讨论　可食用。

点柄乳牛肝菌　*Suillus granulatus* (L.) Roussel

形态特征　子实体中型。菌盖直径4～10cm，初半球形，渐凸镜形至近平展，淡黄色至黄褐色，黏，光滑，边缘初期内卷。菌肉淡黄色，伤不变色。菌管直生或稍下延，黄白色至黄色。孔口淡黄色至米黄色，伤不变色。菌柄近圆柱形，长3～10cm，直径0.8～1.5cm，表面淡黄色至黄色，具腺点。担孢子6.5～10μm×3.5～4μm，椭圆形，光滑，淡棕色。

生境特点　夏秋季散生、群生或丛生于松树林或针阔混交林中地上。
引证标本　岳阳县，大云山国家森林公园，标本号GDGM51137。
用途与讨论　可食用，但食用不当易引起胃肠炎型中毒。

褐环乳牛肝菌　*Suillus luteus* (L.) Roussel

形态特征　子实体中到大型。菌盖直径5~15cm，初半球形，后凸镜形至近平展，黄褐色至红褐色，光滑，黏。菌肉白色至淡黄色，伤不变色。菌管直生或稍下延，易与菌肉分离，米黄色或芥黄色。菌柄近圆柱形，长4~7cm，直径0.7~2cm，具菌环，菌环以上黄色，有细小褐色颗粒，菌环以下浅褐色。担孢子7.5~9μm × 3~3.5μm，光滑。

生境特点　夏秋季生于针叶林或针阔混交林中地上。

引证标本　宜春市，明月山国家森林公园，标本号GDGM 50156。

用途与讨论　可食用，但食用不当易引起胃肠炎型中毒。

茶褐异色牛肝菌
Sutorius brunneissimus (W.F. Chiu) G. Wu & Zhu L. Yang

形态特征　子实体中到大型。菌盖直径5~12cm，初半球形，后凸镜形至近平展，暗褐色至茶褐色，干，被绒毛。菌肉淡黄色，伤后变蓝。菌管近柄处凹陷，淡黄色至橄榄绿色，伤后变淡蓝色。孔口暗褐色至深肉桂色，伤后变蓝黑色。菌柄圆柱形，长5~11cm，直径1~2.5cm，表面深褐色至暗褐色，被糠麸状鳞片，基部有暗褐色硬毛。担孢子9~13μm × 4~5μm，长椭圆形至近梭形，光滑。

生境特点　夏秋季生于针阔混交林中地上。

引证标本　浏阳市，石柱峰风景区，标本号GDGM52954。

用途与讨论　可食用。

假粉孢异色牛肝菌
Sutorius pseudotylopilus Vadthanarat, Raspé & Lumyong

形态特征 子实体中到大型。菌盖直径4~10cm，扁半球形，红褐色、紫褐色至暗紫褐色，干，具绒毛。菌肉淡紫灰色，伤变紫红色。菌管近柄处凹陷，淡紫色至紫褐色。菌孔淡紫色至粉褐色，伤不变色或变淡紫红色。菌柄圆柱形，长5~15cm，直径1~3cm，紫灰色至紫褐色，具腺点。担孢子11~13μm×3.5~4.5μm，长椭圆形至近梭形，光滑，近无色至淡黄色。

生境特点 夏秋季节生于针叶林、阔叶林或针阔混交林中地上。

引证标本 井冈山市，井冈山国家级自然保护区，标本号GDGM54761。

用途与讨论 可能有毒。

黑毛塔氏菌 *Tapinella atrotomentosa* (Batsch) Šutara

形态特征 子实体中到大型。菌盖直径5~15cm，扁半球形至平展，中部稍凹陷，淡黄棕色至棕褐色，具绒毛，边缘内卷。菌肉黄白色，伤不变色。菌褶延生，淡黄色至棕褐色，不等长，褶间有横脉。菌柄圆柱形，长3~6cm，直径1~2cm，实心，栗褐色，具黑褐色至暗紫褐色丛毛。担孢子4~6μm×3~5μm，椭圆形至卵圆形，光滑。

生境特点 夏秋季生于竹林中地上或竹子基部。

引证标本 汝城县，九龙江国家森林公园，标本号GDGM 51945。

用途与讨论 有毒。

土色粉孢牛肝菌　*Tylopilus argillaceus* Hongo

形态特征　子实体小到中型。菌盖直径3～8cm，初半球形，后凸镜形至近平展，栗褐色至紫褐色，干，具微绒毛。菌肉白色，伤后变淡粉红色，味道苦。菌管淡粉色至淡粉紫色，伤变粉红色。菌柄圆柱形，长4～8cm，直径8～13mm，表面淡紫褐色，光滑或具不明显的网纹。担孢子8～10.5μm × 4～5μm，近椭圆形，光滑。

生境特点　夏秋季生于阔叶林或针阔混交林中地上。

引证标本　崇义县，阳岭国家森林公园，标本号GDGM 53407。

用途与讨论　可能有毒，菌肉较苦，误食易引起胃肠炎型中毒。

橙黄粉孢牛肝菌
Tylopilus aurantiacus Yan C. Li & Zhu L. Yang

形态特征　子实体小到中型。菌盖直径3～8cm，半球形至凸镜形，橙红色至橙褐色，光滑或具微绒毛。菌肉白色至淡黄色，伤不变色。菌管近柄处凹陷，淡黄色至粉黄色。孔口多角形，与菌管同色，伤不变色。菌柄圆柱形，长3～6cm，直径1～2.5cm，表面黄色至橙黄色，光滑或具不明显网纹、纵条纹。担孢子5～7μm × 4～4.5μm，宽椭圆形至卵圆形，光滑。

生境特点　夏秋季生于林中地上。

引证标本　汝城县，九龙江国家森林公园，标本号GDGM 51946。

用途与讨论　可食用。本种为近年发表的新种，早期将其误认为是玉红粉孢牛肝菌 *Tylopilus balloui*。

红褐粉孢牛肝菌
Tylopilus brunneirubens (Corner) Watling & E. Turnbull

形态特征 子实体中型。菌盖直径5～9cm，初期半球形，后呈凸镜形至平展，表面棕色至深褐色，具褐色绒毛，干燥时易开裂。菌管近柄处凹陷，灰白色至淡粉色，伤后呈红褐色至红棕色，管口多角形。菌柄圆柱形，长5～8cm，直径8～15mm，表面淡灰色，具灰褐色至褐色网纹，伤后变红褐色，基部菌丝白色。担孢子8.5～11μm × 3.5～4.5μm，长椭圆形，光滑。

生境特点 夏秋季生于阔叶林或针阔混交林中地上。
引证标本 汝城县，飞水寨景区，标本号GDGM43435。
用途与讨论 用途未明。

暗紫粉孢牛肝菌　*Tylopilus obscureviolaceus* Har. Takah.

形态特征 子实体小到中型。菌盖直径3～8cm，半球形至近平展，淡紫色至暗紫色，具微绒毛，干，湿时微黏。菌肉白色，伤后不变色。菌管近柄处凹陷，初期白色，成熟后呈淡粉色，伤不变色。菌孔近圆形至多角形，与菌管同色。菌柄圆柱形，长6～9cm，直径10～20mm，表面与菌盖同色或更深，光滑，基部菌丝体白色。担孢子6～8μm × 3.5～4.5μm，宽椭圆形至近卵圆形，光滑。

生境特点 夏秋季单生或散生于阔叶林中地上。
引证标本 汝城县，九龙江国家森林公园，标本号GDGM 81373。
用途与讨论 可能有毒，菌肉较苦，误食易引起胃肠炎型中毒，避免采食。

生境特点 夏秋季单生或散生于针叶林或针阔混交林中地上。
引证标本 汝城县，九龙江国家森林公园，标本号GDGM53486。
用途与讨论 有毒，菌肉较苦，误食引起胃肠炎型中毒。

大津粉孢牛肝菌 *Tylopilus otsuensis* Hongo

形态特征 子实体中到大型。菌盖直径5～15cm，半球形至近平展，表面橄榄绿色至紫褐色，具微绒毛，湿时微黏。菌肉白色，伤后变粉褐色或淡红褐色。菌管近柄处凹陷，污白色至粉白色，伤变粉褐色。菌孔近圆形至多角形，与菌管同色，伤后粉褐色。菌柄圆柱形，长6～8.5cm，直径7～13mm，表面与菌盖同色或更深，有纵条纹和绒毛，基部菌丝体白色。担孢子5～6.5μm×4～5μm，宽椭圆形至近卵圆形，光滑，带粉红色。

4.8 腹菌类

硬皮地星　*Astraeus hygrometricus* (Pers.) Morgan

形态特征　子实体直径1～3cm，未开裂时近球形，初期表面黄色至黄褐色，渐变成灰色至灰褐色。外包被稍厚，成熟时开裂成7～9瓣，裂片呈星状展开，常外翻至反卷，内表面污白色至灰褐色，常不规则开裂；内包被近球形，直径1.2～3cm，薄，膜质，灰色至褐色，成熟时顶部开裂成一个孔口。担孢子直径7.5～10.5μm，球形，具疣突或小刺，褐色。

生境特点　夏秋季散生于阔叶林中地上或林缘的空旷地上。
引证标本　九江市，中国科学院庐山植物园，标本号GDGM56265。
用途与讨论　可药用。

日本丽口菌 *Calostoma japonicum* Henn.

形态特征 子实体顶部0.5~1.2cm，直径0.5~1cm，近球形或近梨形，具明显褶皱，基部有柄。菌柄长0.5~1cm，直径0.3~0.8cm，嘴部红色，呈星状开裂，裂片分叉。外包被污白色，成熟后龟裂为颗粒状疣突；内包被软骨质；孢体铅灰色。担子圆柱状或棒状，4~10个孢子。担孢子11~13μm×6~7μm，椭圆形，近透明无色，表面具细小的颗粒状突起。

生境特点 群生于松树及栎树等林中地上。

引证标本 萍乡市，武功山国家森林公园，标本号GDGM54876。

用途与讨论 可药用。

中华红丽口菌 *Calostoma sinocinnabarinum* N.K. Zeng, Chang Xu & Zhi Q. Liang

形态特征 子实体顶部直径1.5~2cm，球形。外包被黏，透明，具果冻状附属物，成熟后脱落，露出鲜红色至橙红色中层包被，表面光滑，顶端开口处有5~8片深红色突起的褶皱，成熟后渐开裂，开裂后具红色粉末状物。菌柄长1.5~2cm，直径0.6~2cm，圆柱形，黄色至黄棕色，由许多浅黄色胶质线状体交织成柱状，海绵质。担孢子10~15μm×9~13μm，椭圆形至长方形，无色至浅黄色，具网状凹洼。

生境特点 夏秋季群生或散生于阔叶林中地上。

引证标本 井冈山，井冈山国家级自然保护区，标本号GDGM55035。

用途与讨论 可药用。本种为2021年报道于中国华南地区的新种，罗霄山脉地区系首次记录。本种较易被误认为红丽口菌*Calostoma cinnabarinum*，两者应注意区分。

锐棘秃马勃　*Calvatia holothuroides* Rebriev

形态特征　子实体宽5～9cm，高4～6cm，幼时近球形，成熟后表面皱缩呈脑状，具不育基部。包被初期白色至淡黄色，后呈淡黄褐色至黄褐色，被粉末状至碎屑状附属物，顶部整体开裂消失。不育基部颜色较浅，具发达菌索。产孢组织初期白色，后呈黄褐色，粉末状。担孢子直径4～4.5μm，球形至近球形，有小刺，淡赭色。

生境特点　夏秋季生于腐殖质土中。

引证标本　平江县，幕阜山国家森林公园，标本号GDGM55232。

用途与讨论　用途未明。本种为近年报道于泰国的新种，罗霄山脉地区系首次记录。

隆纹黑蛋巢菌　*Cyathus striatus* (Huds.) Willd.

形态特征　子实体高10～15mm，直径5～10mm，倒锥形至杯状，基部狭缩成短柄，成熟前顶部有淡灰色盖膜。包被外表暗褐色、褐色至灰褐色，被硬毛，褶纹初期不明显，毛脱落后有明显纵褶；内表灰白色至银灰色，有明显纵条纹。小孢体直径1.5～2.5mm，扁球形，褐色、淡褐色至黑色，由根状菌索固定于杯中。担孢子15～25μm×8～12μm，椭圆形至矩椭圆形，厚壁。

生境特点　夏秋季群生于落叶林中朽木或腐殖质多的地上。

引证标本　井冈山市，井冈山国家级自然保护区，标本号GDGM52074。

用途与讨论　可药用。

生境特点 夏末秋初散生或近群生于林中腐枝落叶层地上，有时单生。
引证标本 浏阳市，大围山国家森林公园，标本号GDGM52702。
用途与讨论 可药用。

袋型地星　*Geastrum saccatum* Fr.

形态特征　子实体近球形，污白色至浅黄褐色，顶部突起或有喙。成熟后外包被从顶部开裂，形成5～8瓣裂片，向外反卷于包被盘下，或平展仅先端反卷。内包被近球形，顶部具圆锥状孔口。担孢子球形或近球形，直径2.5～4μm，具疣突或小刺，浅棕色至黑棕色。

小林块腹菌
Kobayasia nipponica (Kobayasi) S. Imai & A. Kawam.

形态特征 子实体2～3cm，近球形、椭圆形或块状，表皮较薄，表面平滑或稍粗糙，凹凸不平，干后黄白色至淡黄褐色，有深褶皱，污白色至浅土黄色。包被厚0.5mm。产孢体由隔板分成许多曲折小室，橄榄绿色，多数暗绿色舌状软组织之间充满透明液体；成熟后表皮破裂，柔软组织色变深。担孢子4～5.5μm × 2～2.5μm，长椭圆形，平滑，无色至淡黄绿色。

生境特点 秋季生于松林中地上。
引证标本 汝城县，九龙江国家森林公园，标本号GDGM51809。
用途与讨论 有毒。

网纹马勃 *Lycoperdon perlatum* Pers.

形态特征　子实体2～4cm，倒卵形至陀螺形，表面覆盖疣状和锥形突起，易脱落，脱落后在表面形成淡色圆点，连接成网纹，初期近白色或奶油色，后变灰黄色至黄色，老后淡褐色。不育基部发达或伸长如柄。担孢子直径3.5～4μm，球形，壁稍薄，具微细刺状或疣状突起，无色或淡黄色。

生境特点　夏秋季群生于阔叶林中地上，有时生于腐木上或路边的草地上。

引证标本　平江县，幕阜山国家森林公园，标本号GDGM 51129。

用途与讨论　幼时可食，成熟后可药用，孢子粉具有止血的作用。

黄包红蛋巢菌 *Nidula shingbaensis* K. Das & R.L. Zhao

形态特征　子实体高4～10mm，直径4～6mm，无柄，坛状至桶状，幼时顶部有白色盖膜。包被淡黄色、褐黄色至黄色，外表被白色至近白色绒毛，内表平滑，淡黄色至黄褐色。小孢体直径1～1.5mm，透镜状，肉桂色至巧克力褐色。担孢子7～9μm×4.5～5.5μm，椭圆形至卵状椭圆形，厚壁。

生境特点　夏秋季生于阔叶林或针阔混交林中地上。

引证标本　茶陵县，云阳山国家森林公园，标本号GDGM 52263。

用途与讨论　用途未明。

暗棘托竹荪
Phallus fuscoechinovolvatus T.H. Li, B. Song & T. Li

形态特征 子实体高8~16cm，初球形至卵圆形，深棕色至黑色，具白色至浅黄色棘刺，成熟后包被开裂形成菌托，菌体由菌盖、菌柄、菌裙和菌托组成。菌盖圆锥状至钟状，长2.2~4cm，直径1~2cm，具明显皱纹，顶部穿孔。孢体覆盖于菌盖表面，深绿棕色至橄榄绿棕色，黏液状。菌柄圆柱形，长12~14cm，直径0.8~1.5cm，污白色，中空。菌裙粗糙网格状，白色，网孔多边形。菌托宽3~4cm，球形至微倒卵圆形，暗褐色至黑色，具白色至暗褐色棘刺。担孢子2.5~4μm×1~2μm，圆柱状至杆状，亮橄榄绿色，薄壁，光滑。

生境特点 夏秋季单生或群生于阔叶林中地上或腐木上。
引证标本 汝城县，九龙江国家森林公园，标本号GDGM80769。
用途与讨论 可食用。本种为近年报道于中国广东的新种，罗霄山脉地区系首次记录。与长裙竹荪*Phallus indusiatus*的主要区别是菌托具白色至暗褐色棘刺。

纯黄竹荪 *Phallus luteus* (Liou & L. Hwang) T. Kasuya

形态特征　子实体高4～5cm，直径3～4cm，初期卵形至近球形，奶油色至污白色，无臭无味，成熟后具菌盖、菌裙和菌柄。菌盖钟形，高可达4cm，基部直径可达4cm，顶端圆盘状；突起的网格边缘橘黄色至黄色，网格内具恶臭味暗褐色的黏液状孢体。菌柄长可达12cm，基部直径可达3cm，初期白色，后期浅黄色，新鲜时海绵质，中空，干后纤维质，菌柄基部具根状菌索。担孢子3～4μm×1.5～2μm，长椭圆形至短圆柱形，无色，壁稍厚，光滑，非淀粉质，弱嗜蓝。

生境特点　春夏季散生至群生于竹林下，偶尔也生于阔叶树林下。
引证标本　井冈山市，井冈山国家级自然保护区，标本号GDGM50371。
用途与讨论　食药兼用。在中国，早期常将本种误定为原产于澳洲的黄色竹荪*Phallus multicolor*，后者有毒，前者可食，应注意区分。

硬裙竹荪
Phallus rigidiindusiatus T. Li, T.H. Li & W.Q. Deng

形态特征 子实体高7～11cm，直径5～7.5cm，初期卵形至近球形，土灰色至灰褐色，具不规则裂纹，无臭无味，成熟后具菌盖、菌裙、菌柄和菌托。菌盖钟形至近锥状，高4～6cm，直径3～5cm，顶部平截，具开口；网格边缘白色至奶油色，具恶臭的孢体；产孢组织暗褐色，呈黏液状，具臭味。菌裙网状，白色，长可达菌柄基部。菌柄长8～18cm，直径2～3cm，圆柱形，白色，海绵质，中空。菌托污白色至淡褐色。担孢子3.7～4.2μm×1.5～2μm，长椭圆形至短圆柱形或近椭圆形，无色，光滑，壁薄，非淀粉质。

生境特点 春至秋季单生或群生于阔叶林中地上，特别是竹林中地上。

引证标本 汝城县，九龙江国家森林公园，标本号GDGM54237。

用途与讨论 可食用。在中国，硬裙竹荪一直以来被误认为是长裙竹荪，近期研究将其从长裙竹荪复合种群中分离出来，证明其为中国分布的独立物种。

纺锤三叉鬼笔 *Pseudocolus fusiformis* (E. Fisch.) Lloyd

形态特征 子实体幼时直径1～2.5cm，卵形或近卵形，基部附有白色的根状菌索。成熟后包被开裂，长出3根托臂。托臂顶部连接在一起，呈淡橙红色至橙黄色，外侧有4～6个泡沫状的小室，内侧有管状的小室。托臂基部汇合，白色，短，上部子实层附有褐色至黑褐色的黏液，有强烈的臭味。担孢子4～6.5μm×2～3μm，长椭圆形，无色。

生境特点 夏季群生于路边荒地、草地上。

引证标本 炎陵县，桃源洞国家级自然保护区，标本号GDGM51633。

用途与讨论 可食用。

变蓝洛腹菌　*Rossbeevera eucyanea* Orihara

形态特征　子实体小型，直径2～3cm，近球形、椭圆形或块状，表面平滑或具微绒毛，白色至乳白色，伤后迅速变蓝黑色。包被较薄。产孢体海绵状，乳白色至棕褐色，伤后变蓝黑色。成熟后表皮破裂，柔软组织色变深。担孢子14～20μm×8～10μm，长椭圆形，平滑，无色至淡黄绿色。

生境特点　夏秋季生于阔叶林中地上。

引证标本　崇义县，阳岭国家森林公园，标本号GDGM 54827。

用途与讨论　用途未明。本种为罗霄山脉地区发现的中国新记录种。

马勃状硬皮马勃　*Scleroderma areolatum* Ehrenb.

形态特征　子实体直径2～5cm，球形至扁球形，下部缩成柄状基部，其下形成许多根状菌索，浅土黄色。包被表面土黄色，被网状龟裂形的褐色鳞片，成熟时顶端不规则开裂。孢体初期灰紫色，后期灰色至暗灰色，成熟后粉末状。担孢子直径9～11μm，球形至近球形，褐色至浅褐色，密被小刺。孢丝褐色，厚壁，顶端膨大呈粗棒状。

生境特点　夏季生于林中地上。分布于中国大部分地区。

引证标本　万载县，九龙原始森林公园，标本号GDGM 51213。

用途与讨论　有毒，误食可导致胃肠炎型中毒；成熟后可药用，孢子粉具有止血的作用。

黄硬皮马勃 *Scleroderma flavidum* Ellis & Everh.

形态特征　子实体直径2～10cm，近球形至扁球形、梨形，黄白色至黄褐色，有青灰色至灰褐色裂片状鳞片，基部无柄至有一团根状菌索缢缩成柄状基。包被厚1.5～4mm，初白色至带粉红色，伤后变淡粉红色至粉红褐色或淡褐色，干后变薄，后期呈不规则开裂，外包被则外卷或星状反卷。孢体初白色，松软，渐呈紫黑色，粉末状。担孢子球形至或近球形，直径8～12μm，褐色，具长1～2μm的小刺。

生境特点　夏秋季散生或群生于林中地上。
引证标本　汝城县，九龙江国家森林公园，标本号GDGM 53429。
用途与讨论　有毒，误食可导致胃肠炎型中毒。

乳汁乳腹菌 *Zelleromyces lactifer* (B.C. Zhang & Y.N. Yu) Trappe, T. Lebel & Castellano

形态特征　子实体直径1～3.2cm，球形至近球形，表面初期白色至淡黄色，成熟后常呈黄褐色至淡褐色，表面光滑，基部由白色至淡黄褐色的根状菌索固着地上。产孢组织乳白色，蜂窝状，伤后有乳白色汁液流出。担孢子球形至近球形，直径12～14μm，具小刺状纹饰。

生境特点　埋生或半埋生于林中地下或地表，逐渐部分至近全部露出地面。
引证标本　崇义县，阳岭国家森林公园，标本号GDGM 52754。
用途与讨论　用途未明。

参考文献

陈作红, 杨祝良, 图力古尔, 等. 2016. 毒蘑菇识别与中毒防治. 北京: 科学出版社.

戴玉成, 周丽伟, 杨祝良, 等. 2010. 中国食用菌名录. 菌物学报, 29(1): 1-21.

邓春英, 李泰辉. 2014. 中国小皮伞属球盖组种类3个新记录种. 菌物学报, 33(5): 1119-1124.

邓叔群. 1963. 中国的真菌. 北京: 科学出版社.

邓旺秋, 李泰辉, 宋宗平, 等. 2020. 罗霄山脉大型真菌区系分析与资源评价. 生物多样性, 28(7): 896-904.

黄秋菊, 图力古尔, 张明, 等. 2017. 间型鸡㙡(*Termitomyces intermedius*): 一个分布于东亚热带至温带南缘的物种. 食用菌学报, 24(3): 74-78.

江西省林业厅, 江西省环境保护局, 江西省科学技术委员会. 1990. 井冈山自然保护区考察研究. 北京: 新华出版社.

李晖, 杨海军. 2001. 湖南炎陵桃源洞自然保护区自然资源综合科学考察报告. 湖南省林业调查规划设计院.

李健宗, 胡新文, 彭寅斌. 1993. 湖南大型真菌志. 长沙: 湖南师范大学出版社.

李玉, 李泰辉, 杨祝良, 等. 2015. 中国大型菌物资源图鉴. 郑州: 中原农民出版社.

李玉, 图力古尔. 1998. 大青沟自然保护区大型真菌群落多样性的研究. 吉林农业大学学报, 20(增刊): 229.

李增智, 栾丰刚, Hywel-Jones N.L., 等. 2021. 与蝉花有关的虫草菌生物多样性的研究II: 重要药用真菌蝉花有性型的发现及命名. 菌物学报, 40(1): 95-107.

李振基, 吴小平, 陈小麟, 等. 2009. 江西九岭山自然保护区综合科学考察报告. 北京: 科学出版社.

廖文波, 王蕾, 王英永, 等. 2018. 湖南桃源洞国家级自然保护区生物多样性综合科学考察. 北京: 科学出版社.

刘小明, 郭英荣, 刘仁林. 2010. 江西齐云山自然保护区综合科学考察集. 北京: 中国林业出版社.

裘维蕃. 1957. 云南牛肝菌图志. 北京: 科学出版社.

宋斌, 邓旺秋, 张明, 等. 2018. 南岭大型真菌多样性. 热带地理, 38(3): 312-320.

宋宗平, 张明, 李泰辉. 2017. 淡蜡黄鸡油菌: 中国食用菌一新记录. 食用菌学报, 24(1): 98-102.

图力古尔, 包海鹰, 李玉. 2014. 中国毒蘑菇名录. 菌物学报, 33(3): 517-548.

图力古尔, 陈今朝, 王耀, 等. 2010. 长白山阔叶红松林大型真菌多样性. 生态学报, 30(17): 4549-4558.

图力古尔, 李玉. 2000. 大青沟自然保护区大型真菌区系多样性的研究. 生物多样性, 8(1): 73-80.

图力古尔, 王耀, 范宇光. 2010. 长白山针叶林带大型真菌多样性. 东北林业大学学报, 38(11): 97-100.

王春林. 1998. 罗霄山脉的形成及其丹霞地貌的发育. 湘潭师范学院学报(社会科学版), 19(3): 110-115.

吴兴亮, 卯晓岚, 图力古尔, 等. 2013. 中国药用真菌. 北京: 科学出版社.

吴征镒. 1980. 中国植被. 北京: 科学出版社.

伍利强, 徐隽彦, 张明, 等. 2021. 丹霞山大型真菌物种多样性调查及四个中国新纪录种. 食用菌学报, 28(3): 135-146.

杨祝良, 臧穆. 2003. 中国南部高等真菌的热带亲缘. 云南植物研究, 25(2): 129-144.

郑儒永, 魏江春, 胡鸿钧, 等. 1990. 孢子植物名词及名称. 北京: 科学出版社.

中国科学院微生物研究所. 1976. 真菌名词及名称. 北京: 科学出版社.

朱鸿, 刘平安, 林德培. 2004. 武功山野生大型真菌资源. 食用菌, 26(3): 5-6.

Antonín V., Ďuriška O., Gafforov Y., et al. 2017. Molecular phylogenetics and taxonomy in *Melanoleuca exscissa* group, (Tricholomataceae, Basidiomycota) and the description of *M. griseobrunnea* sp. nov. Plant Systematics and Evolution, 303: 1181-1198.

Antonín V., Ryoo R., Shin H.D. 2010. Two new marasmielloid fungi widely distributed in the Republic of Korea. Mycotaxon, 112(1): 189-199.

Antonín V., Ryoo R., Shin H.D. 2012. Marasmioid and gymnopoid fungi of the Republic of Korea. 4. *Marasmius* sect. *Sicci*. Mycological Progress, 11: 615-638.

Breitenbach J., Kränzlin F. 1984. Fungi of Switzerland. Volume 1: Ascomycetes. Luzern: Verlag Mykologia.

Cao B., He M.Q., Ling Z.L., et al. 2021. A revision of *Agaricus* section *Arvenses* with nine new species from China. Mycologia, 113(1): 191-211.

Clémençon H., Hongo T. 1994. Notes on three Japanese Agaricales. Mycoscience, 35(1): 21-27.

Corner E.J.H. 1950. A Monograph of *Clavaria* and Allied Genera. Cambridge: Cambridge University Press.

Crous P.W., Wingfield M.J., Guarro J., et al. 2015. Fungal Planet description sheets: 320-370. Persoonia, 34: 167-266.

Dai Y.C. 2010. Hymenochaetaceae (Basidiomycota) in China. Fungal Diversity, 45: 131-343.

Deneyer Y., Moreau P.A., Wuilbaut J.J. 2002. *Gymnopilus igniculus* sp. nov., nouvelle espèce muscicole des terrils de charbonnage. Documents Mycologiques, 32(125): 11-16.

Fan L.F., Alvarenga R.L.M., Gibertoni T.B., et al. 2021. Four new species in the *Tremella fibulifera* complex (Tremellales, Basidiomycota). MycoKeys, 82: 33-56.

González F.S.M., Rogers J.D. 1989. A preliminary account of *Xylaria* of Mexico. Mycotaxon, 34(2): 283-373.

Honan A.H., Desjardin D.E., Perry B.A., at al. 2015. Towards a better understanding of *Tetrapyrgos* (Basidiomycota, Agaricales): new species, type studies, and phylogenetic inferences. Phytotaxa, 231: 101-132.

Hongo T. 1966. Notes on Japanese larger fungi (18). Journal of Japanese Botany, 41: 165-172.

Kasuya T. 2008. *Phallus luteus* comb. nov., a new taxonomic treatment of a tropical phalloid fungus. Mycotaxon, 106: 7-13.

Korf R.P., Carpenter S.E. 1974. *Bisporella*, a generic name for *Helotium citrinum* and its allies, and the generic names *Calycella* and *Calycina*. Mycotaxon, 1(1): 51-62.

Li H.J., Cui B.K. 2010. A new *Trametes* species from southwest China. Mycotaxon, 113: 263-267.

Li T.H., Liu B., Song B., et al. 2005. A new species of *Phallus* from China and *P. formosanus*, new to the mainland. Mycotaxon, 91: 309-314.

May T.W., Wood A.E. 1995. Nomenclatural notes on Australian macrofungi. Mycotaxon, 54: 147-150.

Rebriev Y.A. 2013. *Calvatia holothuria* sp. nov. from Vietnam. Mikologiya I Fitopatologiya, 47(1): 21-23.

Redhead S.A., Vilgalys R., Moncalvo J.M., et al. 2001. *Coprinus* Pers. and the disposition of *Coprinus* species *sensu lato*. Taxon, 50(1): 203-241.

Rees B.J., Midgley D.J., Marchant A., et al. 2013. Morphological and molecular data for Australian *Hebeloma* species do not support the generic status of *Anamika*. Mycologia, 105(4): 1043-1058.

Rogers J.D. 1983. *Xylaria bulbosa*, *Xylaria curta*, and *Xylaria longipes* in continental United States. Mycologia, 75(3): 457-467.

Shen Y.H., Deng W.Q., Li T.H., et al. 2013. A small cyathiform new species of *Clitopilus* from Guangdong, China.

Mycosystema, 32(5): 781-784.

Shiryaev A.G. 2006. Clavarioid fungi of urals. III. Arctic zone. Mikologiya I Fitopatologiya, 40 (4): 294-306.

Spirin V., Malysheva V., Yurkov A., et al. 2018. Studies in the *Phaeotremella foliacea* group (Tremellomycetes, Basidiomycota). Mycological Progress, 17(4): 451-466.

Sun Y.F., Costa-Rezende D.H., Xing J.H., et al. 2020. Multi-gene phylogeny and taxonomy of *Amauroderma* s. lat. (Ganodermataceae). Persoonia, 44: 206-239.

Sung G.H., Hywel-Jones N.L., Sung J.M., et al. 2007. Phylogenetic classification of *Cordyceps* and the clavicipitaceous fungi. Studies in Mycology, 57: 5-59.

Wang C.Q., Li T.H., Zhang M., et al. 2015. A new species of *Hygrocybe* subsect. *Squamulosae* from South China. Mycoscience, 56(3): 345-349.

Wang C.Q., Zhang M., Li T.H. 2018. *Neohygrocybe griseonigra* (Hygrophoraceae, Agaricales), a new species from subtropical China. Phytotaxa, 350 (1): 64-70.

Wang C.Q., Zhang M., Li T.H. 2020. Three new species from Guangdong Province of China, and a molecular assessment of *Hygrocybe* subsection *Hygrocybe*. MycoKeys, 75: 145-161.

Wang C.Q., Zhang M., Li T.H., et al. 2018. Additions to tribe *Chromosereae* (Basidiomycota: Hygrophoraceae) from China, including *Sinohygrocybe* gen. nov. and a first report of *Gloioxanthomyces nitidus*. Mycokeys, 38: 59-76.

Wang X.H., Das K., Bera I., et al. 2019. Fungal Biodiversity Profiles 81-90. Cryptogamie Mycologie, 40(5): 57-95.

Watling R. 1998. *Heinemannomyces*, a new lazuline-spored agaric genus from South East Asia. Belgian Journal of Botany, 131(2): 133-138.

Watling R., Sims K.P. 2004. Taxonomic and floristic notes on some larger Malaysian fungi. IV (Scleroderma). Memoirs of the New York Botanical Garden, 89: 93-96.

Wilson A.W., Desjardin D.E., Horak E. 2004. Agaricales of Indonesia. 5. The genus *Gymnopus* from Java and Bali. Sydowia, 56(1): 137-210.

Wu F., Zhou L.W., Yang Z.L., et al. 2019. Resource diversity of Chinese macrofungi: edible, medicinal and poisonous species. Fungal Diversity, 98: 1-76.

Wu S.Y., Li J.J., Zhang M., et al. 2017. *Pseudobaeospora lilacina* sp. nov., the first report of the genus from China. Mycotaxon, 132: 327-335.

Xie H.J., Tang L.P., Mu M., et al. 2022. A contribution to knowledge of *Gyroporus* (Gyroporaceae, Boletales) in China: three new taxa, two previous species, and one ambiguous taxon. Mycological Progress, 21: 71-92.

Yang Z.L., Li T.H. 2001. Notes on three white Amanitae of section Phalloideae (Amanitaceae) from China. Mycotaxon, 78: 439-448.

Yao Y.J., Spooner B.M. 1995. Notes on British taxa referred to *Aleuria*. Mycological Research, 99(12): 1515-1518.

Zeng N.K., Zhang M., Liang Z.Q. 2015. A new species and a new combination in the genus *Aureoboletus* (Boletales, Boletaceae) from southern China. Phytotaxa, 222(2): 129-137.

Zhang M., Li T.H. 2018. *Erythrophylloporus* (Boletaceae, Boletales), a new genus inferred from morphological and molecular data from subtropical and tropical China. Mycosystema, 37(9): 1111-1126.

Zhang M., Li T.H., Song B. 2017. Two new species of *Chalciporus* (Boletaceae) from southern China revealed by morphological characters and molecular data. Phytotaxa, 327(1): 47-56.

Zhang M., Li T.H., Wang C.Q., et al. 2019. Phylogenetic overview of *Aureoboletus* (Boletaceae, Boletales), with descriptions of six new species from China. Mycokeys, 61: 111-145.

Zhang M., Li T.H., Wei T.Z., et al. 2019. *Ripartitella brunnea*, a new species from subtropical China. Phytotaxa, 387 (3): 255-261.

Zhang M., Wang C.Q., Gan M.S., et al. 2022. Diversity of *Cantharellus* (Cantharellales, Basidiomycota) in China with Description of Some New Species and New Records. Journal of Fungi, 8(5): 483.

Zhang M., Wang C.Q., Li T.H. 2019. Two new agaricoid species of the family Clavariaceae (Agaricales, Basidiomycota) from China, representing two newly recorded genera to the country. MycoKeys, 57: 85-100.

Zhang M., Wang C.Q., Li T.H., et al. 2015. A new species of *Chalciporus* (Boletaceae, Boletales) with strongly radially arranged pores. Mycoscience, 57: 20-25.

Zhang P., Chen Z.H., Xiao B., et al. 2010. Lethal amanitas of East Asia characterized by morphological and molecular data. Fungal Diversity, 42: 119-133.

Zhang W.M., Li T.H., Bi Z.S., et al. 1994. Taxonomic studies on the genus *Entoloma* from Hainan Province of China. Acta Mycologica Sinica, 13(3): 188-198.

Zhao R.L., Desjardin D.E., Soytong K., et al. 2010. A monograph of *Micropsalliota* in Northern Thailand based on morphological and molecular data. Fungal Diversity, 45: 33-79.

Zhou J.L., Cui B.K. 2017. Phylogeny and taxonomy of *Favolus* (Basidiomycota). Mycologia, 109(5): 766-779.

Zhuang W.Y., Korf R.P. 1989. Some new species and new records of Discomycetes in China. III. Mycotaxon, 35(2): 297-312.

Zhuang W.Y., Luo J., Zhao P. 2011. Two new species of *Acervus* (Pezizales) with a key to species of the genus. Mycologia, 103(2): 400-406.

中文名索引

A

矮光柄菇	36
艾布拉姆斯小菇	32
岸生小菇属	22
暗盖淡鳞鹅膏	24, 139
暗褐马勃	22
暗棘托竹荪	49, 245
暗金钱菌属	29
暗蓝粉褶蕈	26
暗银耳属	60
暗紫粉孢牛肝菌	43, 237

B

耙齿菌科	51
耙齿菌属	51
白齿耳菌属	56
白蛋巢菌	21
白干皮孔菌	50
白龟裂红菇	57, 204
白鬼伞属	22
白黄乳菇	56
白僵菌	17
白僵菌属	17
白蜡多年卧孔菌	54
白漏斗辛格杯伞	39, 208
白毛小包脚菇	37
白绒红蛋巢菌	22
白丝光小蘑菇	22
白秃马勃	21
白小鬼伞	37, 146
白赭多年卧孔菌	54
斑褶菇属	39
半焦微皮伞	34
半裸松塔牛肝菌	43
半小菇属	32
伴索微皮伞	34, 183
薄蜂窝孔菌	52
薄孔菌属	50
薄皮干酪菌	50, 51
薄伞属	39
薄小皮伞	31
杯革菌属	49
杯冠瑚菌	56, 117
杯伞状大金钱菌	32
贝科拉小皮伞	30
贝壳状革耳	52
贝形木层孔菌	48
毕氏小奥德蘑	35
扁韧革菌	59, 109
变孢炮孔菌	51
变黑马勃	22
变黑湿伞	28
变灰红菇	58
变蓝洛腹菌	42, 248
变绿粉褶蕈	27, 154
变绿红菇	58
变色光柄菇	36, 201
变色龙裸伞	29, 157
变形多孔菌	54, 107
波边革菌属	52
波斯特孔菌属	50
伯氏附毛孔菌	48
伯特路小皮伞	30, 184
布罗德韦田头菇	38

C

残托鹅膏	24
残托鹅膏有环变型	24, 140
苍白小皮伞	31, 186
糙皮侧耳	36, 200
糙丝集毛孔菌	47
草生小皮伞	31, 184
侧耳科	36
侧耳属	36
层腹菌科	29
层孔菌属	52
层炭壳属	18
茶褐异色牛肝菌	43, 234
茶色暗银耳	60, 89
缠足鹅膏	23, 127
蝉花	17, 67
长柄金牛肝菌	40, 217
长柄拟奥德蘑	35
长柄炭角菌	19
长齿白齿耳菌	56
长沟盔孢伞	38
长囊体圆孔牛肝菌	44, 225
橙褐裸伞	29, 156
橙红二头孢盘菌	20, 72
橙红乳菇	56
橙黄粉孢牛肝菌	43, 236
橙黄乳菇	57
橙黄网孢盘菌	16, 64

橙黄银耳	60	大孢硬皮马勃	44	东方褐盖金牛肝菌	40, 219
橙黄硬皮马勃	45	大盖小皮伞	31, 185	冬菇	35, 154
齿耳菌	56	大革裥菌	53, 103	冬菇属	35
齿耳菌科	55	大环柄菇属	22	冬生多孔菌	54
齿耳菌属	56	大金钱菌属	32	毒蝇岐盖伞	30, 172
齿菌科	45	大津粉孢牛肝菌	43, 238	独生金牛肝菌	40
齿毛菌科	49	大囊松果伞	36	盾尖鸡㙡	30
齿毛菌属	49	大帚枝小皮伞	31	多瓣革菌	59
赤褐鹅膏	23	袋型地星	46, 242	多变靴耳	30
赤脚鹅膏	23, 130	戴氏绿僵虫草	17, 74	多根硬皮马勃	45
虫草科	17	担子菌门	20	多环鳞伞	38
虫草属	17	疸黄粉末牛肝菌	42, 229	多孔菌科	52
臭粉褶蕈	27	淡褐盖毛皮伞	30, 149	多孔菌目	49
臭裸脚伞	33	淡黄木层孔菌	48	多孔菌属	54
杵柄鹅膏灰色变种	23	淡黄小皮伞	31	多明各歪盘菌	17
穿孔裸脚伞	34	淡灰蓝粉褶蕈	26	多年集毛孔菌	47
垂齿伞属	37	淡蜡黄鸡油菌	45, 121	多年卧孔菌属	54
垂幕菇属	38	淡赭色小皮伞	31	多条纹裸脚伞	34
锤舌菌纲	19	淡紫假小孢伞	39, 202	多型炭角菌	19, 81
锤舌菌科	20	蛋巢菌属	21	多汁流汁乳菇	57, 176
锤舌菌属	20	地锤菌科	19	多脂鳞伞	38, 197
纯白微皮伞	34, 182	地舌菌纲	16	多足小脆柄菇	37
纯黄竹荪	49, 246	地舌菌科	16		
刺柄集毛孔菌	47, 96	地舌菌目	16	**E**	
刺丝盘革菌	58, 91	地舌菌属	16	俄亥俄多年卧孔菌	54
刺头松塔牛肝菌	43	地匙菌属	19	俄氏孔菌属	52
刺银耳属	40	地星科	46	鹅膏科	23
丛毛毛皮伞	30, 148	地星目	46	鹅膏属	23
丛生粉褶蕈	26, 150	地星属	46	蛾蛹虫草	18
粗柄马鞍菌	16	地衣棒瑚菌属	46	耳盘菌科	19
粗毛纤孔菌	48	地中海粉褶蕈	26	耳盘菌属	19
簇生垂幕菇	38, 170	点柄黄红菇	58, 206	耳匙菌	56, 92
脆珊瑚菌	25, 118	点柄乳牛肝菌	45, 233	耳匙菌科	56
		点地梅裸脚伞	33	耳匙菌属	56
D		凋萎状乳菇	57	二色黏孔菌	51
大孢孔菌	53	丁香紫褶湿伞	28	二丝孔菌属	56
大孢孔菌属	53	钉菇科	46	二头孢盘菌属	20
大孢毛杯菌	16, 66	钉菇目	46	二型附毛孔菌	48

中文名索引　255

F

发线虫草	18
方孢粉褶蕈	27, 153
纺锤孢南方牛肝菌	41, 220
纺锤三叉鬼笔	49, 247
肺形侧耳	36
粉孢牛肝菌属	43
粉被虫草	18, 71
粉柄红菇	58
粉金钱菌属	35
粉末虫草	17, 69
粉末牛肝菌属	42
粉软卧孔菌	49
粉软卧孔菌属	49
粉透明粉褶蕈	27
粉褶蕈科	25
粉褶蕈属	26
粪鬼伞	21
粪壳菌纲	17
粪伞科	25
粪生斑褶菇	39, 194
粪生缘刺盘菌	16
枫香果生炭角菌	19, 79
蜂头线虫草	18
蜂窝孔属	52
伏果干腐菌	45
伏褶菌属	36
辐射状辣牛肝菌	41, 222
辐射状纤孔菌	48
附毛孔菌属	48

G

干腐菌科	45
干腐菌属	45
干酪菌属	50
干蘑属	36
干皮孔菌属	50
干脐菇属	33
干小皮伞	31
高山瘤孢孔菌	56, 93
革耳科	52
革耳属	52
革裥菌属	53
革菌科	59
革菌目	59
革菌属	59
革棉絮干朽菌	51
格纹鹅膏	23, 129
根拟韧革菌	59
根状纤维孔菌	50, 99
沟条盔孢伞	38, 155
沟纹粉褶蕈	27
沟纹瘤状小脆柄菇	37
钩刺马勃	22
骨质多年卧孔菌	54
冠瑚菌属	56
冠囊松果伞	36, 209
冠状环柄菇	21
管形喇叭菌	46, 124
光柄菇科	36
光柄菇属	36
光柄径边菇	25, 163
光盖棱孔菌	52
光亮粉褶蕈	26
鲑贝耙齿菌	51
鲑色粉褶蕈	27
鬼笔科	49
鬼笔目	49
鬼笔属	49
鬼伞属	21
桂花耳	60, 87
果生炭角菌	19

H

海氏菇属	21
韩国微皮伞	34
核纤孔菌属	48
褐岸生小菇	22, 203
褐糙粉末牛肝菌	42, 229
褐多孔菌	54
褐盖刺银耳	40, 89
褐红炭褶菌	33, 142
褐环乳牛肝菌	45, 234
褐金脐菇	28
褐毛靴耳	29, 147
褐黏褶菌	46
褐绒革耳	52, 196
褐色暗银耳	60, 88
褐扇小孔菌	53
褐小菇	32
褐烟色鹅膏	23
褐疣柄牛肝菌	42
褐褶菌科	46
褐褶菌目	46
褐紫附毛孔菌	49
黑柄多孔菌	54
黑柄四角孢伞	32, 211
黑柄炭角菌	19, 80
黑蛋巢菌属	21
黑地舌菌	16
黑顶环柄菇	21
黑盖小皮伞	31
黑褐乳菇	57
黑卷小薄孔菌	56
黑孔菌属	56
黑孔牛肝菌属	40
黑轮层炭壳	18, 71
黑绿锤舌菌	20
黑毛塔氏菌	45, 235
黑木耳	40, 85
黑网柄牛肝菌	42, 230
黑紫黑孔牛肝菌	40, 216
红贝俄氏孔菌	52, 99
红边绿菇	58, 207

红蛋巢菌属	22	环带齿毛菌	49, 94	灰蓝孔菌属	52
红顶鳞伞	38, 198	环纹炮孔菌	51	灰鳞蘑菇	20
红盖金牛肝菌	40, 219	环褶孔菌属	47	灰软盘菌	19
红盖小皮伞	31, 185	黄包红蛋巢菌	22, 244	灰疣鹅膏	23
红根须腹菌	44	黄柄锤舌菌	20, 74	灰褶鹅膏	23
红菇科	56	黄柄小菇	32	火丝菌科	16
红菇目	56	黄丛毛黄蘑菇	23, 213		
红菇属	57	黄地匙菌	19	**J**	
红菇属未定种	58	黄盖小脆柄菇	37, 201	鸡㙡菌属	30
红果褶孔牛肝菌	42	黄干脐菇	33, 214	鸡油菌目	45
红褐鹅膏	24, 134	黄光柄菇	36	鸡油菌属	45
红褐粉孢牛肝菌	43, 237	黄褐鹅膏	24, 133	鸡足山乳菇	57
红褐环柄菇	21	黄褐盔孢伞	38	极脆粉褶蕈	27, 153
红褐罗扬牛肝菌	43, 232	黄褐小孔菌	53, 105	集毛孔菌属	47
红尖锥湿伞	28, 167	黄红菇	58	加马加斜盖伞	25, 145
红角肉棒菌	18, 78	黄孔新牛肝菌	42	假粉孢异色牛肝菌	43, 235
红蜡蘑	27, 172	黄喇叭菌	46, 123	假褐云斑鹅膏	24, 136
红亚绒盖牛肝菌	43	黄鳞丝盖伞	30, 171	假灰网柄牛肝菌	42, 230
红褶牛肝菌	41, 223	黄鳞小菇	32, 190	假棱孔菌属	54
红褶牛肝菌属	41	黄绿湿伞	28	假蜜环菌	35, 144
红紫韧革菌	59	黄蘑菇属	23	假小孢伞属	39
红紫湿伞	28, 166	黄囊耙齿菌	51	假隐花青鹅膏	24, 135
厚集毛孔菌	47	黄拟口蘑	39	尖顶地星	46
厚瓢牛肝菌属	41	黄肉条孢牛肝菌	41, 221	尖顶粉褶蕈	27
花瓣状亚侧耳	36	黄硬皮马勃	45, 249	尖头线虫草	18, 77
花耳纲	59	灰白波斯特孔菌	50	间型鸡㙡	30, 210
花耳科	59	灰白迷孔菌	50	江西虫草	18
花耳目	59	灰鹅膏	24	姜黄红菇	58, 204
花耳属	60	灰盖鹅膏	23	胶柄湿伞	28, 165
花脸香蘑	39, 180	灰盖罗扬牛肝菌	43, 231	胶盖伞属	35
华苦口蘑	39, 212	灰盖牛肝菌	41, 222	胶角耳属	59
华丽海氏菇	21, 162	灰褐鳞环柄菇	21, 179	胶角耳	59
华南干巴菌	59, 110	灰褐网柄牛肝菌	42	胶孔菌属	32
华南鸡油菌	45, 120	灰褐小脆柄菇	37	胶黏盖蜡伞	29, 169
华湿伞属	29	灰黑新湿伞	29, 192	胶黏金牛肝菌	40, 217
桦附毛孔菌	49	灰花纹鹅膏	23, 129	胶黏铆钉菇	44, 224
桦革褶菌	53	灰蓝粉褶蕈	26	胶盘菌科	19
环柄菇属	21	灰蓝孔菌	52, 96	胶球炭壳菌属	18

胶炭团科	18	绢丝粉褶蕈	27	类脐菇科	33
胶陀盘菌属	16			类脐菇属	34
胶质刺银耳	40	**K**		类铁刀木粉褶蕈	26
胶质射脉革菌	51, 106	卡夫曼网柄牛肝菌	42	棱柄马鞍菌	16, 73
角凸小菇	32	糠鳞小蘑菇	22, 189	棱孔菌属	52
角质鸡油菌	46	考巴菌属	49	冷杉附毛孔菌	48, 115
洁丽新香菇	46, 193	柯夫曼小脆柄菇	37	离褶伞科	30
洁小菇	32, 191	柯氏尿囊菌	44, 228	离褶伞属	30
金赤拟锁瑚菌	25, 119	柯氏肉杯菌	17	梨形马勃	22
金耳	60	克玛波杯革菌	49	丽口菌科	43
金耳科	60	刻鳞鹅膏	24, 138	丽口菌属	43
金耳属	60	口蘑科	39	栎生裸脚伞	33, 160
金黄鳞盖伞	35, 149	口蘑属	39	栗色环柄菇	21
金黄枝瑚菌	46	苦裸伞	29	粒鳞环柄菇	21
金牛肝菌属	40	宽孢全缘孔菌	52	辽宁粉褶蕈	26
金袍黄鳞盖伞	35	宽棱木层孔菌	48	裂盖湿伞	28, 166
金平木层孔菌	48	宽鳞多孔菌	54	裂孔菌科	49
金脐菇属	28	宽褶大金钱菌	32, 189	裂拟迷孔菌	52
金色条孢牛肝菌	41	宽褶革裥菌	53	裂皮鹅膏	24, 136
金丝木革菌	59, 116	盔孢伞属	38	裂褶菌	38, 207
堇紫珊瑚菌	25, 118	盔盖小菇	32, 190	裂褶菌科	38
近薄囊粉褶蕈	27	阔裂松塔牛肝菌	43, 232	裂褶菌属	38
近杯伞状斜盖伞	25, 145			林木老伞	30
近多年生集毛菌	47	**L**		林氏二丝孔菌	56
近红铆钉菇	44	喇叭菌属	46	鳞斑裸伞	29
近黄褶大环柄菇	22	蜡孔菌属	52	鳞柄蘑菇	20, 126
近江粉褶蕈	26	蜡蘑属	27	鳞柄拟奥德蘑	35
近辣流汁乳菇	57	蜡伞科	28	鳞盖伞属	35
近毛脚乳菇	57, 174	蜡伞属	29	鳞皮扇菇	33, 195
近缘小孔菌	53, 104	蜡伞属未定种	29	鳞伞属	38
晶粒小鬼伞	37	辣流汁乳菇	57, 175	灵芝	50, 101
径边菇属	25	辣牛肝菌属	41	灵芝科	50
酒红蜡蘑	28, 173	蓝伏革菌	52, 110	灵芝属	50
菊黄鸡油菌	45, 122	蓝伏革菌属	52	菱红菇	58
橘色小双孢盘菌	19, 65	蓝黄粉褶蕈	26	流汁乳菇属	57
巨大侧耳	36, 199	蓝鳞粉褶蕈	26, 150	硫黄靴耳	30
具尖湿伞	28	老伞属	30	硫色小双孢盘菌	19
卷边锈革菌	47	泪孔菌科	50	瘤孢孔菌科	56

中文名索引

瘤孢孔菌属	56	毛蹄干酪菌	51	囊盘菌属	19
隆纹黑蛋巢菌	21, 241	毛锈革菌	47	囊泡新孔菌	53
漏斗多孔菌	53, 178	毛褶小皮伞	31	囊皮伞属	21
潞西褶孔牛肝菌	42	铆钉菇科	44	拟奥德蘑属	35
卵孢鹅膏	24, 135	铆钉菇属	44	拟层孔菌科	50
卵孢拟奥德蘑	35, 169	帽形假棱孔菌	54	拟层孔菌属	50
轮小皮伞	31, 188	玫红红菇	58	拟臭黄红菇	58
罗扬牛肝菌属	43	梅内胡裸脚伞	34	拟淡白蘑菇	20, 127
萝卜味金牛肝菌	40, 218	美丽粉褶蕈	26	拟粉孢牛肝菌属	40
裸脚伞属	33	美丽小皮伞	30, 183	拟冠状环柄菇	21
裸脚伞属未定种	34	美丽褶孔牛肝菌	42	拟黑柄多孔菌	54
裸伞属	29	迷宫栓孔菌	55, 112	拟近缘小孔菌	53
洛腹菌属	42	迷孔菌属	50	拟聚生小皮伞	31
吕瓦登孔菌属	56	密孔菌属	54	拟壳状红菇	58
绿盖黏小牛肝菌	41, 224	密褶红菇	58	拟口蘑属	39
绿盖裘氏牛肝菌	41, 223	蜜环菌	35, 143	拟卵盖鹅膏	24, 131
绿桂红菇	58, 206	蜜环菌属	35	拟迷孔菌属	52
绿褐裸伞	29	棉絮干朽菌属	51	拟韧革菌科	59
绿僵虫草属	17	膜盖小皮伞	31	拟韧革菌目	59
		蘑菇纲	20	拟韧革菌属	59
M		蘑菇科	20	拟锁瑚菌属	25
马鞍菌	16	蘑菇目	20	拟锁瑚菌属未定种	25
马鞍菌科	16	蘑菇属	20	黏柄伞属	28
马鞍菌属	16	木层孔菌属	48	黏盖乳牛肝菌	45, 233
马勃属	22	木耳科	39	黏滑菇属	29
马勃状硬皮马勃	44, 248	木耳目	39	黏胶角耳	60, 86
马达加斯加湿伞	28, 164	木耳属	39	黏孔菌属	51
马尾松拟层孔菌	50, 100	木革菌属	59	黏小牛肝菌属	41
蚂蚁线虫草	18, 75	木生地星	46	黏靴耳	29, 148
麦角菌科	17	木生条孢牛肝菌	41	黏褶菌属	46
毛杯菌属	16	木蹄层孔菌	52	尿囊菌属	44
毛柄金牛肝菌	41, 220	穆雷粉褶蕈	26, 152	柠黄红菇	57
毛木耳	39, 83			牛肝菌科	40
毛囊附毛孔菌	48	**N**		牛肝菌目	40
毛皮伞	30	奶油炮孔菌	51	牛肝菌属	41
毛皮伞属	30	南半毛柄裸脚伞	33	牛肝菌属未定种	41
毛韧革菌	59	南方灵芝	50, 100	牛舌菌	27
毛栓孔菌	55, 113	南方牛肝菌属	41	牛舌菌科	27

牛舌菌属	27	球盖菇属	39	乳酪粉金钱菌	35
		球基蘑菇	20	乳牛肝菌科	45
O		裘氏牛肝菌属	41	乳牛肝菌属	45
欧石楠马勃	22	全白粉褶蕈	27	乳汁乳腹菌	58, 249
欧氏鹅膏	24, 132	全缘孔菌属	52	软盘菌属	19
				锐棘秃马勃	21, 241
P		**R**		锐孔菌属	49
帕拉姆吉特圆孔牛肝菌	44, 226	热带丝齿菌	49		
盘革菌属	58	韧革菌科	58	**S**	
盘菌纲	16	韧革菌属	59	三叉鬼笔属	49
盘菌目	16	韧革菌状蜡孔菌	52	三色革裥菌	53
盘状小皮伞	31	日本类脐菇	34	三色拟迷孔菌	52, 98
泡头菌	35	日本丽口菌	43, 240	桑黄	48
泡头菌科	35	绒柄华湿伞	29, 208	桑黄属	48
泡头菌属	35	绒柄裸脚伞	33, 159	山毛榉小薄孔菌	56
疱状胶孔菌	32	绒盖牛肝菌	43	山野针层孔菌	48
佩奇粉褶蕈	27	绒盖牛肝菌属	43	珊瑚菌科	25
膨大栓孔菌	55	绒毛垂齿伞	37	珊瑚菌属	25
皮孔菌科	50	绒毛韧革菌	59	珊瑚状锁瑚菌	45
皮盘菌科	19	绒毛栓孔菌	55	扇菇属	33
皮微皮伞	34	绒毡鹅膏	24, 141	扇形小孔菌	53
平盖靴耳	29, 147	融合小皮伞细囊变种	30	射脉革菌属	51
平革菌科	52	柔膜菌科	19	深褐黏褶菌	46
平滑木层孔菌	48	柔膜菌目	19	深褐圆孔牛肝菌	44, 225
平盘肉杯菌	17	柔韧小薄孔菌	55	肾形亚侧耳	36, 164
		柔弱锥盖伞	25, 146	狮黄光柄菇	36
Q		肉棒菌属	18	湿裸脚伞	33
岐盖伞属	30	肉杯菌科	16	湿伞属	28
脐状裸脚伞	34	肉杯菌属	17	似蛹虫草	17
铅灰色小菇	32	肉桂集毛孔菌	47, 94	瘦脐菇	49, 203
铅色小菇	32	肉褐粉褶蕈	26, 151	瘦脐菇科	49
谦逊栓孔菌	55, 113	肉托鹅膏	23	瘦脐菇属	49
浅黄湿伞	28, 165	肉座菌科	18	鼠尾虫草	17
翘鳞香菇	53, 179	肉座菌目	17	树生微皮伞	34
鞘状鸡油菌	46, 123	乳腹菌属	58	栓孔菌属	55
青黄小皮伞	31	乳菇属	56	双环蘑菇	20
青木氏小绒盖牛肝菌	42, 228	乳菇属未定种	57	双囊菌科	44
球盖菇科	38	乳菇状黏滑菇	29, 162	双色蜡蘑	27

双色裸脚伞	33	条盖多孔菌	54, 106	纤孔菌属	48
双型裸脚伞	33, 158	条纹黏褶菌	46	纤维孔菌科	50
丝齿菌属	49	铁色集毛孔菌	47, 95	纤维孔菌属	50
丝盖伞科	29	庭院牛肝菌属	41	纤细乳菇	57, 173
丝盖伞属	30	铜绿球盖菇	39, 209	鲜红密孔菌	54
丝膜菌科	25	头状秃马勃	21	鲜艳乳菇	57, 175
丝膜菌属	25	凸盖鸡油菌	45, 122	线虫草科	18
丝膜菌属未定种	25	秃马勃属	20	线虫草属	18
斯氏炭角菌	19, 82	土红鹅膏	24, 137	香菇	34, 177
四孢蘑菇	20, 125	土色粉孢牛肝菌	43, 236	香菇属	53
四角孢伞属	32	脱皮大环柄菇	22, 181	香蘑属	39
松果菇状小皮伞	31			香蒲小脆柄菇	37
松果伞属	36	**W**		香栓孔菌	55
松乳菇	57	歪盘菌属	17	小奥德蘑属	35
松氏丝膜菌	25	弯柄灵芝	50, 101	小白侧耳	36
松塔牛肝菌属	43	弯曲吕瓦登孔菌	56	小白大环柄菇	22
粟粒皮秃马勃	20	丸形小脆柄菇	37	小白红菇	57
碎片木革菌	59, 116	网孢盘菌属	16	小斑柄小牛肝菌	45
梭形拟锁瑚菌	25, 119	网柄牛肝属	42	小包脚菇属	37
锁瑚菌科	45	网盖光柄菇	36	小孢白枝瑚菌	46
锁瑚菌属	45	网盖条孢牛肝菌	41	小孢鳞伞	38, 199
		网孔扇菇	33, 194	小薄孔菌属	55
T		网纹马勃	22, 244	小豹斑鹅膏	24
塔氏菌科	45	微黄拟锁瑚菌	25	小橙黄金牛肝菌	40, 218
塔氏菌属	45	微皮伞属	34	小脆柄菇科	37
台湾虫草	17, 69	微小脆柄菇	37	小脆柄菇属	37
炭垫盘菌	16	尾花菌	49	小脆柄菇属未定种	37
炭垫盘菌属	16	尾花菌属	49	小毒蝇鹅膏	23
炭角菌科	18	蔚蓝黄蘑菇	23, 213	小多孔菌	54
炭角菌目	18	魏氏集毛孔菌	47	小伏褶菌	36, 202
炭角菌属	18			小菇	32
炭褶菌属	33	**X**		小菇科	32
田头菇属	38	西方肉杯菌	17, 78	小菇属	32
田中薄孔菌	50	稀褶湿伞	29, 168	小鬼伞属	37
甜蘑菇	20	喜红集毛孔菌	47	小红菇	58
铦囊蘑	36	喜湿小脆柄菇	37	小红菇小型变种	58
铦囊蘑属	36	细环柄菇	21	小红湿伞	28
条孢牛肝菌属	41	下垂线虫草	18, 76	小灰包	22

小集毛孔菌属	47	血红韧革菌	59	硬毛光柄菇	36, 200
小集毛孔菌属未定种	47	血红小菇	32, 191	硬毛栓孔菌	55
小孔菌属	53	血色庭院牛肝菌	41, 226	硬皮地星	44, 239
小林块腹菌	49, 243	血芝	50, 108	硬皮地星属	44
小蘑菇属	22	血芝属	50	硬皮马勃科	44
小牛肝菌属	45			硬皮马勃属	44
小皮伞科	30	**Y**		硬裙竹荪	49, 247
小皮伞属	30	雅薄伞	39	蛹虫草	17, 70
小皮伞属未定种	31	雅致栓孔菌	55, 111	优雅波边革菌	52, 97
小绒盖牛肝菌属	42	亚侧耳属	36	油黄口蘑	39, 211
小双孢盘菌属	19	亚环纹乳菇	57, 174	疣柄拟粉孢牛肝菌	40, 125
小托柄鹅膏	23, 128	亚黏小奥德蘑	36, 193	疣柄牛肝菌属	42
小香菇属	34	亚牛舌菌	27	疣盖囊皮伞	21
小型小皮伞	31, 187	亚绒盖牛肝菌属	43	愉悦黏柄伞	28, 156
楔囊锐孔菌	49	烟管菌	51, 93	圆孔牛肝菌科	44
斜盖伞	25	烟管菌属	51	圆孔牛肝菌属	44
斜盖伞属	25	烟色垂幕菇	38	缘刺盘菌属	16
辛格杯伞属	39	烟色红菇	57	云南冬菇	35
新粗毛革耳	52, 196	烟色离褶伞	30	云南花耳	60
新棱孔菌属	53	杨生核纤孔菌	48	云芝栓孔菌	55, 114
新牛肝菌属	42	野生革耳	52	芸薹裸脚伞	33, 158
新湿伞属	29	叶状耳盘菌	19, 66		
新香菇属	46	液状胶球炭壳菌	18, 72	**Z**	
杏味鸡油菌	45	异色牛肝菌属	43	杂色小脆柄菇	37
锈盖裸脚伞	33	异味鹅膏	23, 130	早生小脆柄菇	37
锈革菌科	47	易碎口鬼伞	22, 181	早生小菇	32
锈革菌属	47	易碎粉褶蕈	26	窄孢粉褶蕈	26
锈革孔菌目	47	易碎乳菇	57	窄孢胶陀盘菌	16, 79
须腹菌科	44	银耳	60, 90	窄褶鹅膏	23
须腹菌属	44	银耳纲	60	毡毛栓孔菌	55
炮孔菌	51	银耳科	60	詹尼暗金钱菌	29, 197
炮孔菌科	51	银耳目	60	掌状花耳	60, 87
炮孔菌属	51	银耳属	60	赭黄裸伞	29, 157
靴耳属	29	隐花青鹅膏	23	赭色齿耳菌	56
靴耳状粉褶蕈	26, 151	隐纹条孢牛肝菌	41, 221	赭栓孔菌	55
靴状裸脚伞	34	鹦鹉绿黏柄伞	28	褶孔牛肝菌属	42
雪地小皮伞	31	荧光小菇	32	褶孔牛肝菌属未定种	42
血红密孔菌	54, 107	硬附毛孔菌	48	褶纹鬼伞	21

芝麻厚瓤牛肝菌	41, 227	轴腹菌	27	紫褐黑孔菌	56
枝瑚菌属	46	轴腹菌科	27	紫褐炭角菌	18
枝生裸脚伞	34, 161	轴腹菌属	27	紫红乳菇	57
枝生微皮伞	34	皱波半小菇	32, 163	紫灰木革菌	59
脂斑胶盖伞	35	皱波斜盖伞	25, 144	紫晶蜡蘑	27
致密红菇	58	皱孔菌科	51	紫蘑菇	20
中国胶角耳	59, 85	皱马鞍菌	16	紫肉蘑菇	20
中国拟迷孔菌	52	皱木耳	40, 84	紫色囊盘菌	19, 65
中华地衣棒瑚菌	46	竹生拟口蘑	39	紫珊瑚菌	25
中华鹅膏	24, 140	柱形虫草	17, 68	紫湿伞	28
中华干蘑	36, 214	砖红垂幕菇	38, 171	紫条沟小皮伞	31, 187
中华红丽口菌	44, 240	桩菇科	44	紫秃马勃	21
中华流汁乳菇	57, 176	锥盖伞属	25	紫疣红菇	58, 205
中华歪盘菌	17, 77	锥鳞白鹅膏	24, 142	紫芝	50, 102
中华网柄牛肝菌	42, 231	锥形湿伞	28	棕灰口蘑	39, 212
钟形斑褶菇	39	子囊菌门	16	纵褶环褶孔菌	47
重孔金牛肝菌	40, 216	紫丁香蘑	39, 180		

拉丁名索引

A

Abtylopilus	40
Abtylopilus scabrosus	40, 125
Agaricaceae	20
Agaricales	20
Agaricomycetes	20
Agaricus	20
Agaricus abruptibulbus	20
Agaricus campestris	20, 125
Agaricus cf. *dulcidulus*	20
Agaricus cf. *purpurellus*	20
Agaricus duplocingulatus	20
Agaricus flocculosipes	20, 126
Agaricus muelleri	20
Agaricus porphyrizon	20
Agaricus pseudopallens	20, 127
Agrocybe	38
Agrocybe broadwayi	38
Aleuria	16
Aleuria aurantia	16, 64
Aleurodiscus	58
Aleurodiscus mirabilis	58, 91
Amanita	23
Amanita angustilamellata	23
Amanita brunneofuliginea	23
Amanita cf. *ochracea*	24, 133
Amanita cinctipes	23, 127
Amanita citrina var. *grisea*	23
Amanita farinosa	23, 128
Amanita fritillaria	23, 129
Amanita fuliginea	23, 129
Amanita fulva	23
Amanita griseofolia	23
Amanita griseoturcosa	23
Amanita griseoverrucosa	23
Amanita gymnopus	23, 130
Amanita kotohiraensis	23, 130
Amanita manginiana	23
Amanita melleiceps	23
Amanita modesta	23
Amanita neoovoidea	24, 131
Amanita oberwinklerana	24, 132
Amanita orsonii	24, 134
Amanita ovalispora	24, 135
Amanita parvipantherina	24
Amanita pseudomanginiana	24, 135
Amanita pseudoporphyria	24, 136
Amanita rimosa	24, 136
Amanita rufoferruginea	24, 137
Amanita sculpta	24, 138
Amanita sepiacea	24, 139
Amanita sinensis	24, 140
Amanita sychnopyramis	24
Amanita sychnopyramis f. *subannulata*	24, 140
Amanita vaginata	24
Amanita vestita	24, 141
Amanita virgineoides	24, 142
Amanitaceae	23
Anthracophyllum	33
Anthracophyllum nigritum	33, 142
Anthracoporus	40
Anthracoporus nigropurpureus	40, 216
Antrodia	50
Antrodia tanakae	50
Antrodiella	55
Antrodiella duracina	55
Antrodiella faginea	56
Antrodiella liebmannii	56
Armillaria	35
Armillaria mellea	35, 143
Armillaria tabescens	35, 144
Artomyces	56
Artomyces pyxidatus	56, 117
Ascocoryne	19
Ascocoryne cylichnium	19, 65
Ascomycota	16
Astraeus	44
Astraeus hygrometricus	44, 239
Aureoboletus	40
Aureoboletus duplicatoporus	40, 216
Aureoboletus glutinosus	40, 217
Aureoboletus longicollis	40, 217
Aureoboletus miniatoaurantiacus	40, 218
Aureoboletus raphanaceus	40, 218
Aureoboletus rubellus	40, 219
Aureoboletus sinobadius	40, 219
Aureoboletus solus	40
Aureoboletus velutipes	41, 220
Auricularia	39
Auricularia cornea	39, 83

Auricularia delicata	40, 84	**C**		*Clathrus archeri*	49
Auricularia heimuer	40, 85	*Calocera*	59	*Clavaria*	25
Auriculariaceae	39	*Calocera cornea*	59	*Clavaria* cf. *purpurea*	25
Auriculariales	39	*Calocera sinensis*	59, 85	*Clavaria fragilis*	25, 118
Auriscalpiaceae	56	*Calocera viscosa*	60, 86	*Clavaria zollingeri*	25, 118
Auriscalpium	56	*Calostoma*	43	Clavariaceae	25
Auriscalpium vulgare	56, 92	*Calostoma japonicum*	43, 240	Clavicipitaceae	17
Austroboletus	41	*Calostoma sinocinnabarinum*	44, 240	*Clavulina*	45
Austroboletus fusisporus	41, 220	Calostomataceae	43	*Clavulina coralloides*	45
		Calvatia	20	Clavulinaceae	45
B		*Calvatia boninensis*	20	*Clavulinopsis*	25
Basidiomycota	20	*Calvatia candida*	21	*Clavulinopsis aurantiocinnabarina*	25, 119
Beauveria	17	*Calvatia craniiformis*	21	*Clavulinopsis fusiformis*	25, 119
Beauveria felina	17	*Calvatia holothuroides*	21, 241	*Clavulinopsis helvola*	25
Bisporella	19	*Calvatia lilacina*	21	*Clavulinopsis* sp.	25
Bisporella cf. *sulfurina*	19	Cantharellales	45	*Clitopilus*	25
Bisporella citrina	19, 65	*Cantharellus*	45	*Clitopilus crispus*	25, 144
Bjerkandera	51	*Cantharellus anzutake*	45	*Clitopilus kamaka*	25, 145
Bjerkandera adusta	51, 93	*Cantharellus austrosinensis*	45, 120	*Clitopilus prunulus*	25
Bolbitiaceae	25	*Cantharellus cerinoalbus*	45, 121	*Clitopilus subscyphoides*	25, 145
Boletaceae	40	*Cantharellus chrysanthus*	45, 122	*Coltricia*	47
Boletales	40	*Cantharellus convexus*	45, 122	*Coltricia cinnamomea*	47, 94
Boletellus	41	*Cantharellus cuticulatus*	46	*Coltricia crassa*	47
Boletellus areolatus	41	*Cantharellus vaginatus*	46, 123	*Coltricia perennis*	47
Boletellus aurocontextus	41, 221	*Cerioporus*	52	*Coltricia pyrophila*	47
Boletellus chrysenteroides	41	*Cerioporus stereoides*	52	*Coltricia sideroides*	47, 95
Boletellus emodensis	41	*Cerrena*	49	*Coltricia strigosipes*	47, 96
Boletellus indistinctus	41, 221	*Cerrena zonata*	49, 94	*Coltricia subperennis*	47
Boletinus	45	Cerrenaceae	49	*Coltricia verrucata*	47
Boletinus punctatipes	45	*Chalciporus*	41	*Coltricia weii*	47
Boletus	41	*Chalciporus radiatus*	41, 222	*Coltriciella*	47
Boletus griseiceps	41, 222	*Cheilymenia*	16	*Coltriciella* sp.	47
Boletus sp.	41	*Cheilymenia fimicola*	16	*Conocybe*	25
Bondarzewia	56	*Chiua*	41	*Conocybe tenera*	25, 146
Bondarzewia montana	56, 93	*Chiua viridula*	41, 223	*Cookeina*	16
Bondarzewiaceae	56	*Chrysomphalina*	28	*Cookeina insititia*	16, 66
Byssomerulius	51	*Chrysomphalina strombodes*	28	*Coprinellus*	37
Byssomerulius corium	51	*Clathrus*	49		

Coprinellus disseminatus	37, 146	*Crucibulum*	21	*Dicephalospora rufocornea*	20, 72
Coprinellus micaceus	37	*Crucibulum laeve*	21	Diplocystidiaceae	44
Coprinus	21	Cudoniaceae	19	*Diplomitoporus*	56
Coprinus plicatilis	21	*Cyanosporus*	52	*Diplomitoporus lindbladii*	56
Coprinus sterquilinus	21	*Cyanosporus caesius*	52, 96		
Cordierites	19	*Cyathus*	21	**E**	
Cordierites frondosus	19, 66	*Cyathus striatus*	21, 241	*Earliella*	52
Cordieritidaceae	19	*Cymatoderma*	52	*Earliella scabrosa*	52, 99
Cordyceps	17	*Cymatoderma elegans*	52, 97	*Entoloma*	26
Cordyceps chanhua	17, 67	*Cyptotrama*	35	*Entoloma azureosquamulosum*	26, 150
Cordyceps cylindrica	17, 68	*Cyptotrama asprata*	35, 149	*Entoloma caeruleoflavum*	26
Cordyceps farinosa	17, 69	*Cyptotrama* cf. *chrysopepla*	35	*Entoloma caesiellum*	26
Cordyceps formosana	17, 69	*Cystoderma*	21	*Entoloma caespitosum*	26, 150
Cordyceps militaris	17, 70	*Cystoderma granulosum*	21	*Entoloma carneobrunneum*	26, 151
Cordyceps musicaudata	17			*Entoloma* cf. *angustispermum*	26
Cordyceps ninchukispora	17	**D**		*Entoloma* cf. *chalybeum*	26
Cordyceps polyarthra	18	*Dacrymyces*	60	*Entoloma* cf. *dysthaloides*	26
Cordyceps pruinosa	18, 71	*Dacrymyces palmatus*	60, 87	*Entoloma* cf. *nitidum*	26
Cordycipitaceae	17	*Dacrymyces yunnanensis*	60	*Entoloma* cf. *roseotransparens*	27
Cortinariaceae	25	Dacrymycetaceae	59	*Entoloma* cf. *totialbum*	27
Cortinarius	25	Dacrymycetales	59	*Entoloma crepidotoides*	26
Cortinarius cf. *junghuhnii*	25	Dacrymycetes	59	*Entoloma crepidotoides*	151
Cortinarius sp.	25	Dacryobolaceae	50	*Entoloma formosum*	26
Cotylidia	49	*Dacryopinax spathularia*	60, 87	*Entoloma fragilipes*	26
Cotylidia cf. *komabensis*	49	*Daedalea*	50	*Entoloma griseocyaneum*	26
Craterellus	46	*Daedalea incana*	50	*Entoloma liaoningense*	26
Craterellus cf. *tubaeformis*	46, 124	*Daedaleopsis*	52	*Entoloma mediterraneense*	26
Craterellus luteus	46, 123	*Daedaleopsis confragosa*	52	*Entoloma murrayi*	26, 152
Crepidotus	29	*Daedaleopsis sinensis*	52	*Entoloma omiense*	26
Crepidotus applanatus	29, 147	*Daedaleopsis tricolor*	52, 98	*Entoloma petchii*	27
Crepidotus badiofloccosus	29, 147	*Daldinia*	18	*Entoloma praegracile*	27, 153
Crepidotus mollis	29, 148	*Daldinia concentrica*	18, 71	*Entoloma quadratum*	27, 153
Crepidotus sulphurinus	30	*Delicatula*	39	*Entoloma rhodopolium*	27
Crepidotus variabilis	30	*Delicatula integrella*	39	*Entoloma salmoneum*	27
Crinipellis	30	Dermateaceae	19	*Entoloma sericeum*	27
Crinipellis floccosa	30, 148	*Desarmillaria*	35	*Entoloma stylophorum*	27
Crinipellis pallidipilus	30, 149	*Desarmillaria* cf. *tabescens*	35	*Entoloma subtenuicystidiatum*	27
Crinipellis scabella	30	*Dicephalospora*	20		

Entoloma sulcatum	27	*Ganoderma australe*	50, 100	*Gymnopilus*	29
Entoloma virescens	27, 154	*Ganoderma flexipes*	50, 101	*Gymnopilus aeruginosus*	29
Entolomataceae	25	*Ganoderma lingzhi*	50, 101	*Gymnopilus aurantiobrunneus*	29, 156
Entonaema	18	*Ganoderma sinense*	50, 102	*Gymnopilus dilepis*	29, 157
Entonaema liquescens	18, 72	Ganodermataceae	50	*Gymnopilus lepidotus*	29
Erythrophylloporus	41	Geastraceae	46	*Gymnopilus penetrans*	29, 157
Erythrophylloporus cinnabarinus	41, 223	Geastrales	46	*Gymnopilus picreus*	29
		Geastrum	46	*Gymnopus*	33
		Geastrum mirabile	46	*Gymnopus* aff. *polygrammus*	34
F		*Geastrum saccatum*	46, 242	*Gymnopus androsaceus*	33
Favolaschia	32	*Geastrum triplex*	46	*Gymnopus aquosus*	33
Favolaschia pustulosa	32	Gelatinodiscaceae	19	*Gymnopus austrosemihirtipes*	33
Favolus	52	Geoglossaceae	16	*Gymnopus biformis*	33, 158
Favolus tenuiculus	52	Geoglossales	16	*Gymnopus brassicolens*	33, 158
Fibroporia	50	Geoglossomycetes	16	*Gymnopus* cf. *dichrous*	33
Fibroporia radiculosa	50, 99	*Geoglossum*	16	*Gymnopus* cf. *omphalodes*	34
Fibroporiaceae	50	*Geoglossum nigritum*	16	*Gymnopus confluens*	33, 159
Fistulina	27	*Gerronema*	30	*Gymnopus dichrous*	33
Fistulina hepatica	27	*Gerronema nemorale*	30	*Gymnopus dryophilus*	33, 160
Fistulina subhepatica	27	*Gliophorus*	28	*Gymnopus foetidus*	33
Fistulinaceae	27	*Gliophorus* cf. *psittacinus*	28	*Gymnopus iocephalus*	33
Fistulinella	41	*Gliophorus laetus*	28, 156	*Gymnopus menehune*	34
Fistulinella olivaceoalba	41, 224	Gloeophyllaceae	46	*Gymnopus perforans*	34
Flammulina	35	Gloeophyllales	46	*Gymnopus peronatus*	34
Flammulina filiformis	35, 154	*Gloeophyllum*	46	*Gymnopus ramulicola*	34, 161
Flammulina yunnanensis	35	*Gloeophyllum sepiarium*	46	*Gymnopus* sp.	34
Fomes	52	*Gloeophyllum striatum*	46	Gyroporaceae	44
Fomes fomentarius	52	*Gloeophyllum subferrugineum*	46	*Gyroporus*	44
Fomitopsidaceae	50	*Gloeoporus*	51	*Gyroporus longicystidiatus*	44, 225
Fomitopsis	50	*Gloeoporus dichrous*	51	*Gyroporus memnonius*	44, 225
Fomitopsis massoniana	50, 100	*Gloiocephala*	35	*Gyroporus paramjitii*	44, 226
		Gloiocephala resinopunctata	35		
G		Gomphaceae	46	**H**	
Galerina	38	Gomphales	46	*Haploporus*	52
Galerina cf. *helvoliceps*	38	Gomphidiaceae	44	*Haploporus* cf. *latisporus*	52
Galerina sulciceps	38	*Gomphidius*	44	*Hebeloma*	29
Galerina vittiformis	38, 155	*Gomphidius glutinosus*	44, 224	*Hebeloma lactariolens*	29, 162
Ganoderma	50	*Gomphidius subroseus*	44	*Heinemannomyces*	21

Heinemannomyces splendidissima	21, 162	*Hygrocybe punicea*	28, 166	*Inonotus hispidus*	48
		Hygrocybe rimosa	28, 166	*Inonotus radiatus*	48
Helotiaceae	19	*Hygrocybe rubroconica*	28, 167	*Inosperma*	30
Helotiales	19	*Hygrocybe sparifolia*	29, 168	*Inosperma muscarium*	30, 172
Helvella	16	Hygrophoraceae	28	*Irpex*	51
Helvella crispa	16	*Hygrophorus*	29	*Irpex consors*	51
Helvella elastica	16	*Hygrophorus glutiniceps*	29, 169	*Irpex flavus*	51
Helvella lacunosa	16, 73	*Hygrophorus* sp.	29	Irpicaceae	51
Helvella macropus	16	Hymenochaetaceae	47		
Helvellaceae	16	Hymenochaetales	47	**K**	
Hemimycena	32	*Hymenochaete*	47	*Kobayasia*	49
Hemimycena crispata	32, 163	*Hymenochaete* cf. *villosa*	47	*Kobayasia nipponica*	49, 243
Hexagonia	52	*Hymenochaete* cf. *yasudae*	47		
Hexagonia tenuis	52	*Hymenochaetopsis*	47	**L**	
Hodophilus	25	*Hymenochaetopsis lamellata*	47	*Laccaria*	27
Hodophilus glabripes	25, 163	Hymenogastraceae	29	*Laccaria amethystina*	27
Hohenbuehelia	36	*Hymenopellis*	35	*Laccaria bicolor*	27
Hohenbuehelia petaloides	36	*Hymenopellis furfuracea*	35	*Laccaria laccata*	27, 172
Hohenbuehelia reniformis	36, 164	*Hymenopellis radicata*	35	*Laccaria vinaceoavellanea*	28, 173
Hortiboletus	41	*Hymenopellis raphanipes*	35, 169	*Lacrymaria*	37
Hortiboletus rubellus	41, 226	*Hyphodontia*	49	*Lacrymaria velutina*	37
Hourangia	41	*Hyphodontia tropica*	49	*Lactarius*	56
Hourangia nigropunctata	41, 227	*Hypholoma*	38	*Lactarius akahatsu*	56
Hydnaceae	45	*Hypholoma capnoides*	38	*Lactarius alboscrobiculatus*	56
Hydnangiaceae	27	*Hypholoma fasciculare*	38, 170	*Lactarius aurantiacus*	57
Hydnangium	27	*Hypholoma lateritium*	38, 171	*Lactarius chichuensis*	57
Hydnangium carneum	27	Hypocreaceae	18	*Lactarius deliciosus*	57
Hygrocybe	28	Hypocreales	17	*Lactarius friabilis*	57
Hygrocybe astatogala	28, 164	Hypoxylaceae	18	*Lactarius gracilis*	57, 173
Hygrocybe cf. *cuspidata*	28			*Lactarius lignyotus*	57
Hygrocybe cf. *nigrescens*	28	**I**		*Lactarius purpureus*	57
Hygrocybe cf. *purpureofolia*	28	Incrustoporiaceae	50	*Lactarius* sp.	57
Hygrocybe citrinovirens	28	*Inocutis*	48	*Lactarius subhirtipes*	57, 174
Hygrocybe conica	28	*Inocutis rheades*	48	*Lactarius subzonarius*	57, 174
Hygrocybe flavescens	28, 165	Inocybaceae	29	*Lactarius vietus*	57
Hygrocybe glutinipes	28, 165	*Inocybe*	30	*Lactarius vividus*	57, 175
Hygrocybe lilaceolamellata	28	*Inocybe squarrosolutea*	30, 171	*Lactifluus*	57
Hygrocybe miniata	28	*Inonotus*	48	*Lactifluus piperatus*	57, 175

Lactifluus sinensis	57, 176	*Leucocoprinus*	22	*Marasmius galbinus*	31
Lactifluus subpiperatus	57	*Leucocoprinus fragilissimus*	22, 181	*Marasmius graminum*	31, 184
Lactifluus volemus	57, 176	*Lycoperdon*	22	*Marasmius haematocephalus*	31, 185
Laetiporaceae	51	*Lycoperdon* cf. *nigrescens*	22	*Marasmius hymeniicephalus*	31
Laetiporus	51	*Lycoperdon echinatum*	22	*Marasmius maximus*	31, 185
Laetiporus cremeiporus	51	*Lycoperdon ericaeum*	22	*Marasmius nigriceps*	31
Laetiporus sulphureus	51	*Lycoperdon perlatum*	22, 244	*Marasmius nivicola*	31
Laetiporus versisporus	51	*Lycoperdon pusillum*	22	*Marasmius pellucidus*	31, 186
Laetiporus zonatus	51	*Lycoperdon pyriforme*	22	*Marasmius purpureostriatus*	31, 187
Leccinum	42	*Lycoperdon umbrinum*	22	*Marasmius pusilliformis*	31, 187
Leccinum scabrum	42	Lyophyllaceae	30	*Marasmius rotalis*	31, 188
Lentinula	34	*Lyophyllum*	30	*Marasmius rotula*	31
Lentinula edodes	34, 177	*Lyophyllum fumosum*	30	*Marasmius setulosifolius*	31
Lentinus	53			*Marasmius siccus*	31
Lentinus arcularius	53, 178	**M**		*Marasmius* sp.	31
Lentinus squarrosulus	53, 179	*Macrolepiota*	22	*Marasmius strobiluriformis*	31
Lenzites	53	*Macrolepiota* cf. *albida*	22	*Marasmius subabundans*	31
Lenzites betulina	53	*Macrolepiota detersa*	22, 181	*Marasmius tenuissimus*	31
Lenzites platyphylla	53	*Macrolepiota subcitrophylla*	22	*Megacollybia*	32
Lenzites tricolor	53	Marasmiaceae	30	*Megacollybia clitocyboidea*	32
Lenzites vespacea	53, 103	*Marasmiellus*	34	*Megacollybia platyphylla*	32, 189
Leotia	20	*Marasmiellus candidus*	34, 182	*Megasporia*	53
Leotia atrovirens	20	*Marasmiellus corticum*	34	*Megasporia major*	53
Leotia aurantipes	20, 74	*Marasmiellus dendroegrus*	34	*Meiorganum*	44
Leotiaceae	20	*Marasmiellus epochnous*	34	*Meiorganum curtisii*	44, 228
Leotiomycetes	19	*Marasmiellus koreanus*	34	*Melanoleuca*	36
Lepiota	21	*Marasmiellus ramealis*	34	*Melanoleuca cognata*	36
Lepiota castanea	21	*Marasmiellus*		Meruliaceae	51
Lepiota cf. *atrodisca*	21	*rhizomorphogenus*	34, 183	*Metacordyceps*	17
Lepiota clypeolaria	21	*Marasmius*	30	*Metacordyceps taii*	17, 74
Lepiota cristata	21	*Marasmius bellus*	30, 183	*Microporus*	53
Lepiota cristatanea	21	*Marasmius berteroi*	30, 184	*Microporus affinis*	53, 104
Lepiota fusciceps	21, 179	*Marasmius* cf. *bekolacongoli*	30	*Microporus* cf. *flabelliformis*	53
Lepiota pseudogranulosa	21	*Marasmius* cf. *grandisetulosus*	31	*Microporus subaffinis*	53
Lepiota rubrotincta	21	*Marasmius* cf. *luteolus*	31	*Microporus vernicipes*	53
Lepista	39	*Marasmius* cf. *ochroleucus*	31	*Microporus xanthopus*	53, 105
Lepista nuda	39, 180	*Marasmius confertus* var.		*Micropsalliota*	22
Lepista sordida	39, 180	*tenuicystidiatus*	30	*Micropsalliota albosericea*	22

Micropsalliota furfuracea	22, 189	*Nigroporus*	56	*Perenniporia*	54
Mollisia	19	*Nigroporus vinosus*	56	*Perenniporia fraxinea*	54
Mollisia cinerea	19			*Perenniporia minutissima*	54
Multiclavula	46	**O**		*Perenniporia ochroleuca*	54
Multiclavula sinensis	46	Omphalotaceae	33	*Perenniporia ohiensis*	54
Mycena	32	*Omphalotus*	34	Pezizales	16
Mycena alcalina	32	*Omphalotus japonicus*	34	Pezizomycetes	16
Mycena auricoma	32, 190	*Ophiocordyceps*	18	*Phaeocollybia*	29
Mycena cf. *abramsii*	32	*Ophiocordyceps crinalis*	18	*Phaeocollybia jennyae*	29, 197
Mycena cf. *adonis*	32	*Ophiocordyceps jiangxiensis*	18	*Phaeotremella*	60
Mycena cf. *chlorophos*	32	*Ophiocordyceps myrmecophila*	18, 75	*Phaeotremella fimbriata*	60, 88
Mycena corynephora	32	*Ophiocordyceps nutans*	18, 76	*Phaeotremella foliacea*	60, 89
Mycena epipterygia	32	*Ophiocordyceps oxycephala*	18, 77	Phallaceae	49
Mycena galericulata	32, 190	*Ophiocordyceps sphecocephala*	18	Phallales	49
Mycena haematopus	32, 191	Ophiocordycipitaceae	18	*Phallus*	49
Mycena leptocephala	32	*Oudemansiella*	35	*Phallus fuscoechinovolvatus*	49, 245
Mycena plumbea	32	*Oudemansiella bii*	35	*Phallus luteus*	49, 246
Mycena praecox	32	*Oudemansiella submucida*	36, 193	*Phallus rigidiindusiatus*	49, 247
Mycena pura	32, 191	*Oxyporus*	49	Phanerochaetaceae	52
Mycenaceae	32	*Oxyporus cuneatus*	49	*Phellinus*	48
Mycoleptodonoides	56			*Phellinus conchatus*	48
Mycoleptodonoides aitchisonii	56	**P**		*Phellinus gilvus*	48
		Panaceae	52	*Phellinus kanehirae*	48
N		*Panaeolus*	39	*Phellinus laevigatus*	48
Naematelia	60	*Panaeolus campanulatus*	39	*Phellinus torulosus*	48
Naematelia aurantialba	60	*Panaeolus* cf. *campanulatus*	39	*Phellinus yamanoi*	48
Naemateliaceae	60	*Panaeolus fimicola*	39, 194	*Phillipsia*	17
Neoboletus	42	*Panellus*	33	*Phillipsia chinensis*	17, 77
Neoboletus flavidus	42	*Panellus pusillus*	33, 194	*Phillipsia domingensis*	17
Neofavolus	53	*Panellus stipticus*	33, 195	*Phlebia*	51
Neofavolus alveolaris	53	*Panus*	52	*Phlebia tremellosa*	51, 106
Neohygrocybe	29	*Panus conchatus*	52	*Pholiota*	38
Neohygrocybe griseonigra	29, 192	*Panus fulvus*	52, 196	*Pholiota adiposa*	38, 197
Neolentinus	46	*Panus neostrigosus*	52, 196	*Pholiota astragalina*	38, 198
Neolentinus lepideus	46, 193	*Panus rudis*	52	*Pholiota microspora*	38, 199
Nidula	22	*Parvixerocomus*	42	*Pholiota multicingulata*	38
Nidula niveotomentosa	22	*Parvixerocomus aokii*	42, 228	*Phylloporus*	42
Nidula shingbaensis	22, 244	Paxillaceae	44	*Phylloporus bellus*	42

Phylloporus luxiensis	42	*Psathyrella hydrophila*	37	*Retiboletus griseus*	42
Phylloporus rubiginosus	42	*Psathyrella kauffmanii*	37	*Retiboletus kauffmanii*	42
Phylloporus sp.	42	*Psathyrella multipedata*	37	*Retiboletus nigrogriseus*	42, 230
Physalacriaceae	35	*Psathyrella multissima*	37	*Retiboletus pseudogriseus*	42, 230
Pleurotaceae	36	*Psathyrella piluliformis*	37	*Retiboletus sinensis*	42, 231
Pleurotus	36	*Psathyrella pygmaea*	37	*Rhizopogon*	44
Pleurotus albellus	36	*Psathyrella* sp.	37	*Rhizopogon roseolus*	44
Pleurotus giganteus	36, 199	*Psathyrella spadiceogrisea*	37	Rhizopogonaceae	44
Pleurotus ostreatus	36, 200	*Psathyrella sulcatotuberculosa*	37	*Rhodocollybia*	35
Pleurotus pulmonarius	36	*Psathyrella typhae*	37	*Rhodocollybia* cf. *butyracea*	35
Pluteaceae	36	Psathyrellaceae	37	*Rickenella*	49
Pluteus	36	*Pseudobaeospora*	39	*Rickenella fibula*	49, 203
Pluteus cf. *admirabilis*	36	*Pseudobaeospora lilacina*	39, 202	Rickenellaceae	49
Pluteus hispidulus	36, 200	*Pseudocolus*	49	*Ripartitella*	22
Pluteus leoninus	36	*Pseudocolus fusiformis*	49, 247	*Ripartitella brunnea*	22, 203
Pluteus nanus	36	*Pseudofavolus*	54	*Rossbeevera*	42
Pluteus thomsonii	36	*Pseudofavolus cucullatus*	54	*Rossbeevera eucyanea*	42, 248
Pluteus variabilicolor	36, 201	*Pseudohydnum*	40	*Royoungia*	43
Podostroma	18	*Pseudohydnum brunneiceps*	40, 89	*Royoungia grisea*	43, 231
Podostroma cornu-damae	18, 78	*Pseudohydnum gelatinosum*	40	*Royoungia rubina*	43, 232
Polyporaceae	52	*Pulveroboletus*	42	*Russula*	57
Polyporales	49	*Pulveroboletus*		*Russula albida*	57
Polyporus	54	*brunneoscabrosus*	42, 229	*Russula alboareolata*	57, 204
Polyporus badius	54	*Pulveroboletus icterinus*	42, 229	*Russula* cf. *adusta*	57
Polyporus brumalis	54	*Pulvinula*	16	*Russula* cf. *minutula*	58
Polyporus grammocephalus	54, 106	*Pulvinula carbonaria*	16	*Russula* cf. *virescens*	58
Polyporus melanopus	54	*Pycnoporus*	54	*Russula citrina*	57
Polyporus minor	54	*Pycnoporus cinnabarinus*	54	*Russula compacta*	58
Polyporus squamosus	54	*Pycnoporus sanguineus*	54, 107	*Russula densifolia*	58
Polyporus submelanopus	54	Pyronemataceae	16	*Russula farinipes*	58
Polyporus varius	54, 107			*Russula flavida*	58, 204
Poriodontia	49	**R**		*Russula insignis*	58
Poriodontia cf. *subvinosa*	49	*Ramaria*	46	*Russula laurocerasi*	58
Postia	50	*Ramaria aurea*	46	*Russula lutea*	58
Postia tephroleuca	50	*Ramaria flaccida*	46	*Russula minutula* var. *minor*	58
Psathyrella	37	*Resupinatus*	36	*Russula pseudocrustosa*	58
Psathyrella candolleana	37, 201	*Resupinatus applicatus*	36, 202	*Russula purpureoverrucosa*	58, 205
Psathyrella gracilis	37	*Retiboletus*	42	*Russula rosea*	58

Russula senecis	58, 206	*Sinohygrocybe tomentosipes*	29, 208	*Sutorius brunneissimus*	43, 234
Russula sp.	58	*Skeletocutis*	50	*Sutorius pseudotylopilus*	43, 235
Russula vesca	58	*Skeletocutis nivea*	50		
Russula viridicinnamomea	58, 206	Sordariomycetes	17	**T**	
Russula viridirubrolimbata	58, 207	*Spathularia*	19	*Tapinella*	45
Russulaceae	56	*Spathularia flavida*	19	*Tapinella atrotomentosa*	45, 235
Russulales	56	Steccherinaceae	55	Tapinellaceae	45
Ryvardenia	56	*Steccherinum*	56	*Terana*	52
Ryvardenia campyla	56	*Steccherinum murashkinskyi*	56	*Terana coerulea*	52, 110
		Steccherinum ochraceum	56	*Termitomyces*	30
S		Stereaceae	58	*Termitomyces clypeatus*	30
Sanghuangporus	48	Stereopsidaceae	59	*Termitomyces intermedius*	30, 210
Sanghuangporus sanghuang	48	Stereopsidales	59	*Tetrapyrgos*	32
Sanguinoderma	50	*Stereopsis*	59	*Tetrapyrgos nigripes*	32, 211
Sanguinoderma rugosum	50, 108	*Stereopsis* aff. *radicans*	59	*Thelephora*	59
Sarcoscypha	17	*Stereum*	59	*Thelephora austrosinensis*	59, 110
Sarcoscypha cf. *korfiana*	17	*Stereum* aff. *sanguinolentum*	59	*Thelephora multipartita*	59
Sarcoscypha mesocyatha	17	*Stereum hirsutum*	59	Thelephoraceae	59
Sarcoscypha occidentalis	17, 78	*Stereum ostrea*	59, 109	Thelephorales	59
Sarcoscyphaceae	16	*Stereum roseocarneum*	59	*Trametes*	55
Schizophyllaceae	38	*Stereum sanguinolentum*	59	*Trametes elegans*	55, 111
Schizophyllum	38	*Stereum subtomentosum*	59	*Trametes gibbosa*	55, 112
Schizophyllum commune	38, 207	*Strobilomyces*	43	*Trametes hirsuta*	55, 113
Schizoporaceae	49	*Strobilomyces echinocephalus*	43	*Trametes modesta*	55, 113
Scleroderma	44	*Strobilomyces latirimosus*	43, 232	*Trametes ochracea*	55
Scleroderma areolatum	44, 248	*Strobilomyces seminudus*	43	*Trametes pubescens*	55
Scleroderma bovista	44	*Strobilurus*	36	*Trametes strumosa*	55
Scleroderma citrinum	45	*Strobilurus* cf. *stephanocystis*	36, 209	*Trametes suaveolens*	55
Scleroderma flavidum	45, 249	*Strobilurus tenacellus*	36	*Trametes trogii*	55
Scleroderma polyrhizum	45	*Stropharia*	39	*Trametes velutina*	55
Sclerodermataceae	44	*Stropharia aeruginosa*	39, 209	*Trametes versicolor*	55, 114
Serpula	45	Strophariaceae	38	*Tremella*	60
Serpula lacrymans	45	Suillaceae	45	*Tremella fuciformis*	60, 90
Serpulaceae	45	*Suillus*	45	*Tremella mesenterica*	60
Singerocybe	39	*Suillus bovinus*	45, 233	Tremellaceae	60
Singerocybe alboinfundibuliformis	39, 208	*Suillus granulatus*	45, 233	Tremellales	60
		Suillus luteus	45, 234	Tremellomycetes	60
Sinohygrocybe	29	*Sutorius*	43	*Trichaleurina*	16

Trichaleurina tenuispora	16, 79	*Tylopilus obscureviolaceus*	43, 237	*Xeromphalina campanella*	33, 214
Trichaptum	48	*Tylopilus otsuensis*	43, 238	*Xerula*	36
Trichaptum abietinum	48, 115	*Tyromyces*	50	*Xerula sinopudens*	36, 214
Trichaptum biforme	48	*Tyromyces* cf. *chioneus*	51	*Xylaria*	18
Trichaptum brastagii	48	*Tyromyces chioneus*	50	*Xylaria brunneovinosa*	18
Trichaptum byssogenum	48	*Tyromyces galactinus*	51	*Xylaria carpophila*	19
Trichaptum durum	48			*Xylaria liquidambaris*	19, 79
Trichaptum fuscoviolaceum	49	**V**		*Xylaria longipes*	19
Trichaptum pargamenum	49	*Volvariella*	37	*Xylaria nigripes*	19, 80
Tricholoma	39	*Volvariella hypopithys*	37	*Xylaria polymorpha*	19, 81
Tricholoma equestre	39, 211			*Xylaria schweinitzii*	19, 82
Tricholoma sinoacerbum	39, 212	**X**		Xylariaceae	18
Tricholoma terreum	39, 212	*Xanthagaricus*	23	Xylariales	18
Tricholomataceae	39	*Xanthagaricus caeruleus*	23, 213	*Xylobolus*	59
Tricholomopsis	39	*Xanthagaricus*		*Xylobolus frustulatus*	59, 116
Tricholomopsis bambusina	39	*flavosquamosus*	23, 213	*Xylobolus illudens*	59
Tricholomopsis decora	39	*Xerocomellus*	43	*Xylobolus spectabilis*	59, 116
Tylopilus	43	*Xerocomellus chrysenteron*	43		
Tylopilus argillaceus	43, 236	*Xerocomus*	43	**Z**	
Tylopilus aurantiacus	43, 236	*Xerocomus subtomentosus*	43	*Zelleromyces*	58
Tylopilus brunneirubens	43, 237	*Xeromphalina*	33	*Zelleromyces lactifer*	58, 249

图　版

张明在大围山国家森林公园拍摄蘑菇（2013年7月15日）

王超群（左）、夏业伟（右）在桃源洞国家级自然保护区采集标本（2013年11月23日）

李挺在武功山国家森林公园（2014年8月1日）

黄浩在九龙江国家森林公园采集标本（2015年5月7日）

张明、徐江在阳岭国家森林公园采集标本（2015年5月8日）

工作人员在整理记录标本

张明、邹俊平在幕阜山国家森林公园采集标本（2015年8月20日）

宋宗平在神农谷国家森林公园采集标本（2016年6月19日）

调查人员在三台山国家森林公园采集标本（2015年8月25日）

调查人员在中国科学院庐山植物园合影（左起：张明、宋宗平、邓旺秋、李泰辉，2015年11月9日）

宋斌研究员在九龙江国家森林公园采集标本（2016年9月3日）

梁锡燊在桃源洞国家级自然保护区采集标本（2017年8月29日）

调查人员在桃源洞国家级自然保护区合影

（左起：梁锡燊、黄浩、贺勇，2017年8月29日）

黄浩、钟祥荣在大围山国家森林公园采集标本（2017年10月7日）

黄浩、钟祥荣在幕阜山国家森林公园采集标本（2017年10月13日）

张明在九龙江国家森林公园采集标本（2020年7月28日）

调查人员在九龙江国家森林公园合影（左起：钟国瑞、张明、伍利强，2020年7月28日）